新世纪计算机类本科系列教材

数据结构(C语言)实践教程

(第二版)

主　编　胡元义

副主编　王　磊　黑新宏　邓亚玲　段敬红

　　　　谈姝辰　何文娟　梁　琨

主　审　崔俊凯

西安电子科技大学出版社

内容简介

本书是作者积多年讲授与研究数据结构课程及指导学生上机实践的经验编写而成的。作者力求通过实践的角度，帮助学生深入学习、理解、掌握，并灵活应用数据结构知识。全书涵盖了数据结构课程的全部上机实践内容，对数据结构所有的理论知识均对应给出了程序实现，并且这些程序都在 VC++ 6.0 环境下调试通过。

本书可以配合目前各类数据结构(C 语言)教材使用，可起到衔接教学与实践以及帮助读者开拓学习和应用视野的作用。本书实践内容丰富、程序设计独到、编程方法全面，因而也可以作为计算机应用人员的参考书。

图书在版编目(CIP)数据

数据结构(C语言)实践教程/胡元义主编. — 2版. —西安：西安电子科技大学出版社，2014.8
(2024.7重印)
ISBN 978–7–5606–3318–3

Ⅰ. ①数… Ⅱ. ①胡… Ⅲ. ①数据结构—高等学校—教材 ②C语言—程序设计—高等学校—教材 Ⅳ. ①TP311.12 ②TP312

中国版本图书馆CIP数据核字(2014)第018481号

策　　划　陈宇光
责任编辑　阎　彬
出版发行　西安电子科技大学出版社(西安市太白南路2号)
电　　话　(029)88202421　88201467　　　邮　　编　710071
网　　址　www.xduph.com　　　　　　　电子邮箱　xdupfxb001@163.com
经　　销　新华书店
印刷单位　陕西天意印务有限责任公司
版　　次　2014年8月第2版　　2024年7月第10次印刷
开　　本　787毫米×1092毫米　1/16　印　张　19.5
字　　数　459千字
定　　价　43.00元
ISBN 978-7-5606-3318-3
XDUP 3610002–10
如有印装问题可调换

前　言

　　如果把程序设计比作一棵大树，数据结构无疑是大树的躯干；可以说程序设计的精髓就是数据结构。计算机各个领域的应用都要用到各种数据结构，只有较好地掌握了数据结构知识才能在程序设计的编程中游刃有余，进而在计算机应用领域的研制和开发中做到胸有成竹。

　　数据结构课程是计算机专业的一门核心课程，它是在长期的程序设计实践中提炼、升华而成的，反过来又应用于程序设计。数据结构课程同时又是操作系统、编译原理等计算机核心课程的基础，在计算机专业课程的学习中起着承上启下的作用。同时，数据结构课程又是一门应用广泛且最有实用价值的课程，不掌握数据结构知识就难以成为一名合格的软件工程师或计算机工作者。

　　数据结构课程对理论与实践的要求都相当高，并且内容多、难度大。虽然多数数据结构教材都强调了实践的重要性，但还是缺乏供实践练习的材料，很多教材对算法的描述只是扼要和概述性的，大多数算法都采用类 C、类 C++ 或类 PASCAL 语言描述，无法直接上机实现。由于数据结构算法的上机实现要涉及栈、队列、树和图的具体存储结构，并且一个算法的实现往往要涉及其中几种结构，这就给程序的编写增加了难度；特别是初学者，更是感到无从下手。针对这种情况，我们编写了本书。在编写过程中，我们坚持"以理论知识为纲，以实践应用为线，侧重内容创新"，以达到开拓学生思维空间和提高其实际动手能力的目的。目前国家所倡导的"卓越工程师计划"就是要培养实践能力强并具有创新精神的高素质人才，我们所做的工作，可为实现这一目标打下坚实的基础。

　　本书可作为数据结构课程的辅助教材，供计算机专业或其它相关专业的学生学习数据结构课程时使用，以帮助学生在尽可能短的时间内对数据结构知识的实践与应用有一个比较全面、深入和系统的认识，达到理论与实践相结合的目的。

　　本书相对第一版，书中的内容全部都进行了重新编写，并且百分之五十以上的内容都是新增加的，原来那些未用程序实现的难度较大的算法，或算法本身不够完善而难以实现的内容，这次都在新增内容中用程序实现。对其余的实践内容这次也都重新编写了程序，其原因之一是使程序更加统一和完善，原因之二则是使其更加适应教学和实践的需要。此外，书中的许多程序都是作者独创的。本版中的所有程序全都在 VC++ 6.0 环境下调试通过，但从篇幅上考虑仅对那些比较复杂且难度较大的程序给出了运行结果。本版的另一个重要特点是对书中的所有程序都添加了详细的注释，这对读者阅读程序、理解程序如何实现算法的功能将起到事半功倍的作用。

　　本书分为 9 章。第 1 章～第 8 章与数据结构相应章节的理论知识衔接，各章先对该章的理论知识作简要介绍，然后给出该章涉及理论知识的全部实践内容；这些实践内容可作为算法学习的拓展和补充，也可作为该章的实验上机内容。第 9 章是数据结构实践的扩展，给出了数据结构知识更多的应用，可起到拓展学生思维及提高学生灵活运用数据结构知识能力的作用。

各实验后的思考题大部分都可作为数据结构课程设计题目，第 9 章的内容也可作为数据结构课程设计的参考。

在本书的出版过程中，得到了西安电子科技大学出版社的热情帮助和大力支持，在此表示衷心的感谢。

由于作者水平有限，书中难免存在不妥之处，敬请广大读者批评指正。

作　者

2013 年 8 月

第 一 版 前 言

数据结构是计算机专业的主干课程之一，其目的是让读者学习、分析和研究数据对象的特性及数据的组织方法，以便选择合适的数据逻辑结构和存储结构，设计相应的运算操作，把现实世界中的问题转化为计算机内部的表示与处理的方法。在计算机科学领域，尤其是在系统软件和应用软件的设计和应用中要用到各种数据结构，因此，掌握数据结构对提高软件设计和程序编制水平有很大的帮助。

"数据结构"课对理论与实践的要求都相当高，并且内容多难度大。虽然多数数据结构教材都强调了实践的重要性，但比较缺乏供实践练习的材料，很多教材对算法的描述也只是扼要的和概述性的，很多算法都采用类 C 或类 PASCAL 语言描述，无法直接上机实现。针对这种情况，我们编写了这本《数据结构(C 语言)实践教程》。本书可作为"数据结构"课程的辅助教材，供计算机专业的学生在"数据结构"课程实习时使用，以帮助学生在尽可能短的时间内对数据结构知识的实践与应用有一个比较全面、深入和系统的认识，达到理论与实践相结合的目的。

本书分为两篇。

第一篇为数据结构的实践，共七章。该篇从实践角度论述了数据结构的有关知识，并给出了全部实验。每一个实验均给出了本次实验的目的、实验内容，对实验中的要点和难点进行了说明，并给出了相应的参考程序以供学习使用；此外，每个实验后还附有思考题，它使读者能够在此实验的基础上做进一步的思考与提高，从而达到举一反三、触类旁通的目的。第一章：线性表，重点介绍了两种存储结构——顺序表和单链表的操作，特别是单链表，它是贯穿全书的其它逻辑结构——树、图的基础；第二章：栈和队列，对常用的栈和队列进行了介绍；第三章：串与数组，对串的运算特别是串的模式匹配以及数组中的稀疏矩阵做了重点介绍；第四章：树和二叉树，它是本书的重点内容之一，重点介绍了递归和非递归遍历二叉树算法，此外，还介绍了如何由遍历序列恢复二叉树的实现方法；第五章：图，也是本书的重点，包括图的搜索算法、最小生成树构造方法和最短路径；第六章，排序，也是本书的重点，介绍了各种排序方法的实现；第七章：查找，介绍了各种查找算法。

第二篇为数据结构的应用与提高，共两章。第八章：数据结构应用实例，为开拓学习视野给出了数据结构的具体应用，即(1) 线性表应用——仓库管理；(2) 栈的应用——表达式转换；(3) 队列应用——一个简单事件的规划问题；(4) 二叉树应用——银行财务实时处理系统；(5) 图的应用——工程工期控制问题；(6) 查找应用——学生档案管理。第九章：数据结构典型问题研究，为进一步深入学习、研究数据结构知识给出了(1) 最短路径输出问题研究；(2) 递归转换为非递归问题研究；(3) 人工智能应用研究。

为了阅读方便，在表述串、顶点、结点等时，语言叙述部分的外文字符的大小写，以及采用的下标符等与程序有所差异。

在本书的出版过程中，得到了西安电子科技大学出版社，尤其是陈宇光老师的热情帮助和大力支持，在此表示衷心的感谢。

由于作者水平有限，书中难免存在错误和不妥之处，敬请广大读者批评指正。

编　者

2004 年 1 月

目　　录

第1章 线 性 表

1.1 内容与要点

1.1.1 线性表的定义

线性表是最基本、最常用的一种线性结构。线性结构的特点是：数据元素之间是线性关系，数据元素"一个接一个地排列"；并且，所有数据元素的类型都是相同的。简单地说，一个线性表是 n 个元素的有限序列，其特点是在数据元素的非空集合中：

(1) 存在唯一一个称为"第一个"的元素；

(2) 存在唯一一个称为"最后一个"的元素；

(3) 除第一个元素之外，序列中的每一个元素都只有一个直接前驱；

(4) 除最后一个元素之外，序列中的每一个元素都只有一个直接后继。

1.1.2 线性表的顺序存储——顺序表

线性表的顺序存储是用一组地址连续的存储单元按顺序依次存放线性表中的每一个数据元素。在这种顺序存储结构中，逻辑上相邻的两个元素在物理位置上也相邻；无需增加额外的存储空间来表示线性表中元素之间的逻辑关系。这种顺序存储结构即为顺序表。

由于顺序表中每个元素具有相同的类型，即其长度相同，故顺序表中第 i 个元素 a_i 的存储地址为

$$Loc(a_i) = Loc(a_1) + (i - 1) \times L \qquad 1 \leqslant i \leqslant n$$

其中：$Loc(a_1)$ 为顺序表的起始地址(即第一个元素的地址)；L 为每个元素所占存储空间的大小。由此可知，顺序表中的任意一个元素都可以随机存取。

从结构上考虑，我们将 data 和 len 组合在一个结构体里来作为顺序表的类型：

```
typedef struct
{
    datatype data[MAXSIZE];    //存储顺序表中的元素
    int len;                   //顺序表的表长
}SeqList;                      //顺序表类型
```

其中：datatype 为顺序表中元素的类型，在具体实现中可为 int、float、char 类型或其它结构类型；len 为顺序表的表长。顺序表中的元素可存放在 data 数组中下标为 1～MAXSIZE 的任何一个位置。第 i 个元素的实际存放位置就是 i。

1.1.3 线性表的链式存储

线性表的链式存储方式可用连续或不连续的存储单元来存储线性表中的元素，在这种方式下元素之间的逻辑关系已无法再用物理位置上的邻接关系来表示。因此，需要用"指针"来指示元素之间的逻辑关系，而这种"指针"是要占用额外存储空间的。链式存储方式失去了顺序表可以随机存取数据元素的功能，但却换来了存储空间操作的方便性：进行插入和删除操作时无需移动大量的元素。

1. 单链表

采用链式存储最简单也最常用的方法是：在每个元素中除了含有数据信息外，还要有一个指针，用来指向它的直接后继元素，即通过指针建立起元素之间的线性关系。我们称这种元素为结点，结点中存放数据信息的称为数据域，存放指向后继结点指针的称为指针域(如图 1-1 所示)。因此，线性表中的 n 个元素通过各自结点的指针域"链"在一起而被称为链表；因为每个结点中只有一个指向后继结点的指针，故称其为单链表。

图 1-1　单链表结点结构

链表是由一个个结点构成的。单链表结点的定义如下：

```
typedef struct node
{
    datatype data;          // data 为结点的数据信息
    struct node *next;      // next 为指向后继结点的指针
}LNode;                     //单链表结点类型
```

通常我们用"头指针"来标识一个单链表，如单链表 L、单链表 H 等是指单链表中的第一个结点的地址存放在指针变量 L 或 H 中；当头指针为"NULL"时，则表示单链表为空(见图 1-2)。

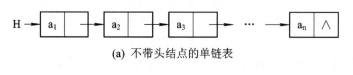

(a) 不带头结点的单链表

H ———— NULL

(b) 不带头结点的空单链表

图 1-2　不带头结点的单链表示意

在线性表的链式存储中，为了便于插入和删除算法的实现且使单链表的操作在各种情况下统一，在单链表的第一个结点之前添加了一个头结点；该头结点不存储任何数据信息，只是用其指针域中的指针指向单链表的第一个数据结点，即通过头指针指向的头结点，可以访问到单链表中的所有数据结点(见图 1-3)。

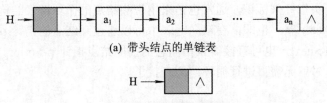

(a) 带头结点的单链表

(b) 带头结点的空单链表

图 1-3 带头结点的单链表

添加头结点后，无论单链表中的结点如何变化，比如插入新结点、删除单链表中任意一个数据结点，头结点将始终不变，这使得单链表的运算变得更加简单。

2．循环链表

所谓循环链表，就是将单链表中最后一个结点的指针值由空改为指向单链表的头结点，使整个链表形成一个环。这样，从链表中的任意一个位置出发都可以找到链表的其它结点(如图 1-4 所示)。在循环链表上的操作基本上与单链表相同，只是将原来判断指针是否为 NULL 改为判断是否为头指针即可。

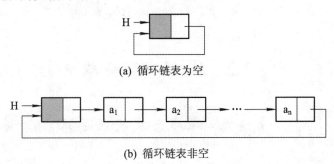

(a) 循环链表为空

(b) 循环链表非空

图 1-4 带头结点的循环链表示意

3．双向链表

所谓双向链表，就是指链表的每一个结点中除了数据域之外，还设置了两个指针域，一个用来指向该结点的直接前驱结点，另一个用来指向该结点的直接后继结点。每个结点的结构如图 1-5 所示。

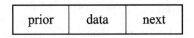

图 1-5 双向链表的结点结构

双向链表的结点定义如下：

```
typedef struct dlnode
{
    datatype data; // data 为结点的数据信息
    struct dlnode *prior,*next;
            // prior 和 next 分别为指向直接前驱和直接后继结点的指针
}DLNode;
```

双向链表也用头指针来标识，通常也是采用带头结点的循环链表结构。图 1-6 是带头结点的双向循环链表示意；也即，在双向链表中可以通过某结点的指针 p 直接得到指向它的后继结点指针 p->next，也可直接得到指向它的前驱结点指针 p->prior。这样，在需要找到前驱结点的操作时就无需再进行循环遍历查找了。

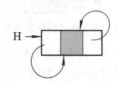

(a) 双向循环链表为空

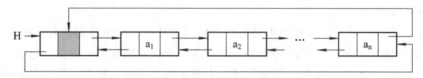

(b) 双向循环链表非空

图 1-6 带头结点的双向循环链表示意

1.2 线性表实践

实验 1 顺序表及基本运算

1．实验目的

了解顺序表的结构特点及有关概念，掌握顺序表的基本运算。

2．实验内容

建立一个顺序表，对顺序表进行初始化、插入、删除和查找运算。

3．参考程序

```c
#include<stdio.h>
#include<stdlib.h>
#define MAXSIZE 20
typedef struct
{
    int data[MAXSIZE];          //存储顺序表中的元素
    int len;                    //顺序表的表长
}SeqList ;                      //顺序表类型
SeqList *Init_SeqList()
{                               //顺序表初始化
    SeqList *L;
```

```
    L=(SeqList*)malloc(sizeof(SeqList));
    L->len=0;
    return L;
}
void CreatList(SeqList *L)
{                                    //建立顺序表
    int i;
    printf("Input length of List:");
    scanf("%d",&L->len);
    printf("Input elements of List:\n");
    for(i=1;i<=L->len;i++)
        scanf("%d",&L->data[i]);
}
void Insert_SeqList(SeqList *L,int i,int x)
{                                    //在顺序表中插入元素
    int j;
    if(L->len==MAXSIZE-1)            //表满
        printf("The List is full!\n");
    else
        if(i<1||i>L->len+1)          //插入位置非法
            printf("The position is invalid !\n");
        else
        {
            for(j=L->len;j>=i;j--)   //将 aₙ～aᵢ顺序后移一个元素位置
                L->data[j+1]=L->data[j];
            L->data[i]=x;            //插入 x 到第 i 个位置
            L->len++;                //表长增 1
        }
}
void Delete_SeqList(SeqList *L, int i)
{                                    //在顺序表中删除元素
    int j;
    if(L->len==0)                    //表为空
        printf("The List is empt !\n");
    else
        if(i<1 || i>L->len)          //删除位置非法
            printf("The position is invalid !\n");
```

```c
        else
        {
            for(j=i+1;j<=L->len;j++)//将a_{i+1}～a_n顺序前移一个位置实现对a_i的删除
                L->data[j-1]=L->data[j];
            L->len--;                //表长减 1
        }
    }
    int Location_SeqList(SeqList *L, int x)
    {                                //在顺序表中查找元素
        int i=1;                     //从第一个元素开始查找
        while(i<L->len&&L->data[i]!=x) //顺序表未查完且当前元素不是要找的元素
            i++;
        if(L->data[i]==x)
            return i;                //找到则返回其位置值
        else
            return 0;                //未找到则返回 0 值
    }
    void print(SeqList *L)
    {                                //顺序表的输出
        int i;
        for(i=1;i<=L->len;i++)
         printf("%4d",L->data[i]);
        printf("\n");
    }
    void main()
    {
        SeqList *s;
        int i,x;
        s=Init_SeqList();            //顺序表初始化
        printf("Creat List:\n");
        CreatList(s);                //建立顺序表
        printf("Output list:\n");
        print(s);                    //输出所建立的顺序表
        printf("Input  element and site of insert:\n");
        scanf("%d%d",&x,&i);         //输入要插入的元素 x 值和位置值 i
        Insert_SeqList(s,i,x);       //将元素 x 插入到顺序表中
        printf("Output list:\n");
        print(s);                    //输出插入元素 x 后的顺序表
```

```
        printf("Input  element site of delete:\n");
        scanf("%d",&i);                  //输入要删除元素的位置值 i
        Delete_SeqList(s,i);             //删除顺序表第 i 个位置上的元素
        printf("Output list:\n");
        print(s);                        //输出删除元素后的顺序表
        printf("Input  element value of location:\n");
        scanf("%d",&x);                  //输入要查找的元素 x 值
        i=Location_SeqList(s,x);         //定位要查找的元素 x 在顺序表中的位置
        printf("element %d site is %d\n",x,i);  //输出该位置的元素值
    }
```

4．思考题

(1) 如按由表尾至表头的顺序输入顺序表元素，则顺序表应如何建立？

(2) 每次删除操作都会使大量的元素移动，删除多个元素就要多次移动大量的元素，能否一次进行多个元素的删除操作，并使元素的移动只进行一次？

(3) 如何实现顺序表的逆置？

实验 2　　在表头插入生成单链表

1．概述

单链表建立是从空表开始的，每读入一个数据就申请一个结点，然后插在头结点之后。图 1-7 给出了存储线性表('A', 'B', 'C', 'D')的单链表建立过程，因为是在单链表头部插入，故读入数据的顺序与线性表中元素的顺序正好相反。

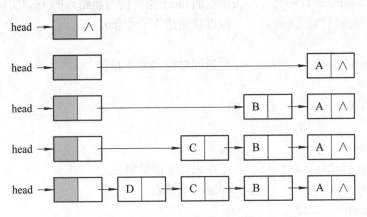

图 1-7　在头部插入建立单链表

2．实验目的

了解单链表的结构特点及有关概念，掌握在表头插入元素生成单链表的方法。

3．实验内容

在表头插入元素建立一个单链表。

4. 参考程序

(1) 参考程序 1。

```c
#include<stdio.h>
#include<stdlib.h>
typedef struct node
{
    char data;              // data 为结点的数据信息
    struct node *next;      // next 为指向后继结点的指针
}LNode;
LNode *CreateLinkList()
{                           //在表头生成单链表
    char x;
    LNode *head,*p;         // head 为单链表头指针，p 为生成单链表的暂存指针
    head=(LNode *)malloc(sizeof(LNode));    //生成链表头结点
    head->next=NULL ;       //head 为链表头指针
    printf("Input any char string : \n") ;
    scanf("%c",&x) ;        //结点的数据域为 char 型，读入结点数据
    while(x!='\n')          //生成链表的其它结点
    {
        p=(LNode *)malloc(sizeof(LNode)) ;  //申请一个结点空间
        p->data=x ;
        p->next=head->next ;//将头结点的 next 值域赋给新结点的 *p 的 next
        head->next=p ;      //头结点的 next 指针指向新结点的 *p，实现在表头插入
        scanf("%c",&x) ;    //继续生成下一个新结点
    }
    return head;            //返回单链表表头指针
}
void main()
{
    LNode *h,*p;
    h=CreateLinkList();     //在表头生成单链表
    p=h->next;              //输出单链表
    while(p!=NULL)
    {
        printf("%c,",p->data);
        p=p->next;
    }
    printf("\n");
}
```

(2) 参考程序 2。

```
#include<stdio.h>
#include<stdlib.h>
typedef struct node
{
    char data;              // data 为结点的数据信息
    struct node *next;      // next 为指向后继结点的指针
}LNode;                     //单链表结点类型
void CreateLinkList(LNode **head)       //在表头生成单链表
{           //将主调函数中指向待生成单链表的指针地址(如&p)传给 **head
    char x;
    LNode *p;
    *head=(LNode *)malloc(sizeof(LNode));   //在主调函数空间生成链表头结点
    (*head)->next=NULL ;                    // *head 为链表头指针
    printf("Input any char string : \n");
    scanf("%c", &x);        //结点的数据域为 char 型,读入结点数据
    while(x!=' \n')         //生成链表的其它结点(遇到回车符结束)
    {
        p=(LNode *)malloc(sizeof(LNode));   //申请一个结点空间
        p->data=x ;
        p->next=(*head)->next ; //将头结点的 next 值赋给新结点 *p 的 next
        (*head)->next=p;    //头结点的 next 指针指向新结点 *p,实现在表头插入
        scanf("%c",&x);         //继续生成下一个新结点
    }
}
void main()
{
    LNode *h, *p;
    CreateLinkList(&h);                 //在表头生成单链表
    p=h->next;                          //输出单链表
    while(p!=NULL)
    {
        printf("%c, ", p->data);
        p=p->next;
    }
    printf("\n");
}
```

5. 思考题

在表头插入元素建立单链表的过程中使用了几个指针变量来实现?

实验3　在表尾插入生成单链表

1. 概述

在头部插入结点的方式生成单链表较为简单,但生成结点的顺序与线性表中的元素顺序正好相反。若希望两者的顺序一致,则可采用尾插法来生成单链表。由于每次都是将新结点插入到链表的尾部,所以必须再增加一个指针 q 来始终指向单链表的尾结点,以方便新结点的插入。图 1-8 给出了在链尾插入结点生成单链表的过程示意。

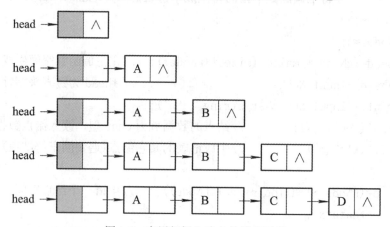

图 1-8　在尾部插入建立单链表示意

2. 实验目的

了解单链表的结构特点及有关概念,掌握在表尾插入元素生成单链表的方法。

3. 实验内容

在表尾插入元素建立一个单链表。

4. 参考程序

```c
#include<stdio.h>
#include<stdlib.h>
typedef struct node
{
    char data;              // data 为结点的数据信息
    struct node *next;      // next 为指向后继结点的指针
}LNode;                     //单链表结点类型
LNode *CreateLinkList()
{                           //在表尾生成单链表
    char x ;
    LNode *head,*p,*q;
```

```
        head=(LNode*)malloc(sizeof(LNode));        //生成头结点
        head->next=NULL ;
        p=head;
        q=p;                              //指针 q 始终指向链尾结点
        printf("Input any char string : \n") ;
        scanf("%c",&x) ;
        while(x!='\n')                    //生成链表的其它结点(遇到回车符结束)
        {
            p=(LNode*)malloc(sizeof(LNode));
            p->data=x;
            p->next=NULL;
            q->next=p;                    //在链尾插入
            q=p;
            scanf("%c",&x);
        }
        return head;                      //返回单链表表头指针
    }
    void main()
    {
        LNode *h,*p;
        h=CreateLinkList();               //在表尾生成单链表
        p=h->next;                        //输出单链表
        while(p!=NULL)
        {
            printf("%c,",p->data);
            p=p->next;
        }
        printf("\n");
    }
```

5. 思考题

在表尾插入元素建立单链表的过程中使用了几个指针变量来实现?

实验 4　单链表及基本运算

1. 实验目的

了解单链表的结构特点、描述方法及有关概念,掌握单链表的基本运算。

2. 实验内容

用尾插法建立一个单链表,对单链表进行求长度、查找、插入和删除运算。

3. 参考程序

```
#include<stdio.h>
#include<stdlib.h>
typedef struct node
{
    char data;                      // data 为结点的数据信息
    struct node *next;              // next 为指向后继结点的指针
}LNode;                             //单链表结点类型
LNode *CreateLinkList()
{                                   //在表尾生成单链表
    LNode *head,*p,*q;
    char x ;
    head=(LNode*)malloc(sizeof(LNode));     //生成头结点
    head->next=NULL ;
    p=head;
    q=p;                                    //指针 q 始终指向链尾结点
    printf("Input any char string : \n") ;
    scanf("%c",&x) ;                        //读入结点数据
    while(x!='\n')          //生成链表的其它结点(遇到回车符结束)
    {
        p=(LNode*)malloc(sizeof(LNode));    //生成待插入结点的存储空间
        p->data=x;              //将读入的数据赋给待插入结点 *P
        p->next=NULL;           //当待插入结点 *p 作为链尾结点时,其后继指针为空
        q->next=p;              //在链尾插入 *p 结点
        q=p;                    // q 继续指向新的链尾结点*p
        scanf("%c",&x);
    }
    return head;                //返回单链表表头指针
}
int Length_LinkList(LNode *head)
{                               //求单链表的长度
    LNode *p=head;              // p 指向单链表头结点
    int i=0;                    // i 为结点计数器
    while(p->next!=NULL)
    {
        p=p->next;
        i++;
    }
```

```
    return i;
}
LNode *Get_LinkList(LNode *head, int i)
{                           //在单链表 head 中按序号查找第 i 个结点
   LNode *p=head;
   int j=0;
   while(p!=NULL&&j<i)    //由第一个数据结点开始查找
   {
      p=p->next;
      j++;
   }
   return p;    //找到则返回指向 i 结点的指针值；找不到则 p 已为空，返回空值
}
LNode *Locate_LinkList(LNode *head, char x)
{                           //在单链表中查找结点值为 x 的结点
   LNode *p=head->next;
   while(p!=NULL&&p->data!=x)      //由第一个数据结点开始查找
      p=p->next;
   return p;
}
void Insert_LinkList(LNode *head, int i, char x)
{                           //在单链表 head 的第 i 个位置上插入值为 x 的元素
   LNode *p,*s;
   p=Get_LinkList(head, i-1);      //查找第 i-1 个结点
   if(p==NULL)
      printf("Error ! \n");        //第 i-1 个位置不存在而无法插入
   else
   {
      s=(LNode *)malloc(sizeof(LNode));          //申请结点空间
      s->data=x;
      s->next=p->next;             //本语句和下一条语句完成插入操作
      p->next=s;
   }
}
void Del_LinkList(LNode *head , int i)
{                           //删除单链表 head 上的第 i 个数据结点
   LNode *p,*s;
   p=Get_LinkList(head, i-1);      //查找第 i-1 个结点
```

```
    if(p==NULL)
      printf("第 i-1 个结点不存在!\n ");    //待删结点的前一个结点不存在,
                                              //故无待删结点
    else
       if(p->next==NULL)
          printf("第 i 个结点不存在!\n");    //待删结点不存在
       else
       {
          s=p->next;                          // s 指向第 i 个结点
          p->next=s->next;                    //从链表中删除第 i 个结点
          free(s);                            //系统回收第 i 个结点的存储空间
       }
}
void print(LNode *h)
{                                             //输出单链表
    LNode *p;
    p=h->next;
    while(p!=NULL)
    {
        printf("%c,", p->data);
        p=p->next;
    }
    printf("\n");
}
void main()
{
    LNode *h,*p;
    int i;
    char x;
    h=CreateLinkList();                       //生成一个单链表
    print(h);                                 //输出单链表
    i=Length_LinkList(h);                     //求单链表的长度
    printf("Length=%d\n", i);                 //输出单链表的长度值
    printf("Input order and search to element:\n");
    scanf("%d",&i);                           //输入要查找元素的序号
    p=Get_LinkList(h, i);                     //按序号在顺序表中查找
    if(p!=NULL)
    printf("Element is %c\n", p->data);       //找到则输出该元素的值
```

```
            else
                printf("Search fail!\n");        //未找到
            printf("Input value of element and search to element:\n");
            getchar();
            scanf("%c",&x);                //输入要查找元素的值
            p=Locate_LinkList(h,x);        //按值在顺序表中查找
            if(p!=NULL)
                printf("Element is %c\n",p->data);    //找到则输出该元素的值
            else
                printf("Search fail!\n");        //未找到
            printf("Insert a element,Input site and value of element:\n");
            scanf("%d,%c",&i,&x);        //输入要插入元素的位置值 i 和元素值 x
            Insert_LinkList(h,i,x);        //在单链表中插入该元素
            print(h);                //输出单链表
            printf("Delete a element,Input site of element:\n");
            scanf("%d",&i);                //输入要删除元素的位置值 i
            Del_LinkList(h,i);        //在单链表中删除该位置上的元素
            print(h);                //输出单链表
        }
```

4. 思考题

如果建立不带头结点的单链表，则程序如何实现？

实验 5 双向链表及基本运算

1. 实验目的

了解双向链表的结构特点、描述方法及有关概念，掌握双向链表的基本运算。

2. 实验内容

用头插法建立一个双向循环链表，对双向循环链表进行双向输出以及结点的插入和删除运算。

3. 参考程序

```
#include<stdio.h>
#include<stdlib.h>
typedef struct dlnode
{
    char data;                // data 为结点的数据信息
    struct dlnode *prior,*next;  // prior 和 next 分别为指向直接前驱和直接
                                 //后继结点的指针
}DLNode;                      //双向链表结点类型
```

```
DLNode *CreateDlinkList()
{                                    //建立带头结点的双向循环链表
    DLNode *head,*s;
    char x;
    head=(DLNode *)malloc(sizeof(DLNode));//先生成仅含头结点的空双向循环链表
    head->prior=head;
    head->next=head;
    printf("Input any char string :\n");
    scanf("%c",&x);                  //读入结点数据
    while (x!='\n')                  //采用头插法生成双向循环链表(遇到回车符结束)
    {
        s=(DLNode *)malloc(sizeof(DLNode));    //生成待插入结点的存储空间
        s->data=x;                   //将读入的数据赋给待插入结点 *s
        s->prior=head;               //新插入结点 *s 的前驱结点为头结点 *head
        s->next=head->next;//插入后,*s 的后继结点为头结点 *head 原来的后继结点
        head->next->prior=s;         //头结点的原后继结点的前驱结点为 *s
        head->next=s;                //此时头结点新的后继结点为 *s
        scanf("%c",&x);              //继续读入下一个结点数据
    }
    return head;                     //返回头指针
}
DLNode *Get_DLinkList(DLNode *head,int i)
{                                    //在双向循环链表 head 中按序号查找第 i 个结点
    DLNode *p=head;
    int j=0;
    while(p->next!=head&&j<i)        //由第一个数据结点开始查找
    {
        p=p->next;
        j++;
    }
    if(p->next!=head)
        return p;                    //找到则返回指向 i 结点的指针值
    else
        return NULL;                 //找不到则返回空值
}
void Insert_DLinkList(DLNode *head,int i,char x)
{          //在双向循环链表 head 的第 i 个位置上插入值为 x 的元素
    DLNode *p,*s;
    p=Get_DLinkList(head,i-1);       //查找第 i-1 个结点
```

```
    if(p==NULL)
        printf("Error ! \n");        //第 i-1 个结点位置不存在而无法插入
    else
    {
        s=(DLNode *)malloc(sizeof(DLNode));      //申请结点空间
        s->data=x;
        s->prior=p;                   //新插入结点 *s 的前驱结点为 *p
        s->next=p->next;              //插入后, *s 的后继结点为 *p 原来的后继结点
        p->next->prior=s;             //此时 *p 原后继结点的前驱结点为 *s
        p->next=s;                    //插入后, *p 的后继结点为 *s
    }
}
void Del_DLinkList(DLNode *head , int i)
{                                     //删除双向循环链表 head 上的第 i 个数据结点
    DLNode *p;
    p=Get_DLinkList(head,i);          //查找第 i 个结点
    if(p==NULL)
        printf("第 i 个数据结点不存在!\n");    //待删结点不存在
    else
    {
        p->prior->next=p->next;       //待删结点 *p 的前驱结点, 其后继指针
                                      //指向 *p 的后继结点
        p->next->prior=p->prior;      //待删结点 *p 的后继结点, 其前驱指针
                                      //指向 *p 的前驱结点
        free(p);                      //系统回收 *p 结点的存储空间
    }
}
void print1(DLNode *h)
{                                     //后向输出双向循环链表
    DLNode *p;
    p=h->next;
    while(p!=h)
    {
        printf("%c,",p->data);
        p=p->next;
    }
    printf("\n");
}
```

```
void print2(DLNode *h)
{                                    //前向输出双向循环链表
    DLNode *p;
    p=h->prior;
    while(p!=h)
    {
        printf("%c,",p->data);
        p=p->prior;
    }
    printf("\n");
}
void main()
{
    DLNode *h,*p;
    int i;
    char x;
    h=CreateDlinkList();             //建立带头结点的双向循环链表
    printf("Output list for next\n");
    print1(h);                       //后向输出双向循环链表
    printf("Output list for prior\n");
    print2(h);                       //前向输出双向循环链表
    printf("Input order and search to element:\n");
    scanf("%d",&i);                  //输入要查找元素的序号
    p=Get_DLinkList(h,i);            //按序号在顺序表中查找
    if(p!=NULL)
        printf("Element is %c\n",p->data);     //找到则输出该元素的值
    else
        printf("Search fail!\n");    //未找到
    printf("Insert a element,Input site and value of element:\n");
    scanf("%d,%c",&i,&x);            //输入要插入元素的位置值 i 和元素值 x
    Insert_DLinkList(h,i,x);         //在双向循环链表中插入该元素
    print1(h);                       //输出双向循环链表结点信息
    printf("Delete a element,Input site of element:\n");
    scanf("%d",&i);                  //输入要删除元素的位置值 i
    Del_DLinkList(h,i);              //在单链表中删除该位置上的元素
    print1(h);                       //输出双向循环链表结点信息
}
```

【说明】

程序执行过程如下：

```
Input any char string :
abcdef↙
Output list for next
f, e, d, c, b, a,
Output list for prior
a, b, c, d, e, f,
Input order and search to element:
2↙
Element is e
Insert a element, Input site and value of element:
3, h↙
f, e, h, d, c, b, a,
Delete a element, Input site of element:
5↙
f, e, h, d, b, a,
Press any key to continue
```

4．思考题

对于双向循环链表，在结点 *p 之后插入结点 *s 时，指针如何修改才能避免"断链"的发生？

实验 6　静 态 链 表

1．概述

静态链表的构造方法是用一维数组的一个数组元素来表示结点，结点中的数据域(data)仍用于存储元素本身的信息，同时设置一个下标域(cursor)来取代单链表中的指针域(next)，该下标域存放直接后继结点在数组中的位置序号。数组中序号为 0 的数组元素可看成固定的头结点，其下标域指示静态链表中第一个数据结点的位置序号；最后一个结点的下标域值为 0 时表示标记该结点为链表的尾结点，下标域值为 −1 时则表示该结点还未使用。静态链表示意如图 1-9 所示。

表示静态链表的一维数组定义如下：

```
typedef struct
{
    datatype data;    // data 为结点的数据信息
    int cursor;       // cursor 标识直接后继结点
}SNode;               //静态链表结点类型
SNode L[MAXSIZE];
```

这种存储结构需要事先分配一个较大的空间，但是在进行线

0		2
1	a_2	4
2	a_1	1
3		−1
4	a_3	5
5	a_4	0
6		−1
⋮		⋮
MAXSIZE−1		−1

图 1-9　静态链表示意

性表的插入、删除操作时不需要移动大量的元素，仅需要修改"指针"cursor，因此仍具有链式存储结构的优点。

2. 实验目的

了解静态链表的结构特点及有关概念，掌握用一维数组构造静态链表的方法。

3. 实验内容

用一维数组构造一个静态链表。

4. 参考程序

```c
#include<stdio.h>
#include<stdlib.h>
#define MAXSIZE 30
typedef struct
{
    char data;                      // data 为结点的数据信息
    int cursor;                     // cursor 标识直接后继结点
}SNode;                             //静态链表结点类型
void InsertList(SNode L[],int i,char x)
{                                   //在静态链表中插入元素
    int j,j1,j2,k;
    j=L[0].cursor;                  // j 指向第一个数据结点
    if(i==1)                        //作为第一个数据结点插入
    {
        if(j==0)                    //静态链表为空
        {
            L[1].data=x;            //将 x 放入结点 L[1]中
            L[0].cursor=1;          //将头指针 cusor 指向这个新插入的结点
            L[1].cursor=0;          //置链尾标志
        }
        else
        {
            k=j+1;
            while(k!=j)             //在数组中循环查找存放 x 的位置
                if(L[k].cursor==-1)  //找到空位置
                    break;
                else
                    k=(k+1)%MAXSIZE; //否则查找下一个位置
            if(k!=j)                //在数组中找到一个空位置来存放 x
            {
                L[k].data=x;
```

```
            L[k].cursor=L[0].cursor;        //将其插入到静态链表表头
            L[0].cursor=k;
        }
        else
            printf("List overflow!\n");     //链表已满，无法插入
    }
}
else                                        //不是作为第一个结点插入时
{
    k=0;
    while(k<i-2&&j!=0)          //查找第 i-1 个结点，j 不等于 0 则表示未到链尾
    {
        k++;
        j=L[j].cursor;
    }
    if(j==0)  //查完整个链表未找到第 i-1 个结点，即链表长度小于 i-1 个结点
        printf("Insert error \n");
    else
    {
        j1=j;               //找到第 i-1 个结点
        j2=L[j].cursor;//用 j2 保存原 L[j].cursor 值，此值为第 i 个结点的位置值
        k=j+1;
        while(k!=j)                 //在数组中循环查找存放 x 的位置
            if(L[k].cursor==-1)
                break;              //找到空位置
            else
                k=(k+1)%MAXSIZE;    //否则查找下一个位置
        if(k!=j)                    //在数组中给找到的空位置存放 x
        {
            L[k].data=x;
            L[j1].cursor=k;         //作为第 i 个结点链入到静态链表
            L[k].cursor=j2;         //新结点之后再链接上原第 i 个结点
        }
        else
            printf("List overflow!\n");     //链表已满，无法插入
    }
}
}
```

```
void print(SNode *L)
{                                    //输出静态链表
    int i;
    i=L[0].cursor;                   //从静态链表的表头元素开始输出
    while(i!=0)
    {
        printf("%c,",L[i].data);
        i=L[i].cursor;
    }
    printf("\n");
}
void main()
{
    SNode L[MAXSIZE];
    int i;
    char x;
    for(i=1;i<MAXSIZE;i++)           //静态链表初始化
        L[i].cursor=-1;
    L[0].cursor=0;                   //静态链表初始为空标志(0 为链尾)
    i=1;
    printf("Intput elements of list\n");
    scanf("%c",&x);
    while(x!='\n')                   //建立静态链表(遇到回车符结束)
    {
        InsertList(L,i,x);
        i++;
        scanf("%c",&x);
    }
    printf("Intput site and element of insert\n");
    scanf("%d,%c",&i,&x);            //输入要插入元素的位置
    InsertList(L,i,x);              //在静态链表中插入元素
    printf("Output list\n");
    print(L);                        //输出静态链表
}
```

5. 思考题

单链表和静态链表各自的优缺点是什么？

第2章 栈和队列

2.1 内容与要点

栈和队列是两种特殊的线性表。栈与队列的逻辑结构与线性表相同，但运算规则与线性表相比则加了某些限制，如栈的存取只能在线性表的一端进行，而队列则只能在线性表的一端存入而在另一端取出。栈实际上是按"后进先出"的规则进行操作的，而队列实际上是按"先进先出"的规则进行操作的。所以，栈和队列又称操作受限的线性表。

2.1.1 栈

栈是限定仅在表的一端进行操作的线性表。对栈而言，允许进行插入和删除元素操作的这一端称为栈顶(top)，而固定不变的另一端则称为栈底(bottom)。不含元素的栈称为空栈。栈中元素的操作是按"后进先出"的规则进行的，且只能在栈顶进行插入和删除操作。因此，栈也被称作后进先出(或先进后出)线性表。图 2-1 给出了栈的示意。

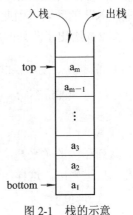

图 2-1　栈的示意

1. 顺序栈

顺序栈即栈的顺序存储结构，它利用一组地址连续的存储单元来依次存放由栈底到栈顶的所有元素，同时附加一个 top 指针来指示栈顶元素在顺序栈中的位置。因此，可预设一个长度足够的一维数组 data[MAXSIZE] 来存放栈的所有元素，并将下标 0 设为栈底；由于栈顶随着插入和删除在不断变化，所以用 top 作为栈顶指针指明当前栈顶的位置，并且将数组 data 和指针 top 组合到一个结构体内。顺序栈的类型定义如下：

```
typedef struct
{
    datatype data[MAXSIZE];        //栈中元素存储空间
    int top;                        //栈顶指针
}SeqStack;                          //顺序栈类型
```

2. 链栈

为了克服顺序栈容易出现上溢的问题，可采用链式存储结构来构造栈并称之为链栈。由于链栈是动态分配元素存储空间的，所以操作时无需考虑上溢问题；这样，多个栈的共享问题也就迎刃而解了。

由于栈的操作仅限制在栈顶进行，也即元素的插入和删除都是在表的同一端进行的，因此不必设置头结点，头指针也就是栈顶指针。链栈如图 2-2 所示。

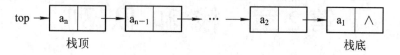

图 2-2　链栈示意

通常链栈用单链表表示，因此其结点结构与单链表的结点结构相同。链栈的类型定义如下：

```
typedef struct node
{
    datatype data;              // data 为结点的数据信息
    struct node *next;          // next 为指向后继结点的指针
}StackNode;                     //链栈结点类型
```

2.1.2　队列

同栈一样，队列也是一种操作受限的线性表：只能在线性表的一端进行插入，而在线性表的另一端进行删除。只能删除的这一端称为队头(front)，而把只能插入的另一端称为队尾(rear)。队列中对元素的操作实际上是按"先进先出"规则进行的，最先删除的元素一定是最先入队的元素。因此，队列也被称为先进先出线性表。队列中元素的个数称为队列长度。图 2-3 给出了队列的示意。

图 2-3　队列示意

队列和栈的关系是：用两个栈可以实现一个队列，即第一个栈实现先进后出，第二个栈实现后进先出，这样经过两个栈即得到先进先出的队列。

1．顺序队列

队列的顺序存储结构又称顺序队列，它也是利用一组地址连续的存储单元来存放队列中元素的。由于顺序队列中元素的插入和删除是分别在表的不同端进行的，所以除了存放队列元素的一维数组外，还必须设置称为队头指针和队尾指针的两个指针来分别指示当前的队头元素和队尾元素。

顺序队列的类型定义如下：

```
typedef struct
{
    datatype data[MAXSIZE];     //队中元素存储空间
    int rear,front;             //队尾和队头指针
}SeQueue;                       //顺序队类型
```

2．循环队列

队列在顺序存储下会发生溢出。队空时再进行出队的操作称为"下溢"；而在队满时再进行入队的操作称为"上溢"。上溢有两种情况。一种是真正的队满，即存放队列元素的一维数组空间已全部占用，此时队尾指针和队头指针存在着如下关系：

$$q\text{->}rear - q\text{->}front = MAXSIZE$$

也即，这时已不再有可供队列使用的数据空间。另一种是假溢出，即 $q\text{->}rear - q\text{->}front <$ MAXSIZE 但 $q\text{->}rear = MAXSIZE-1$，此时仍有可用的数据空间，只不过队尾指针 $q\text{->}rear$ 已到达队列空间的最大值而无法再存放等待入队的元素了。产生假溢出现象是由于出队的元素空间无法再次使用造成的。

解决假溢出的方法是将顺序队列假想为一个首尾相接的圆环，称之为循环队列(见图 2-4)。但此时会出现队空、队满的条件均为

$$q\text{->}rear = q\text{->}front$$

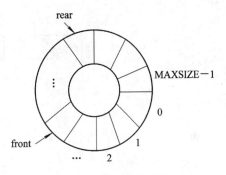

图 2-4　循环队列示意

为了解决这一问题。采取的方法是损失一个数据元素的存储空间将队满条件改为

$$(q\text{->}rear+1)\%MAXSIZE = q\text{->}front$$

而队空条件维持不变，仍是 $q\text{->}rear = q\text{->}front$。此外，循环队列的元素个数为：

$$(q\text{->}rear - q\text{->}front + MAXSIZE)\%MAXSIZE$$

因为是头尾相连的循环结构，此时入队的操作改为

$$q\text{->}rear = (q\text{->}rear+1)\%MAXSIZE;$$

$$q\text{->}data[sq\text{->}rear] = x;$$

而出队的操作改为

$$q\text{->}front = (q\text{->}front+1)\%MAXSIZE;$$

$$x = q\text{->}data[q\text{->}front];$$

循环队列的类型定义与队列相同，只是操作方式按循环队列进行。

3．链队列

队列的链式存储结构称为链队列。链队列也需要标识队头和队尾的指针。为了操作方便，也给链队列添加一个头结点，并令队头指针指向头结点。因此，队空的条件是队头指针和队尾指针均指向头结点。图 2-5 给出了链队列示意。

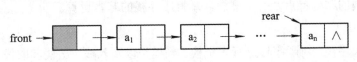

图 2-5　链队列示意

在图 2-5 中，队头指针 front 和队尾指针 rear 是两个独立的指针变量，从结构上考虑，通常将二者放入一个结构体中。

链队列的类型定义如下：

```
typedef struct node
```

```
    {
        datatype data;
        struct node *next;
    }QNode;                    //链队列结点的类型
    typedef struct
    {
        QNode *front,*rear;     //将头、尾指针纳入到一个结构体的链队列
    }LQueue;                    //链队列类型
```

我们定义一个指向链队列的指针：LQueue *q;，则建立的带头结点的链队列如图 2-6 所示。

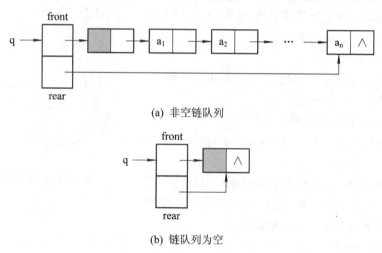

(a) 非空链队列

(b) 链队列为空

图 2-6 头、尾指针纳入到一个结构体的链队列

2.2 栈和队列实践

实验 1 顺序栈及基本运算

1. 实验目的
了解顺序栈的结构特点及有关概念，掌握顺序栈的基本运算。

2. 实验内容
建立一个顺序栈，对顺序栈进行置空栈、判栈空以及入栈、出栈和取栈顶元素等运算。

3. 参考程序
```c
#include<stdio.h>
#include<stdlib.h>
#define MAXSIZE 20
typedef struct
```

```
{
    char data[MAXSIZE];          //一维数组 data 作为顺序栈使用
    int top;                     // top 为栈顶指针
}SeqStack;                       //顺序栈类型
void Init_SeqStack(SeqStack **s)
{                                //顺序栈初始化
    *s=(SeqStack*)malloc(sizeof(SeqStack));      //在主调函数中申请栈空间
    (*s)->top=-1;                                //置栈空标志
}
int Empty_SeqStack(SeqStack *s)
{                                //判栈是否为空
    if(s->top==-1)
        return 1;                //栈为空时返回 1 值
    else
        return 0;                //栈不空时返回 0 值
}
void Push_SeqStack(SeqStack *s, char x)
{                                //顺序栈元素入栈
    if(s->top==MAXSIZE-1)
        printf("Stack is full!\n");      //栈已满
    else
    {
        s->top++;               //先使栈顶指针 top 增 1
        s->data[s->top]=x;      //再将元素 x 压入栈 *s 中
    }
}
void Pop_SeqStack(SeqStack *s, char *x)
{           //将栈 *s 中的栈顶元素出栈，并通过参数 x 返回给主调函数
    if(s->top==-1)
        printf("Stack is empty!\n");      //栈为空
    else
    {
        *x=s->data[s->top];               //栈顶元素出栈
        s->top--;                         //栈顶指针 top 减 1
    }
}
void Top_SeqStack(SeqStack *s, char *x)
{                                         //取顺序栈栈顶元素
```

```
        if(s->top==-1)
            printf("Stack is empty!\n");        //栈为空
        else
            *x=s->data[s->top];                 //取栈顶元素值赋给 *x
    }
    void print(SeqStack *s)
    {                                           //顺序栈输出
        int i;
        for(i=0;i<=s->top;i++)
            printf("%4c",s->data[i]);
        printf("\n");
    }
    void main()
    {
        SeqStack *s;
        char x,*y=&x;          // y 是指向 x 的指针，出栈元素经过 y 传递给变量 x
        Init_SeqStack(&s);                      //顺序栈初始化
        if(Empty_SeqStack(s))                   //判栈是否为空
            printf("Stack is empty!\n");
        printf("Intput data of stack:\n");
        scanf("%c",&x);
        while(x!=' \n')                         //顺序栈元素入栈(遇到回车符结束)
        {
            Push_SeqStack(s,x);
            scanf("%c",&x);
        }
        printf("Output all data of stack:\n");
        print(s);                               //输出顺序栈中的元素
        Pop_SeqStack(s,y);                       //顺序栈元素出栈
        printf("Output data of Pop stack: %c\n",*y);   //输出出栈元素
        printf("Output all data of stack:\n");
        print(s);                               //输出出栈后顺序栈中的元素
        Top_SeqStack(s,y);                      //读取顺序栈栈顶元素
        printf("Output data of top stack: %c\n",*y);   //输出读出的栈顶元素
        printf("Output all data of stack:\n");
        print(s);                               //输出当前的顺序栈中元素
    }
```

4. 思考题

顺序栈与顺序表的区别是什么？

实验 2 链栈及基本运算

1. 实验目的
了解链栈的结构特点及有关概念，掌握链栈的基本运算。

2. 实验内容
建立一个链栈，对链栈进行置空栈、判栈空以及入栈、出栈等运算。

3. 参考程序

```
#include<stdio.h>
#include<stdlib.h>
typedef struct node
{
    char data;                    // data 为链栈元素的数据域
    struct node *next;            // next 为链栈元素的指针域
}StackNode;                       //链栈元素类型

void Init_LinkStack(StackNode **s)
{                                 //链栈初始化
    *s=NULL;                      //置栈顶指针 *s 为空
}
int Empty_LinkStack(StackNode *s)
{                                 //判断链栈是否为空
    if(s==NULL)
        return 1;                 //链栈为空返回 1 值
    else
        return 0;                 //链栈不空返回 0 值
}
void Push_LinkStack(StackNode **top,char x)
{                                 //链栈元素入栈
    StackNode *p;
    p=(StackNode *)malloc(sizeof(StackNode));    //申请一个链栈元素空间
    p->data=x;                    //为申请到的链栈元素 *p 读入数据
    p->next=*top;  //新链栈元素 *p 作为栈顶元素，其后继为原栈顶元素 **top
    *top=p;                       //栈顶指针 *top 指向新栈顶元素 *p
}
void Pop_LinkStack(StackNode **top,char *x)
{                                 //链栈元素出栈
    StackNode *p;
    if(*top==NULL)                //栈顶指针为空时
```

```
        printf("Stack is empty!\n");
     else                            //栈顶指针不为空时
     {
        *x=(*top)->data;             //栈顶元素的数据经指针 x 传给相应的变量
        p=*top;
        *top=(*top)->next;           //栈顶指针 *top 指向出栈后的新栈顶元素
        free(p);                     //回收已出栈的原栈顶元素 *p 的存储空间
     }
}
void print(StackNode *p)
{                                    //链栈输出
   while(p!=NULL)                    //当指针 p 不空时
   {
       printf("%c,",p->data);        //输出指针 p 所指向的链栈元素值
       p=p->next;                    //指针 p 指向下一个链栈元素
   }
   printf("\n");
}
void main()
{
   StackNode *s;
   char x,*y=&x;                     //出栈元素经指针 y 传给 x
   Init_LinkStack(&s);               //链栈初始化
   if(Empty_LinkStack(s)             //判断链栈是否为空
       printf("Stack is empty!\n");
   printf("Input any string:\n");    //链栈元素入栈
   scanf("%c",&x);
   while(x!='\n')
   {   Push_LinkStack(&s,x);
       scanf("%c",&x);
   }
   printf("Output string:\n");
   print(s);                         //链栈输出
   printf("Output stack:\n");
   Pop_LinkStack(&s,y);              //链栈元素出栈
   printf("Element of Output stack is %c\n",*y);    //输出出栈元素
   printf("Output string:\n");
   print(s);                         //链栈输出
}
```

4．思考题

(1) 链栈是否有头结点？

(2) 为什么将栈顶设在链首，如果设在链尾会产生哪些问题？

实验 3　循环队列及基本运算

1．实验目的

了解顺序队列的结构特点及有关概念，掌握顺序队列的基本运算。

2．实验内容

建立一个顺序队列，对顺序队列进行置空队、判队空以及入队、出队等运算。

3．参考程序

```c
#include<stdio.h>
#include<stdlib.h>
#define MAXSIZE 20
typedef struct
{
    char data[MAXSIZE];              //队中元素存储空间
    int rear,front;                  //队尾和队头指针
}SeQueue;                            //顺序队列类型
void Int_SeQueue(SeQueue **q)
{                                    //循环队列初始化(置空队)
    *q=(SeQueue*)malloc(sizeof(SeQueue));   //申请循环队列的存储空间
    (*q)->front=0;                   //队头与队尾指针值相等则队为空
    (*q)->rear=0;
}
int Empty_SeQueue(SeQueue *q)
{                                    //判队空
    if(q->front==q->rear)
        return 1;                    //队空
    else
        return 0;                    //队不空
}
void In_SeQueue(SeQueue *q,char x)
{                                    //元素入队
    if((q->rear+1)%MAXSIZE==q->front)
        printf("Queue is full!\n"); //队满，入队失败
    else
    {
```

```
        q->rear=(q->rear+1)%MAXSIZE;      //队尾指针加 1
        q->data[q->rear]=x;               //将元素 x 入队
    }
}
void Out_SeQueue(SeQueue *q,char *s)
{                                          //元素出队
    if(q->front==q->rear)
        printf("Queue is empty");          //队空,出队失败
    else
    {
        q->front=(q->front+1)%MAXSIZE;     //队头指针加 1
        *s=q->data[q->front];              //队头元素出队并由指针 s 返回队头元素值
    }
}
void print(SeQueue *q)
{                                          //循环队列输出
    int i;
    i=(q->front+1)%MAXSIZE;                // i 定位于队头元素
    while(i!=q->rear)                      //当 i 未指向队尾元素时
    {
        printf("%4c",q->data[i]);          //输出由 i 指向的队列元素值
        i=(i+1)%MAXSIZE;                   // i 定位于下一个队列元素
    }
    printf("%4c\n",q->data[i]);            //输出 i 指向的队尾元素值
}
void main()
{
    SeQueue *q;
    char x,*y=&x;                          //出队元素经指针 y 传给 x
    Int_SeQueue(&q);                       //循环队列初始化
    if(Empty_SeQueue(q))                   //判队空
        printf("Queue is empty!\n");
    printf("Input any string:\n");
    scanf("%c",&x);
    while(x!='\n')                         //给循环队列输入元素(遇到回车符结束)
    {
        In_SeQueue(q,x);                   //元素入队
        scanf("%c",&x);
    }
```

```
printf("Output elements of Queue:\n");
print(q);                          //循环队列输出
printf("Output Queue:\n");
Out_SeQueue(q,y);                  //循环队列元素出队
printf("Element of Output Queue is %c\n",*y);   //输出出队元素
printf("Output elements of Queue:\n");
print(q);                          //输出出队后的循环队列元素
}
```

4. 思考题

(1) 队空与队满的判断条件能否一样？循环队列是如何解决判队空与队满条件的？

(2) 如果存储循环队列的一维数组下标不是 0~n-1 而是 1~n，则判队空与队满条件又应如何修改？

实验4　链队列及基本运算

1. 实验目的

了解链队列的结构特点及有关概念，掌握链队列的基本运算。

2. 实验内容

建立一个带头结点的链队列，对链队列进行判队空、入队和出队运算。

3. 参考程序

```c
#include<stdio.h>
#include<stdlib.h>
typedef struct node
{
    char data;
    struct node *next;
}QNode;                 //链队列结点类型
typedef struct
{
    QNode *front,*rear;     //将头、尾指针纳入到一个结构体的链队列
}LQueue;                //链队列类型
void Init_LQueue(LQueue **q)        //创建一个带头结点的空队列
{               //形参**q 是为了保证返回到主调函数时仍能够访问该队列
    QNode *p;
    *q=(LQueue *)malloc(sizeof(LQueue));        //申请链队列的头、尾指针
    p=(QNode*)malloc(sizeof(QNode));            //申请链队列的头结点
    p->next=NULL;                               //头结点的 next 指针置为空
    (*q)->front=p;                              //链队列头指针指向头结点
```

```c
        (*q)->rear=p;                 //链队列尾指针指向头结点
    }
    int Empty_LQueue(LQueue *q)
    {                                 //判队空
        if(q->front==q->rear)
            return 1;                 //队为空
        else
            return 0;                 //队不空
    }
    void In_LQueue(LQueue *q,char x)
    {                                 //入队
        QNode *p;
        p=(QNode *)malloc(sizeof(QNode));   //申请新链队列结点
        p->data=x;
        p->next=NULL;                 //新结点 *p 作为队尾结点时其 next 域为空
        q->rear->next=p;              //将新结点 *p 链到原队尾结点之后
        q->rear=p;                    //使队尾指针指向新的队尾结点 *p
    }
    void Out_LQueue(LQueue *q,char *s)
    {                                 //出队
        QNode *p;
        if(Empty_LQueue(q))
            printf("Queue is empty!\n");        //队空，出队失败
        else
        {
          p=q->front->next;           //指针 p 指向链队列第一个数据结点(即队头结点)
          q->front->next=p->next;     //头结点的 next 指针指向链队列第二个数据
                                      //结点(即删除第一个数据结点)
          *s=p->data;                 //将删除的队头结点数据经由指针 s 返回
          free(p);                    //回收已删除的原队头结点存储空间
          if(q->front->next==NULL)    //出队后队为空，则置为空队列
              q->rear=q->front;
        }
    }
    void print(LQueue *q)
    {                                 //链队列输出
        QNode *p;
        p=q->front->next;             //指针 p 指向链队列第一个数据结点(即队头结点)
        while(p!=NULL)                //指针 p 不为空时
```

```
    {
        printf("%4c",p->data);        //输出指针 p 指向的数据结点值
        p=p->next;                    //指针 p 指向该数据结点的后继结点
    }
    printf("\n");
}
void main()
{
    LQueue *q;
    char x,*y=&x;                     //出队元素经指针 y 传给 x
    Init_LQueue(&q);                  //链队列初始化
    if(Empty_LQueue(q))               //判队空
        printf("Queue is empty!\n");
    printf("Input any string:\n");              //给链队列输入元素
    scanf("%c",&x);
    while(x!='\n')
    {
        In_LQueue(q,x);               //元素入队
        scanf("%c",&x);
    }
    printf("Output elements of Queue:\n");
    print(q);                         //链队列输出
    printf("Output Queue:\n");
    Out_LQueue(q,y);                  //元素出队
    printf("Element of Output Queue is %c\n",*y);        //输出出队的元素值
    printf("Output elements of Queue:\n");
    print(q);                         //输出出队后链队列的元素
}
```

4．思考题

链队列与链栈有何不同？

第 3 章　串

3.1　内　容　与　要　点

串是由零个或多个任意字符组成的字符序列，一般记为

$$S = "a_0a_1a_2 \cdots a_{n-1}" \qquad n \geqslant 0$$

其中，S 是串名；双引号 """" 作为串开始和结束的定界符，双引号中间引起来的字符序列为串值，双引号本身不属于串的内容；$a_i(0 \leqslant i \leqslant n-1)$是串中的任意一个字符，称为串的元素，它是构成串的基本单位，i 是 a_i 在整个串中的序号(序号由 0 开始)；n 为串的长度，表示串中所包含的字符个数，当 n 等于 0 时称为空串，通常记为 φ。

1. 串的顺序存储结构

因为串是字符型的线性表，所以线性表的存储方式仍然适用于串。以顺序存储结构存储的串简称为顺序串。在顺序串中，用一组地址连续的存储单元存储串值中的字符序列。

顺序串一般采用非紧缩的定长存储，所谓定长是指按预定义的大小，为每一个串变量分配一个固定长度的存储区。例如：

```
#define MAXSIZE 256
char s[MAXSIZE];
```

则串的最大长度不能超过 256。

2. 串的链式存储结构

以链式存储结构存储的串简称为链串。链串的组织形式与一般链表类似，其主要区别在于：链串中的一个结点可以存储多个字符。当结点大小大于 1 时，链串的最后一个结点的各数据域不一定都被字符占满，对于那些空闲的数据域应给予特殊的标记(如 '\0' 字符)。链串的结点大小越大则存储密度越大，但插入、删除和替换等操作并不方便，因此适合于串值基本保持不变的场合；结点大小越小则存储密度下降，但操作相对容易。我们仅对结点大小为 1 的链串进行讨论。

链串的结点类型定义如下：

```
typedef struct snode
{
    char data;              // data 为结点的数据信息
    struct snode *next;     // next 为指向后继结点的指针
}LiString;                  //链串结点类型
```

3.2 串 实 践

实验 1 顺序串及基本运算

1. 实验目的

了解顺序串的结构特点及有关概念，掌握顺序串的基本运算。

2. 实验内容

建立一个顺序串，对顺序串进行求串长、串连接、求子串、串比较和串插入等运算。

3. 参考程序

```c
#include<stdio.h>
#define MAXSIZE 50
int StrLength(char *s)
{                               //求串长
    int i=0;
    while(s[i]!='\0')           //对串 s 中的字符个数进行计数直到遇见'\0'为止
        i++;
    return i;                   //返回串 s 的长度值 i
}
int StrCat(char s1[ ],char s2[ ])
{                               //串连接
    int i,j,len1,len2;
    len1=StrLength(s1);         // len1 为串 s1 的长度
    len2=StrLength(s2);         // len2 为串 s2 的长度
    if(len1+len2>MAXSIZE-1)
        return 0;               //串 s1 存储空间不够，返回错误代码 0
    i=0;j=0;
    while(s1[i]!='\0')          //寻找串 s1 的串尾
        i++;
    while(s2[j]!='\0')          //将串 s2 的串值复制到串 s1 的串尾
        s1[i++]=s2[j++];
    s1[i]='\0';                 //置串结束标志
    return 1;                   //串连接成功
}
int SubStr(char *s, char t[], int i,int len)    //求子串
{       //用数组 t 返回串 s 中从第 i 个字符开始长度为 len 的子串(1≤i≤串长)
```

```
    int j,slen;
    slen=StrLength(s);
    if(i<1||i>slen||len<0||len>slen-i+1)      //给定参数有错，返回错误代码 0
        return 0;
    for(j=0;j<len;j++)               //复制串 s 中的指定子串到串 t
        t[j]=s[i+j-1];
    t[j]='\0';                       //给子串 t 置串结束标志'\0'
    return 1;                        //求子串成功返回 1 值
}
int StrCmp(char *s1,char *s2)
{                                    //串比较
    int i=0;
    while(s1[i]==s2[i]&&s1[i]!='\0')     //两串对应位置上的字符进行比较
        i++;
    return (s1[i]-s2[i]);
}
int StrInsert(char *s,int i,char *t)     //串插入
{           //将串 t 插入到串 s 的第 i 个字符开始的位置上，
            //指针 s 和 t 指向存储字符串的字符数组
    char str[MAXSIZE];
    int j, k, len1,len2;
    len1=StrLength(s);
    len2=StrLength(t);
    if(i<0||i>len1+1||len1+len2>MAXSIZE-1)
        return 0; //参数不正确或主串 s 的数组空间插不下子串 t，返回错误代码 0
    k=i;
    for(j=0;s[k]!='\0';j++)//将串 s 中由位置 i 开始一直到 s 串尾的子串赋给串 str
        str[j]=s[k++];
    str[j]='\0';
    j=0;
    while(t[j]!='\0')           //将子串 t 插入到主串 s 的 i 位置处
        s[i++]=t[j++];
    j=0;
    while(str[j]!='\0')//再将暂存于串 str 的子串连接到刚复制到串 s 的子串 t 后面
        s[i++]=str[j++];
    s[i]='\0';                  //给串 s 置串结束标志'\0'
    return 1;                   //串插入成功
}
```

```
void main()
{
    char x1[50]="abcdefghijk",x2[30]="mnopqrstuvwxyz",x3[20];
    puts(x1);                      //输出串 x1
    printf("Length of string x1 is %d\n",StrLength(x1));//输出串 x1 的长度
    if(StrCat(x1,x2))              //将 x2 连接于串 x1 之后
    {
        printf("Output x1 after chain:\n");
        puts(x1);                  //输出连接后的串 x1
    }
    else
        printf("Chain x1 and x2 fail!\n");   //连接失败
    if(SubStr(x1,x3,5,12))         //对串 x1 求子串并存放到串 x3 中
    {
        printf("String:\n");
        puts(x3);                  //输出存放在 x3 中的子串
    }
    else
        printf("Errror!\n");       //求子串出错
    if(StrCmp(x1,x2)>0)            //串比较
        printf("x1 is lager!\n");
    else
        if(StrCmp(x1,x2)==0)
            printf( "equal!\n" );
        else
            printf("x2 is lager!\n");
    if(StrInsert(x2,5,"aaaaa"))    //将串"aaaaa"插入到串 x2 中
    {
        printf("Output x2 after insert:\n");
        puts(x2);                  //输出插入后的串 x2
    }
    else
        printf("Insert fail!\n");  //插入失败
}
```

4. 思考题

串与线性表有何异同？

实验 2　链串及基本运算

1. 实验目的

了解链串的结构特点及有关概念,掌握链串的基本运算。

2. 实验内容

建立一个链串(即串赋值运算),对链串进行求串长和串连接运算。

3. 参考程序

链串的运算包括:串赋值(建立一个链串)、求串长和串连接。串赋值将一个存于一维数组 str 中的字符串赋给链串 s,赋值采用尾插法来建立链串 s;求串长则返回链串 s 中的字符个数即长度值;串连接则是将两个链串 s 和 t 连接在一起形成一个新的链串 s,原链串 t 保持不变。

```
#include<stdio.h>
#include<stdlib.h>
typedef struct snode
{
    char data;
    struct snode *next;
}LiString;                              //链串结点类型
void StrAssingn(LiString **s, char str[])
{                                       //尾插法建立链串
    LiString *p,*r;
    int i;
    *s=(LiString*)malloc(sizeof(LiString));     //建立链串头结点
    r=*s;                               // r 始终指向链串 s 的尾结点
    for(i=0;str[i]!='\0';i++) //将数组 str 中的字符逐个转化为链串 s 中的结点
    {
        p=(LiString *)malloc(sizeof(LiString));
        p->data=str[i];
        r->next=p;
        r=p;
    }
    r->next=NULL;           //将最终生成的链串 s 其尾结点 *r 的指针域置空
}
int StrLength(LiString *s)
{                           //求串长
    int i=0;
```

```
    LiString *p=s->next;        //使 p 指向链串 s 的第一个数据结点
    while(p!=NULL)
    {
        i++;
        p=p->next;
    }
    return i;                   //返回串长度值
}
void StrCat(LiString *s, LiString *t)
{                               //将链串 s 和链串 t 连接成新的链串 s
    LiString *p,*q,*r,*str;
    str=(LiString *)malloc(sizeof(LiString));
    r=str;                      //r 指向链串 str 的尾结点
    p=t->next;                  //p 指向链串 t 的第一个数据结点
    while(p!=NULL)              //将链串 t 复制到链串*str
    {
        q=(LiString *)malloc(sizeof(LiString));
        q->data=p->data;
        r->next=q;
        r=q;
        p=p->next;
    }
    r->next=NULL;               //链串 str 中尾结点 *r 的指针域置空
    p=s;
    while(p->next!=NULL)        //寻找链串 s 的尾结点
        p=p->next;
    p->next=str->next;//将链串 str(保存着链串 t 的串值)链到链串 s 的尾结点之后
    free(str);                  //回收链串 str 的头结点
}
void main()
{
    LiString *head1,*head2,*p;
    char c1[20]="ABCD",c2[10]="abcd";
    StrAssingn(&head1,c1);      //建立链串 head1
    StrAssingn(&head2,c2);      //建立链串 head2
    printf("head1=%d\n",StrLength(head1));      //输出链串 head1 的长度
    StrCat(head1,head2);        //将链串 head1 和链串 head2 连接成新的链串 head1
```

```
    p=head1->next;              //输出连接后的链串 head1
    while(p!=NULL)
    {
        printf("%2c",p->data);
        p=p->next;
    }
    printf("\n");
}
```

4．思考题

链串与单链表有何异同？

实验 3　链串中求子串运算

1．实验目的

进一步熟悉链串的结构特点及有关概念，掌握如何在链串中求子串的方法。

2．实验内容

实现在链串中求子串的运算。

3．参考程序

将链串 s 中从第 i 个($1 \leqslant i \leqslant$ StrLength(s))字符(结点)开始的且由连续 len 个字符组成的子串生成一个新链串 str，参数不正确时生成的新链串 str 为空(采用尾插法建立链串 str)。

```
#include<stdio.h>
#include<stdlib.h>
typedef struct snode
{
    char data;
    struct snode *next;
}LiString;                      //链串结点类型
void StrAssingn(LiString **s, char str[])
{                               //尾插法建立链串
    LiString *p,*r;
    int i;
    *s=(LiString*)malloc(sizeof(LiString));    //建立链串头结点
    r=*s;                       // r 始终指向链串 s 的尾结点
    for(i=0;str[i]!='\0';i++)   //将数组 str 中的字符逐个转化为链串 s 中的结点
    {
        p=(LiString *)malloc(sizeof(LiString));
        p->data=str[i];
```

```
        r->next=p;
        r=p;
    }
    r->next=NULL;                     //将最终生成的链串 s 尾结点的指针域置空
}
int StrLength(LiString *s)
{                                     //求串长
    int i=0;
    LiString *p=s->next;              //使 p 指向链串 s 的第一个数据结点
    while(p!=NULL)
    {
        i++;
        p=p->next;
    }
    return i;                         //返回串长度值
}
void SubStr(LiString *s,LiString **str,int i,int len)      //求子串
{                                     //对链串 s 求子串并存放于链串 str 中
    LiString *p,*q,*r;
    int k;
    p=s->next;                        //p 指向链串 s 的第一个数据结点
    *str=(LiString*)malloc(sizeof(LiString));        //生成链串 *str 的头结点
    (*str)->next=NULL;
    r=*str;                           //r 指向链串 *str 的尾结点
    if(i<1||i>StrLength(s)||len<0||i+len-1>StrLength(s))
        goto L1;                      //参数错误，生成空链串 *str
    for(k=0;k<i-1;k++)
        p=p->next;                    //p 定位于链串 s 的第 i 个结点
    for(k=0;k<len;k++)//将链串 s 由第 i 个结点开始的 len 个结点复制到链串 str 中
    {
        q=(LiString *)malloc(sizeof(LiString));      //生成一个由 q 指向的结点
        q->data=p->data;              //复制链串 s 当前指针 p 所指的结点数据给 *q
        r->next=q;
        r=q;
        p=p->next;    //链串 s 的指针 p 顺序指向下一个结点，以便链串 str 中的
                      //指针 q 继续复制
    }
    r->next=NULL;                     //将链尾 str 中尾结点的指针域置空
```

```
        L1:  ;
    }
    void main()
    {
        LiString *head1,*head2,*p;
        char c1[20]="ABCabD";
        StrAssingn(&head1,c1);          //建立链串 head1
        SubStr(head1,&head2,3,3);       //对链串 head1 求子串并存放于链串 head2 中
        p=head2->next;                  //输出新生成的链串 head2
        while(p!=NULL)
        {
            printf("%2c",p->data);
            p=p->next;
        }
        printf("\n");
    }
```

实验4　链串中串插入运算

1. 实验目的

进一步熟悉链串的结构特点及有关概念，掌握如何在链串中插入一个子串的方法。

2. 实验内容

分别建立链串 s 和链串 t，然后将链串 t 插入到链串 s 的第 i 个结点位置。

3. 参考程序

```
#include<stdio.h>
#include<stdlib.h>
typedef struct snode
{
    char data;
    struct snode *next;
}LiString;                           //链串结点类型
void StrAssingn(LiString **s, char str[])
{                                    //尾插法建立链串
    LiString *p,*r;
    int i;
    *s=(LiString*)malloc(sizeof(LiString));  //建立链串头结点
    r=*s;                            // r 始终指向链串 s 的尾结点
    for(i=0;str[i]!='\0';i++)//将数组 str 中的字符逐个转化为链串 s 中的结点
```

```
    {
        p=(LiString *)malloc(sizeof(LiString));
        p->data=str[i];
        r->next=p;
        r=p;
    }
    r->next=NULL;              //将最终生成的链串 s 尾结点的指针域置空
}
void StrInsert(LiString *s, int i, LiString *t)
{                              //将链串 t 插入到链串 s 的第 i 个结点开始的位置
    LiString *p,*r;
    int k;
    p=s->next;                 //p 指向链串 s 的第一个数据结点
    for(k=0;k<i-1;k++)         //在链串 s 中查找指向第 i 个结点的指针值
        p=p->next;
    r=p->next;                 //将链串 s 中由第 i 个结点开始的串暂由指针 r 指向
    p->next=t->next;           //将链串 t 由第一个数据结点开始连接到链串 s 的
                               //第 i-1 个结点之后
    p=t;                       // p 指向链串 t 的头结点
    while(p->next!=NULL)       //查找链串 t 的尾结点
        p=p->next;
    p->next=r;//将暂由指针 r 指向的串链接到链串 *t(已链入链串 s)的尾结点之后
}
void main()
{
    LiString *head1,*head2,*p;
    char c1[20]="ABCD",c2[10]="abcd";
    StrAssingn(&head1,c1);        //建立链串 head1
    StrAssingn(&head2,c2);        //建立链串 head2
    StrInsert(head1,2,head2);     //将链串 head2 插入到链串 head1 中指定位置
    p=head1->next;                //输出插入后的链串 head1
    while(p!=NULL)
    {
        printf("%2c",p->data);
        p=p->next;
    }
    printf("\n");
}
```

实验 5 串的简单模式匹配

1. 概述

简单模式匹配算法的基本思想是：从主串 S 中的第一个字符 s_0 开始和子串 T 中的第一个字符 t_0 比较，并分别用指针 i 和 j 指示当前串 S 和串 T 中正在比较的字符位置；如果比较相等，则继续逐个比较两串当前位置的直接后继字符；否则从主串 S 的第二个字符 s_1 开始再重新与子串 T 的第一个字符 t_0 进行比较；依次类推，直至子串中的每个字符依次和主串中一个连续字符序列中的每个字符相等，则匹配成功并返回子串 T 中第一个字符 t_0 在主串 S 中的位置；否则匹配失败。

2. 实验目的

进一步熟悉顺序串的结构特点及有关概念，掌握顺序串简单模式匹配方法。

3. 实验内容

建立两个顺序串 S 和 T，用简单模式匹配算法判断主串 S 中是否有与子串 T 匹配的子串，若有则给出该子串在主串 S 中的起始位置，否则返回 −1 值。

4. 参考程序

```c
#include<stdio.h>
#include<stdlib.h>
#define MAXSIZE 30
typedef struct
{
    char data[MAXSIZE];         //存放顺序串串值
    int len;                    //顺序串长度
}SeqString;                     //顺序串类型
int StrIndex_BF(SeqString *S,SeqString *T)
{                               //简单模式匹配
    int i=0,j=0;                // i 和 j 分别为指向串 S 和串 T 的指针
    while(i<S->len&&j<T->len)   //当未到达串 S 或串 T 的串尾时
        if(S->data[i]==T->data[j])      //两串当前位置上的字符匹配时
        {
            i++;
            j++;                //将 i、j 指针顺序下移一个位置继续进行匹配
        }
        else                    //两串当前位置上的字符不匹配时
        {
            i=i-j+1;            //将指针 i 调至主串 S 新一趟开始的匹配位置
            j=0;                //将指针 j 调至子串 T 的第一个字符位置
        }
```

```
    if(j>=T->len)              //已匹配完子串 T 的最后一个字符
        return (i-T->len);     //返回子串 T 在主串 S 中的位置
    else
        return (-1);           //主串 S 中没有与子串 T 相同的子串
}
void gets1(SeqString *p)
{                              //给 p->data 数组输入一字符串
    int i=0;
    char ch;
    p->len=0;                  //初始串长度为 0
    scanf("%c",&ch);
    while(ch!='\n')            //给 p->data 数组输入一字符串(遇到回车符结束)
    {
        p->data[i++]=ch;
        p->len++;
        scanf("%c",&ch);
    }
    p->data[i++]='\0';         //置串结束标志
}
void main()
{   int i;
    SeqString *s,*t;           //定义串变量
    s=(SeqString *)malloc(sizeof(SeqString));   //生成主串 s 的存储空间
    t=(SeqString *)malloc(sizeof(SeqString));   //生成子串 t 的存储空间
    printf("Input main string S:\n");
    gets1(s);                  //输入一字符串作为主串 s
    printf("Output main string S:\n");
    puts(s->data);             //输出主串 s
    printf("Input substring T:\n");
    gets1(t);                  //输入一字符串作为子串 t
    printf("Output substring T:\n");
    puts(t->data);             //输出子串 t
    i=StrIndex_BF(s,t);        //对主串 s 和子串 t 进行模式匹配
    if(i==-1)
        printf("No match sting!\n");    //主串 s 中没有与子串 t 匹配的子串
    else
        printf("Match position: %d\n",i+1); //匹配成功,输出子串 t
                                        //在主串 s 中的起始位置
}
```

5．思考题

如果主串 S 和子串 T 均为链串，则如何实现链串的简单模式匹配？

实验 6　串的无回溯 KMP 匹配

1．概述

KMP 消除回溯的方法是：一旦出现图 3-1 所示的情况应能确定子串 T 右移的位数及继续比较的字符；也即，当出现 $s_i \neq t_j$ 时则无需将指针 i 回调到 $i-j+1$ 位置，而是决定下一步应由子串 T 中的哪一个字符来和主串 S 中的字符 s_i 进行比较；我们将这个字符记作 t_k，显然应有 $k < j$，并且对不同的 j 所对应的 k 值也是不同的。为了保证下一步比较是有效的，此时应有图 3-2 成立。

图 3-1　$s_i \neq t_j$ 时的匹配情况示意

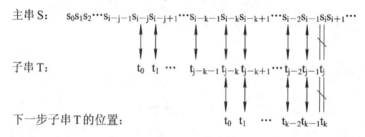

图 3-2　下一步由 t_k 与 s_i 比较时子串 T 下标移动示意

因此，图 3-2 中应使 $t_k \neq t_j$，而同时应使子串 "$t_0 t_1 \cdots t_{k-1}$" 与子串 "$t_{j-k} t_{j-k+1} \cdots t_{j-1}$" 相等，也就是说应使下式成立：

$$SubStr(T,\ 0,\ k) = SubStr(T,\ j-k,\ k) \tag{3-1}$$

所以，在无回溯条件下子串 T 右移的位数与 k 值有关，而 k 值的确定则仅依赖于子串 T 本身，它与主串 S 无关。

为了使子串 T 右移不丢失任何匹配成功的可能，对可能同时存在的多个满足式(3-1)条件的 k 值应取最大的一个；这样才能保证子串 T 向右"滑动"的位数 $j-k$ 最小，否则就有可能丢失成功的匹配。

由于 k 值仅与模式串 T 本身有关，所以我们可以预先求得不同 j 值下对应的 k 值并保存于 next 数组中；也即，next[j] 表示与 j 对应的 k 值；当 next[j] = k 时，则 next[j] 表示当子串 T 中的字符 t_j 与主串 S 中相应字符 s_i 不匹配时，在子串 T 中需要重新与主串 S 中字符 s_i 进行比较的字符是 t_k。子串 T 的 next[j] 函数定义如下：

$$\text{next[j]} = \begin{cases} \max\{k \mid 0 < k < j\ \text{且}\ "t_0 t_1 \cdots t_{k-1}" = "t_{j-k} t_{j-k+1} \cdots t_{j-1}"\} & \text{当此集合非空时} \\ -1 & \text{当}\ j = 0\ \text{时} \\ 0 & \text{其它情况} \end{cases} \tag{3-2}$$

注意：式(3-2)仅适合子串 T 中第一个字符的下标为 0 时的情况。

若子串 T 中存在匹配子串 "$t_0t_1\cdots t_{k-1}$" = "$t_{j-k}t_{j-k+1}\cdots t_{j-1}$"，且满足 $0 < k < j$，则 next[j] 表示当子串 T 中字符 t_j 与主串 S 中相应字符 s_i 不匹配时，子串 T 下一次与主串 S 中字符 s_i 进行比较的字符是 t_k；若子串 T 中不存在匹配的子串，即 next[j] = 0，则下一次比较应从 s_i 和 t_0 开始；当 j = 0 时，由于 k < j，故 next[0] = −1；此处 −1 一是满足 k < j 的要求，二是用来作为一个标记，即下一次比较应由 s_{i+1} 和 t_0 开始。由 k < j 还可得知，next[1] 的值只能为 0。可见，对于任何子串 T，只要能确定 next[j](j = 0, 1, …, m − 1) 的值，就可以用来加速匹配(无回溯匹配)过程。

由式(3-2)可知，求子串 T 的 next[j] 的值与主串 S 无关，而只与子串 T 本身有关。假设 next[j] = k，则说明此时在子串 T 中有 "$t_0t_1\cdots t_{k-1}$" = "$t_{j-k}t_{j-k+1}\cdots t_{j-1}$"，其中下标 k 满足 $0 < k < j$ 的某个最大值。此时计算 next[j+1] 有两种情况：

(1) 若 $t_k = t_j$，则表明在子串 T 中有

$$\text{"}t_0t_1t_2\cdots t_k\text{"} = \text{"}t_{j-k}t_{j-k+1}t_{j-k+2}\cdots t_j\text{"}$$

并且不可能存在某个 k' > k 满足上式，因此有

$$next[j+1] = next[j] + 1 = k + 1$$

(2) 若 $t_k \neq t_j$，则表明在子串中有

$$\text{"}t_0t_1t_2\cdots t_k\text{"} \neq \text{"}t_{j-k}t_{j-k+1}t_{j-k+2}\cdots t_j\text{"}$$

此时可把整个子串 T 既看成子串又看成主串，即将子串 T 向右滑动至子串 T(相当于主串)中的第 next[k] 个字符来和子串 T(相当于主串)的第 i 个字符进行比较。即若 k' = next[k]，则有：

① $t_k = t_j$，则说明子串 T 的第 j+1 个字符之前存在一个长度为 k'+1 的最长子串，它与子串 T 中从首字符 t_0 起长度为 k'+1 的子串相等，即：

$$\text{"}t_0t_1t_2\cdots t_k\text{"} = \text{"}t_{j-k'}t_{j-k'+1}t_{j-k'+2}\cdots t_j\text{"} \qquad 0 < k' < k < j \qquad (3\text{-}3)$$

则有

$$next[j+1] = next[k] + 1 = k' + 1$$

② $t_k \neq t_j$，应将子串 T 继续向右滑动至将子串 T 中的第 next[k'] 字符和 t_j 对齐为止。依此类推，直到某次匹配成功或者不存在任何 k' (0 < k' < j) 满足式(3-3)时，则

$$next[j+1] = 0$$

2．实验目的

在顺序串简单模式匹配的基础上掌握串的无回溯 KMP 匹配。

3．实验内容

建立两个顺序串 s 和 t，用无回溯 KMP 匹配算法判断主串 s 中是否有与子串 t 匹配的子串，若有则给出该子串在主串 s 中的起始位置，否则返回 −1 值。

4．参考程序

```
#include<stdio.h>
#include<stdlib.h>
#define MAXSIZE 30
typedef struct
{
```

```
    char data[MAXSIZE];              //存放顺序串串值
    int len;                         //顺序串长度
}SeqString;                          //顺序串类型
void GetNext(SeqString *T, int next[])
{                                    //由子串 T 求 next 数组
    int j=0,k=-1;
    next[0]=-1;
    while(j<T->len-1)
    {
        if(k==-1||T->data[j]==T->data[k])   // k 为-1 或子串 T 中的 tⱼ 等于 tₖ 时
        {
            j++;
            k++;                     //现 j、k 值已为原 j 值加 1 和原 k 值加 1
            next[j]=k;//即 next[j+1]=next[j]+1=k+1(此处 j、k 值均指原 j、k 值，下同)
        }
        else
            k=next[k];               //当 tₖ ≠ tⱼ 时找下一个 k'=next[k]
    }
}
int KMPIndex(SeqString *S, SeqString *T)
{                                    // KMP 算法
    int next[MAXSIZE], i=0, j=0;
    GetNext(T, next);                //求 next 数组
    while(i<S->len&&j<T->len)
        if(j==-1||S->data[i]==T->data[j])//满足 j==-1 或 sᵢ==tⱼ 都应使 i 和 j 各加 1
        {   i++;
            j++;
        }
        else
            j=next[j];               // i 不变，j 回退至 j=next[j]
        if(j==T->len)
            return i-T->len;//匹配成功,返回子串 T 在主串 S 中的首字符的位置下标
        else
            return -1;               //匹配失败
}
void gets1(SeqString *p)
{                                    //给 p->data 数组输入一字符串
    int i=0;
    char ch;
```

```
    p->len=0;                    //初始串长度为 0
    scanf("%c",&ch);
    while(ch!='\n')              //给 p->data 数组输入一字符串(遇到回车符结束)
    {   p->data[i++]=ch;
        p->len++;
        scanf("%c",&ch);
    }
    p->data[i++]='\0';           //置串结束标志
}
void main()
{   int i;
    SeqString *s,*t;             //定义串指针
    s=(SeqString *)malloc(sizeof(SeqString));    //生成主串 s 的存储空间
    t=(SeqString *)malloc(sizeof(SeqString));    //生成子串 t 的存储空间
    printf("Input main string S:\n");
    gets1(s);                                    //输入一字符串作为主串 s
    printf("Output main string S:\n");
    puts(s->data);                               //输出主串 s
    printf("Input substring T:\n");
    gets1(t);                                    //输入一字符串作为子串 t
    printf("Output substring T:\n");
    puts(t->data);                               //输出子串 t
    i=KMPIndex(s,t);
    if(i==-1)
        printf("No match sting!\n");     //主串 s 中没有与子串 t 匹配的子串
    else
        printf("Match position: %d\n",i+1);    //匹配成功,输出子串 t
                                               //在主串 s 中的起始位置
}
```

5. 思考题

(1) 如何实现链串的无回溯 KMP 匹配?

(2) 实际上,求 next[j] 值也可由下式使 k 值由 j − 1 递减至 0 逐个试探得到。

$$next[j] = \begin{cases} \max\{k \mid 0 < k < j \text{ 且有 } SubStr(T, 0, k) = SubStr(T, j-k, k)\} \\ -1 & \text{当 } j = 0 \text{ 时} \\ 0 & \text{当 } k = 0 \text{ 时} \end{cases}$$

其中,SubStr(S,start,len)为求子串函数,它将得到串 S 中的一个子串,即从串 S 的第 start 位置开始长度为 len 的连续字符构成的子串序列。试用求子串函数 SubStr 来重新设计程序中的函数 GetNext。

第 4 章　数组与广义表

4.1　内容与要点

数组和广义表可以看成是含义拓展的线性表，即这种线性表中的数据元素自身又是一个数据结构。

4.1.1　数组

数组作为一种数据结构其特点是：结构中的元素本身可以是具有某种结构的数据，但各元素应属于同一数据类型。一维数组 $[a_1, a_2, \cdots, a_n]$ 由固定的 n 个元素构成，其本身就是一种线性表结构。对于二维数组：

$$A_{m \times n} = \begin{bmatrix} a_{11} & a_{12} & \cdots & a_{1n} \\ a_{21} & a_{22} & \cdots & a_{2n} \\ \vdots & \vdots & & \vdots \\ a_{m1} & a_{m2} & \cdots & a_{mn} \end{bmatrix}$$

数组中的每一个数据元素受到两个下标关系的约束，但可看作是"数据元素是一维数组"的一维数组，即每一维关系仍然具有线性特性，而整个结构则呈非线性。同样，三维数组可看作是"数据元素是二维数组"的一维数组这种特殊线性表。依此类推，n 维数组则是由 n − 1 维数组定义的。

数组具有以下性质：

(1) 数组中的元素个数固定，一旦定义了一个数组，其元素个数不再有增减变化。

(2) 数组中每个数据元素都具有相同的数据类型。

(3) 数组中每个元素都有一组唯一的下标与之对应，并且数组元素的下标具有上、下界约束且下标有序。

(4) 数组是一种随机存储结构，可随机存取数组中的任意元素。

由于计算机的内存结构是一维的，因此多维数组的存储就必须按某种方式进行降维处理，并最终由一维数组定义；因此，可通过递推关系将多维数组的数据元素转化为线性序列来存储。

对于一维数组，假定每个数据元素占用 k 个存储单元，一旦第一个数据元素 a_0 的存储地址 $LOC(a_0)$ 确定，则一维数组中的任一数据元素 a_i 的存储地址 $LOC(a_i)$ 就可以由下面式(4-1)求出。

$$LOC(a_i) = LOC(a_0) + i \times k \tag{4-1}$$

　　对于二维数组，有以行为主序(行先变化)和以列为主序(列先变化)的两种存储方法(如图 4-1 所示)。设二维数组中的每个数据元素占用 k 个存储单元，m 和 n 为二维数组的行数和列数，则二维数组以行为主序的数据元素 $a_{i,j}$ 的存储地址计算公式(行、列下标均从 0 开始)为

$$\text{LOC}(a_{i,j}) = \text{LOC}(a_{0,0}) + (i \times n + j) \times k \tag{4-2}$$

这是因为数据元素 $a_{i,j}$ 的前面有 i 行，每一行的元素为 n，在第 i 行中它的前面还有 j 个数据元素。

　　二维数组以列为主序的数据元素 $a_{i,j}$ 存储地址计算公式为

$$\text{LOC}(a_{i,j}) = \text{LOC}(a_{0,0}) + (j \times m + i) \times k \tag{4-3}$$

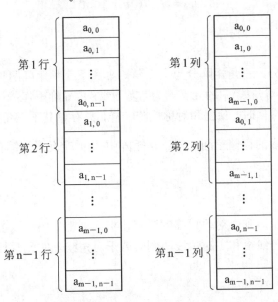

图 4-1　二维数组的两种存储方式

　　上述公式和结论可推广至三维或多维数组。对三维数组 A_{nmp} 即 $n \times m \times p$ 数组，以行为主序的数组元素 $a_{i,j,l}$ 的存储地址计算公式为

$$\text{LOC}(a_{i,j,l}) = \text{LOC}(a_{0,0,0}) + [i \times m \times p + j \times p + l] \times k$$

　　可以将三维数组看作一个三维空间：对 $a_{i,j,l}$ 来说，前面已经存放了 i 个面，每个面上有 $n \times p$ 个元素；对第 i 个面则类同于二维数组，即前面有 j 行，每行有 p 个元素，第 j 行有 l 个元素。

　　以上讨论均假定数组各维的下界为 0，更一般的情况下各维的上、下界是任意指定的。以二维数组为例，假定二维数组的行下界为 c_1，行上界为 d_1，列下界为 c_2，列上界为 d_2，则二维数组元素 $a_{i,j}$ 以行为主序的存储地址计算公式为

$$\text{LOC}(a_{i,j}) = \text{LOC}(a_{c_1,c_2}) + [(i - c_1) \times (d_2 - c_2 + 1) + (j - c_2)] \times k \tag{4-4}$$

　　二维数组元素 $a_{i,j}$ 以列为主序的存储地址计算公式为

$$\text{LOC}(a_{i,j}) = \text{LOC}(a_{c_1,c_2}) + [(j - c_2) \times (d_1 - c_1 + 1) + (i - c_1)] \times k \tag{4-5}$$

4.1.2　特殊矩阵

由于矩阵具有元素个数固定，且元素按下标关系有序排列这样的特点，因此矩阵结构通常采用二维数组表示。特殊矩阵是指非零元素或零元素的分布有一定规律的矩阵。为了节省存储空间，特别是在高阶矩阵的情况下，可以利用特殊矩阵的规律对它们进行压缩存储。也就是说，使多个相同的非零元素共享同一存储单元，对零元素不分配存储空间。

1. 对称矩阵

在一个 n 阶方阵 A 中，若元素满足以下性质：

$$a_{i,j} = a_{j,i} \quad (0 \leqslant i, j < n)$$

则称 A 为 n 阶对称矩阵。

2. 三角矩阵

以主对角线来划分，三角矩阵分为上三角矩阵和下三角矩阵两种：上三角矩阵是指矩阵的下三角(不包括主对角线)中的元素均为常数 c 或 0 的 n 阶矩阵；下三角矩阵则恰好相反。当三角矩阵采用压缩存储时，除了和对称矩阵一样，只存储其下三角或上三角中的元素外，再加上一个存储常数 c 的存储空间，即三角矩阵中的 n^2 个元素压缩存储到 $\dfrac{n(n+1)}{2}+1$ 个单元中。

3. 对角矩阵

对角矩阵又称带状矩阵，对角矩阵的所有非零元素都集中在以主对角线为中心的带状区域内，即除了主对角线上和主对角线两侧的若干对角线上的元素外，其它所有元素的值均为 0。

4.1.3　稀疏矩阵

有一类矩阵也含有少量的非零元素及较多的零元素，但非零元素的分布却没有任何规律；我们称这样矩阵为稀疏矩阵。

1. 稀疏矩阵的三元组表示

对一个 m×n 的稀疏矩阵，其非零元素的个数 t << m×n。为了节省存储空间，稀疏矩阵的存储必须采用压缩存储方式，即只存储非零元素；但是稀疏矩阵中的非零元素其分布无规律可循，所以除了存储非零元素的值外，还必须同时存储它所在的行和列位置，这样才能找到它。也即，每一个非零元素 $a_{i,j}$ 由一个三元组(i, j, $a_{i,j}$)唯一确定；其中 i 和 j 分别代表非零元素 $a_{i,j}$ 所在的行和列位置。

除了用一个三元组(i, j, $a_{i,j}$)表示一个非零元素 $a_{i,j}$ 之外，还需要记下稀疏矩阵的行数 m、列数 n 和非零元素个数 t，即也形成一个三元组(m, n, t)。若将所有三元组按行(或按列)的优先顺序排列，则得到一个数据元素为三元组的线性表，且三元组(m, n, t)放置于该线性表的第一个位置。我们将这种线性表的顺序存储结构称为三元组表。

图 4-2 给出了一个稀疏矩阵及其三元组表的示意。

3	4	5
0	1	3
0	2	1
1	0	1
2	1	2
2	3	1

$$M = \begin{pmatrix} 0 & 3 & 1 & 0 \\ 1 & 0 & 0 & 0 \\ 0 & 2 & 0 & 1 \end{pmatrix}$$

(0, 1, 3)(0, 2, 1)

(1, 0, 1)

(2, 1, 2)(2, 3, 1)

(a) 矩阵 M　　　　　(b) M 的非零元素三元组　　　　　(c) M 的三元组表

图 4-2　稀疏矩阵 M 及其三元组表示意

一般来说，稀疏矩阵的三元组存储是以行为主序的。在这种方式下，三元组表中的行域 i 值递增有序，而对相同的 i 值列域 j 值递增有序。

三元组表的顺序存储结构定义如下：

```
typedef struct
{
    int i;                  //行号
    int j;                  //列号
    int v;                  //非零元素值
}TNode;                     //三元组类型
typedef struct
{
    int m;                  //矩阵行数
    int n;                  //矩阵列数
    int t;                  //矩阵中非零元素个数
    TNode data[MAXSIZE];    //三元组表
}TSMatrix;                  //三元组表类型
```

注意，在这种定义方式下，稀疏矩阵的行数 m、列数 n 和非零元素个数 t 并不放于三元组表中，而是专门设置三个域来存放。

2. 稀疏矩阵的十字链表表示

用十字链表来表示稀疏矩阵的基本思想是：将每个非零元素存储为一个结点，而每个结点由 5 个域组成，其结构如图 4-3 所示；其中 row、col 和 v 分别表示该非零元素所在的行、列和非零元素值。指针 right(向右)用以链接同一行中的下一个非零元素，指针 down(向下)用以链接同一列中下一个非零元素。图 4-2(a)的矩阵 M 所对应的十字链表存储示意见图 4-4。

row	col	v
down		right

图 4-3　十字链表的结点结构

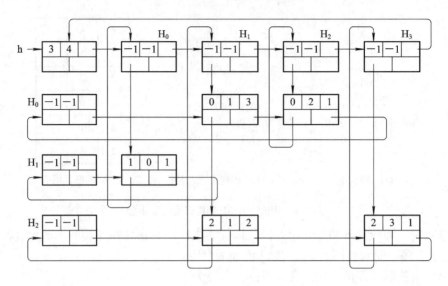

图 4-4　稀疏矩阵的十字链表示意

注意，图 4-4 中最上面一行的头结点 H_0、H_1 和 H_2 与最左面一列的头结点 H_0、H_1 和 H_2 实际上是同一个头结点，分开表示主要是使十字链表示意更加清晰。

由图 4-4 可知，稀疏矩阵中每一行的非零元素结点按其列号由小到大依次由 right 指针链成一个带表头结点的循环行链表，同样，每一列中的非零元素结点按其行号由小到大依次由 down 指针链成一个带头结点的循环列链表。因此，每个非零元素 $a_{i,j}$ 既是第 i 行循环链表中的一个结点，又是第 j 列循环链表中的一个结点。链表头结点中的 row 和 col 置为 –1，指针 right 指向该行链表的第一个非零元素结点，指针 down 指向该列链表的第一个非零元素结点。为了方便地找到每一行或每一列，则将所有的头结点链起来形成一个头结点循环链表。

非零元素结点的值域是 datatype 类型，而表头结点则需要一个指针类型以方便头结点之间的链接。为了使整个十字链表结构的结点一致，我们规定头结点和其它结点一样具有相同的结构，因此值域采用一个共用体来表示，改进后的结点结构如图 4-5 所示。

row	col	v/*next
down		right

图 4-5　十字链表中非零元素和表头共用的结点结构

这样，我们得到结点的结构定义如下：

```c
typedef struct node
{
    int row,col;              // row 和 col 为非零元素所在的行和列
    struct node *right,*down;
                              // right 和 down 为非零元素结点的行、列指针
    union
    {
```

```
        datatype  v;              // v 为非零元素的值
        struct node *next;        // next 为头结点链表指针
    }tag;
}MNode;                           //十字链表结点类型
```

4.1.4 广义表

我们把线性表定义为 n≥0 个元素 $a_1, a_2, \cdots, a_n$ 的有限序列, 线性表的每个元素 a_i (1≤i≤n) 只能是结构上不可再分割的单元素, 而不能是其它结构。如果放宽这个限制, 允许表中的元素既可以是单元素, 又可以是另外一个表, 则称这样的表为广义表。

广义表是 n(n≥0) 个数据元素 $a_1, a_2, \cdots, a_i, \cdots, a_n$ 的有序序列, 一般记作:

$$LS = (a_1, a_2, \cdots, a_i, \cdots, a_n)$$

其中: LS 是广义表的名字; n 是它的长度; a_i(1≤i≤n)是 LS 的成员, 它可以是单个元素也可以是一个广义表, 分别称为广义表 LS 的单元素和子表。当广义表 LS 非空时, 称第一个元素 a_1 为 LS 的表头(Head), 并称其余元素组成的表($a_2, \cdots, a_i, \cdots, a_n$)为 LS 的表尾(Tail)。因此, 任何一个非空广义表的表头可能是单元素也可能是广义表, 但其表尾一定是广义表。

显然, 广义表的定义是递归的, 因为在描述广义表时又用到了广义表自身的概念。广义表与线性表的主要区别在于: 线性表的每个元素都是结构上不可再分的单元素, 而广义表的每个元素既可以是单个元素, 又可以是一个广义表。

为清楚起见,通常用大写字母表示广义表,用小写字母表示单元素。广义表用括号"( )"括起来, 括号内的数据元素用逗号"," 隔开。

由于广义表中的元素本身又可以是一个表, 因此它是一种带有层次的非线性结构, 故难以用顺序存储结构来表示广义表。由于链式存储结构较为灵活, 易于解决广义表的共享与递归问题, 所以通常都采用链式存储结构来存储广义表。在这种存储方式下, 每个数据元素可用一个结点来表示。

在此, 我们仅介绍广义表的孩子兄弟表示法存储结构。孩子兄弟表示法中有两种结点形式: 一种是有孩子结点, 用来表示表元素; 另一种是无孩子结点, 用来表示单元素。在有孩子结点中包含一个指向第一个孩子(长子)的指针和一个指向兄弟的指针; 而在无孩子结点中则含有该结点的数据值和一个指向兄弟的指针。如同头尾表示法一样, 为了能区分这两类结点, 在结点中还要设置一个标志域 flag, 并且有

$$flag= \begin{cases} 1 & 表示本结点有孩子结点 \\ 0 & 表示本结点无孩子结点 \end{cases}$$

孩子兄弟表示法的结点结构如图 4-6 所示。

图 4-6 孩子兄弟表示法的结点结构

孩子兄弟表示法的结点类型定义如下：

```
typedef struct node              //定义广义表的结点类型
{
    int flag;                    //本结点为元素或子表标志
    union                        //单元素和子表共用内存
    {
        char data;               //本结点为单元素时的值
        struct node *childlist;  //本结点指向下一层子表的指针
    }val;
    struct node *next;           //本结点指向相邻后继结点的指针
}lsnode,*plsnode;                //广义表结点类型
```

广义表是一种线性结构，其长度为最外层包含的元素个数。广义表的深度是指广义表中所包含括号的重数，它是广义表的一种重要量度。在这种广义表的存储结构中，指针 next 指向本层的后继结点，而指针 childlist 则指向下一层子表结点。

4.2 数组与广义表实践

实 验 1 矩 阵 转 置

1. 概述

在矩阵转置中，只要将三元组表中的 i 域和 j 域的值交换，然后再按以行为主序的原则重新排列三元组表即可。但是，我们希望在交换行、列值的过程中就同时确定该三元组在行为主序的三元组表中的位置，而不必在交换结束后再重新去排列三元组表。对此，可以采用按列序递增转置处理方法：由于交换后的列变为了行，即以列为主序在原三元组表 a 中进行查找，才能使交换后生成的三元组表 b 做到以行为主序。因此，应从三元组表 a 的第一行开始依次按三元组表 a 中的 j 域(即列)值由小到大进行选择，将选中的三元组 i 和 j 交换后送入三元组表 b 中，直到 a 中的三元组全部放入 b 中为止；按这种顺序生成的三元组表 b 则已经是行为主序。

2. 实验目的

了解稀疏矩阵的三元组存储结构和有关概念，掌握稀疏矩阵的转置方法。

3. 实验内容

用三元组表存储稀疏矩阵，然后将其转置。

4. 参考程序

```
#include<stdio.h>
#include<stdlib.h>
#define MAXSIZE 30
typedef struct
```

```
{
    int i;                          //行号
    int j;                          //列号
    int v;                          //非零元素值
}TNode;                             //三元组类型
typedef struct
{
    int m;                          //矩阵行数
    int n;                          //矩阵列数
    int t;                          //矩阵中非零元素个数
    TNode data[MAXSIZE];            //三元组表
}TSMatrix;                          //三元组表类型
void CreatMat(TSMatrix *p,int a[3][4],int m,int n)      //建立三元组表
{   //p指向三元组表，a指向存储稀疏矩阵的二维数组，m、n为矩阵的行数和列数
    int i,j;
    p->m=m;
    p->n=n;
    p->t=0;                     // p->t 初始指向三元组表 data 的第一个三元组位置 0
    for(i=0;i<m;i++)
    {
        for(j=0;j<n;j++)
            if(a[i][j]!=0)      //将非零元素存储于三元组表 data 中
            {
                p->data[p->t].i=i;
                p->data[p->t].j=j;
                p->data[p->t].v=a[i][j];
                p->t++;         //下标加1以便三元组表 a 存放下一个非零元素
            }
    }
}
void TranTat(TSMatrix *a,TSMatrix *b)
{                       /*在三元组表的存储方式下，实现矩阵转置，
                        a 和 b 分别是指向转置前后两个不同三元组表的指针*/
    int k,p,q;  //k指向三元组表 a 的列号；p、q分别为指示三元组 a 和 b 的下标
    b->m=a->m;
    b->n=a->n;
    b->t=a->t;
    if(b->t!=0)             //当三元组表不为空时
```

```
    {
        q=0;                              //由三元组 b 的第一个三元组位置 0 开始
        for(k=0;k<a->n;k++)               //对三元组表 a 按列下标由小到大扫描
        {
            for(p=0;p<a->t;p++)           //按表长 t 扫描整个三元组表 a
                if(a->data[p].j==k)       //找到列下标与 k 相同的三元组则
                                          //将其复制到三元组表 b 中
                {
                    b->data[q].i=a->data[p].j;
                    b->data[q].j=a->data[p].i;
                    b->data[q].v=a->data[p].v;
                    q++;         //三元组 b 表的存放位置加 1,准备存放下一个三元组
                }
        }
    }
}
void main()
{
    TSMatrix *p,*q;
    int i,a[3][4]={{0,3,1,0},{1,0,0,0},{0,2,0,1}};//定义矩阵 a 并给矩阵 a 赋值
    p=(TSMatrix *)malloc(sizeof(TSMatrix));//申请三元组表存储空间
    q=(TSMatrix *)malloc(sizeof(TSMatrix));//申请转置后的三元组表存储空间
    CreatMat(p,a,3,4);                    //生成矩阵的三元组表
    printf("Befor tsmatrix:\n");          //输出三元组表
    printf("   i    j   data\n");
    for(i=0;i<p->t;i++)
        printf("%4d%4d%4d\n",p->data[i].i,p->data[i].j,p->data[i].v);
    TranTat(p,q);                         //进行矩阵转置
    printf("After tsmatrix:\n");          //输出转置后的三元组表
    printf("   i    j   data\n");
    for(i=0;i<q->t;i++)
        printf("%4d%4d%4d\n",q->data[i].i,q->data[i].j,q->data[i].v);
}
```

【说明】

对图 4-2,程序运行的结果如下:

```
Befor tsmatrix:
    i    j   data
    0    1    3
```

```
    0   2   1
    1   0   1
    2   1   2
    2   3   1
After tsmatrix:
    i   j   data
    0   1   1
    1   0   3
    1   2   2
    2   0   1
    3   2   1
Press any key to continue
```

实验 2 矩阵的快速转置

1. 概述

按列序递增转置算法效率不高的原因在于二重 for 循环的重复扫描,而快速转置法则只扫描一遍。快速转置法的基本思想是:在三元组表 a 中依次取出每一个三元组,并使其准确地放置在转置后的三元组表 b 中最终应该放置的位置上;当顺序取完三元组表 a 中的所有三元组时,转置后的三元组表 b 也就形成,而无需再调整 b 中三元组的位置。这种方法的实现需要预先计算以下数据:

(1) 三元组表 a 中每一列非零元素的个数,它也是转置后三元组表 b 每一行非零元素的个数。

(2) 三元组表 a 中每一列的第一个非零元素在三元组表 b 中正确的存放位置,它也是转置后每一行第一个非零元素在三元组 b 中正确的存放位置。

为了避免混淆,我们将行、列序号与数组的下标统一起来,即用第 0 行、第 0 列来表示原第一行、第一列,依此类推。

设矩阵 A(在三元组表 a 中行数为 a->n)每一列 k(即转置后矩阵 B 的每一行 k)的第一个非零元素在三元组表 b 中的正确位置为 pot[k]($0 \leqslant k < $a->n),则对三元组表 a 进行转置时,只需将三元组按列号 k 放到三元组表 b 的 b->data[pot[k]] 中即可,然后 pot[k] 增 1 以指示下一个列号为 k 的三元组在表 b 中的存放位置。于是有

$$\begin{cases} \text{pot}[0] = 0 \\ \text{pot}[k] = \text{pot}[k-1] + \text{第 } k-1 \text{ 列非零元素的个数} \end{cases} \tag{4-6}$$

为了统计第 k - 1 列非零元素的个数,可以再引入一个数组;但为了节省存储空间,我们可以将第 k - 1 列的非零元素个数暂时记录于 pot[k] 中, 也即 pot[1]~pot[a->n](注意 k 值此时可取到 a->n)实际存放的分别是第 0 列到第 a->n - 1 列非零元素的个数,而 pot[0] 存放的却是第 0 列的第一个非零元素应该放置在三元组表 b 中的位置(下标);这样 k 值可按由 1 递增到 a->n - 1 的次序,依次求出表 a 中每一列第一个非零元素应该在表 b 中的存放

位置，即

$$pot[k] = pot[k-1] + pot[k] \tag{4-7}$$

注意，式(4-7)中的 pot[k-1] 此时已是按顺序求出的第 k - 1 列第一个非零元素在表 b 中的存放位置，而赋值号 "=" 右侧的 pot[k] 则是暂存的第 k - 1 列非零元素个数；因此，pot[k-1] + pot[k] 正好是待求的第 k 列第一个非零元素在表 b 中的存放位置，并将这个位置值赋给 pot[k]。

图 4-7(b)、(c)给出了图 4-7(a)所示矩阵 M 的 pot 数组变化情况。在图 4-7(b)中，pot[0] 为第 0 列第一个非零元素在表 b 中的存放位置，而 pot[1]～pot[4] 则为第 0 列～第 3 列的非零元素的个数。在图 4-7(c)中，pot[0]～pot[3] 为根据式(4-7)求得的第 0 列～第 3 列非零元素在表 b 中的起始存放位置，此时 pot[4] 已经无用了。

(a) 矩阵 M　　　(b) 存放各列非零元素的pot数组　　　(c) 用式(4-7)求出起始位置的pot数组

图 4-7　pot 数组变化示意

2. 实验目的

进一步了解稀疏矩阵的三元组存储结构和有关概念，掌握稀疏矩阵的快速转置方法。

3. 实验内容

用三元组表存储稀疏矩阵，然后实现快速转置。

4. 参考程序

```c
#include<stdio.h>
#include<stdlib.h>
#define MAXSIZE 30
typedef struct
{
    int i;                    //行号
    int j;                    //列号
    int v;                    //非零元素值
}TNode;                       //三元组类型
typedef struct
{
    int m;                    //矩阵行数
    int n;                    //矩阵列数
    int t;                    //矩阵中非零元素个数
    TNode data[MAXSIZE];      //三元组表
```

```
}TSMatrix;    //三元组表类型
void CreatMat(TSMatrix *p,int a[3][4],int m,int n)      //建立三元组表
{ //p 指向三元组表，a 指向存储稀疏矩阵的二维数组，m、n 为矩阵的行数和列数
    int i,j;
    p->m=m;
    p->n=n;
    p->t=0;                        // p->t 初始指向三元组表 data 的第一个三元组位置 0
    for(i=0;i<m;i++)
    {
        for(j=0;j<n;j++)
            if(a[i][j]!=0)      //将非零元素存储于三元组表 data 中
            {
                p->data[p->t].i=i;
                p->data[p->t].j=j;
                p->data[p->t].v=a[i][j];
                p->t++;             //下标加 1 以便三元组表 a 存放下一个非零元素
            }
    }
}
void FastTranTat(TSMatrix *a,TSMatrix *b)
{                              //矩阵的快速转置
    int i,k,pot[MAXSIZE];
    b->m=a->m;
    b->n=a->n;
    b->t=a->t;
    if(b->t!=0)                //当三元组表不为空时
    {
        for(k=1;k<=a->n;k++)
            pot[k]=0;          // pot 数组初始化
        for(i=0;i<a->t;i++)
        {
            k=a->data[i].j;
            pot[k+1]=pot[k+1]+1;    //统计第 k 列非零元素的个数并送入 pot[k+1]
        }
        pot[0]=0;                   //第 0 列第一个非零元素在表 b 中的存放位置
        for(k=1;k<a->n;k++)
            pot[k]=pot[k-1]+pot[k];  //求第 1～n-1 列第一个非零元素在表 b 中的
                                     //存放位置
```

```
        for(i=0;i<a->t;i++)
        {
            k=a->data[i].j;
            b->data[pot[k]].i=a->data[i].j;
            b->data[pot[k]].j=a->data[i].i;
            b->data[pot[k]].v=a->data[i].v;
            pot[k]=pot[k]+1;      //第 k 列的存放位置加 1，准备存放第 k 列的
                                   //下一个三元组
        }
    }
}
void main()
{
    TSMatrix *p,*q;
    int i,a[3][4]={{0,3,1,0},{1,0,0,0},{0,2,0,1}};
    p=(TSMatrix *)malloc(sizeof(TSMatrix));//申请三元组表存储空间
    q=(TSMatrix *)malloc(sizeof(TSMatrix));//申请转置后的三元组表存储空间
    CreatMat(p,a,3,4);                      //生成矩阵的三元组表
    printf("Befor tsmatrix:\n");            //输出三元组表
    printf("  i   j  data\n");
    for(i=0;i<p->t;i++)
        printf("%4d%4d%4d\n",p->data[i].i,p->data[i].j,p->data[i].v);
    FastTranTat(p,q);                       //进行快速矩阵转置
    printf("After tsmatrix:\n");            //输出转置后的三元组表
    printf("  i   j  data\n");
    for(i=0;i<q->t;i++)
        printf("%4d%4d%4d\n",q->data[i].i,q->data[i].j,q->data[i].v);
}
```

【说明】

对图 4-2，程序运行的结果如下：

```
Befor tsmatrix:
    i   j  data
    0   1   3
    0   2   1
    1   0   1
    2   1   2
    2   3   1
After tsmatrix:
```

```
    i   j   data
    0   1   1
    1   0   3
    1   2   2
    2   0   1
    3   2   1
Press any key to continue
```

实验 3 稀疏矩阵的十字链表存储

1. 概述

稀疏矩阵的十字链表存储过程为：首先输入矩阵的行数、列数和非零元个数 m、n 和 t，接着对头结点链表初始化，使之成为不含非零元素的循环链表；然后输入 t 个非零元素的三元组值(i, j, $a_{i,j}$)，每输入一个三元组(i, j, $a_{i,j}$)就将其结点按其列号的大小插入到第 i 个行链表中去，同时也按其行号的大小将该结点插入到第 j 个列链表中去。在算法中使用指针数组 *h[i] 来指向第 i 行(第 i 列)链表的头结点；这样可以在建立十字链表中随机访问任何一行或列。

2. 实验目的

了解稀疏矩阵的十字链表存储结构和有关概念，掌握用十字链表存储稀疏矩阵的方法。

3. 实验内容

用十字链表存储一稀疏矩阵，然后分别按十字链表的行和列输出。

4. 参考程序

```c
#include<stdio.h>
#include<stdlib.h>
#define MAXSIZE 10
typedef struct node
{
    int row,col;                // row 和 col 为非零元素所在的行和列
    struct node *down,*right;   // right 和 down 为非零元素结点的行、列指针
    union
    {
        int v;                  //v 为非零元素的值
        struct node *next;      // next 为头结点链表指针
    }tag;
}MNode;                         //十字链表结点类型
void print(MNode *h[],int m,int n)
{                               //输出十字链表
```

```
        MNode *p;
        int i;
        printf("十字链表的行链表:\n");
        for(i=0;i<m;i++)
        {
            p=h[i]->right;
            printf("H%d:    ",i);
            while(p!=h[i])
            {
                printf("(%d,%d):%d,  ",p->row,p->col,p->tag.v);
                p=p->right;
            }
            printf("\n");
        }
        printf("十字链表的列链表:\n");
        for(i=0;i<n;i++)
        {
            p=h[i]->down;
            printf("H%d:    ",i);
            while(p!=h[i])
            {
                printf("(%d,%d):%d,  ",p->row,p->col,p->tag.v);
                p=p->down;
            }
            printf("\n");
        }
}
void CreatMat(MNode **mh,MNode *h[])   //建立稀疏矩阵的十字链表
{       // mh 为指向头结点循环链表的头指针，*h[] 为存储头结点的指针数组
    MNode *p,*q;                 // p 和 q 为暂存指针
    int i,j,k,m,n,t,v,max;       //设非零元素的值 v 为整型
    printf("Input m,n,t:");
    scanf("%d,%d,%d",&m,&n,&t);
    *mh=(MNode*)malloc(sizeof(MNode));    //创建头结点循环链表的头结点
    (*mh)->row=m;                //存储矩阵的行数
    (*mh)->col=n;                //存储矩阵的列数
    p=*mh;                       //指针 p 指向头结点*mh
    if(m>n)
```

```
        max=m;                          //如果行数大于列数则将行数值赋给 max
   else
        max=n;                          //如果列数大于行数则将列数值赋给 max
   for(i=0;i<max;i++)                   //采用尾插法创建头结点 h[0]、h[1]、…、
                                        // h[max-1]的循环链表
   {
        h[i]=(MNode*)malloc(sizeof(MNode));
        h[i]->down=h[i];                //初始时 down 指向头结点自身(即列为空)
        h[i]->right=h[i];               //初始时 right 指向头结点自身(即行为空)
        h[i]->row=-1;
        h[i]->col=-1;
        p->tag.next=h[i];               //将头结点链接起来形成一个头结点链表
        p=h[i];
   }
   p->tag.next=*mh;                     /*将最后插入的头结点(即链尾)中的 next 指针
                                        再指向链头形成头结点循环链表*/
   for(k=0;k<t;k++)
   {
        printf("Input i,j,v:");
        scanf("%d,%d,%d",&i,&j,&v);     //输入一个三元组
        p=(MNode*)malloc(sizeof(MNode));
        p->row=i;
        p->col=j;
        p->tag.v=v;
//以下实现将 *P 插入到第 i 行链表中去，且按列号有序
        q=h[i];
        while(q->right!=h[i]&&q->right->col<j)       //按列号找到插入位置
            q=q->right;
        p->right=q->right;                           //完成插入
        q->right=p;
//以下实现将 *p 插入到第 j 列链表中去，且按行号有序
        q=h[j];
        while(q->down!=h[j]&&q->down->row<i)   //按行号找到插入位置
            q=q->down;
        p->down=q->down;                             //完成插入
        q->down=p;
   }
   print(h,m,n);                                     //输出十字链表
```

```
    }
    void main()
    {
        MNode *mh,*h[MAXSIZE];
        CreatMat(&mh, h);                                    //建立十字链表
    }
```

【说明】

对图 4-2，程序运行的结果如下：

Input m, n, t:3, 4, 5✓

Input i, j, v:0, 1, 3✓

Input i, j, v:0, 2, 1✓

Input i, j, v:1, 0, 1✓

Input i, j, v:2, 1, 2✓

Input i, j, v:2, 3, 1✓

十字链表的行链表：

H0:   (0, 1):3,   (0, 2):1,

H1:   (1, 0):1,

H2:   (2, 1):2,   (2, 3):1,

十字链表的列链表：

H0:   (1, 0):1,

H1:   (0, 1):3,   (2, 1):2,

H2:   (0, 2):1,

H3:   (2, 3):1,

Press any key to continue

5. 思考题

存储稀疏矩阵的十字链表和三元组表各有什么特点？

实验 4　广义表及基本运算

1. 概述

采用孩子兄弟表示法来建立广义表的链式存储结构，并假定广义表中的元素类型为
char 类型，每个单元素的值被限定为英文字母；并且广义表是一个表达式，其格式为：
各元素之间用一个逗号“,”隔开，表元素的起始和结束符号分别为左括号“(”和右括号
“)”；空表在“( )”内部不包含任何字符。例如“(a, (b, c, d), e)”就是一个符合规定的广
义表格式。

2. 实验目的

了解广义表有关概念和孩子兄弟表示法存储结构。

3. 实验内容

建立一个广义表，对广义表进行求长度和深度的运算。

4. 参考程序

```
#include<stdio.h>
#include<stdlib.h>
#define SIZE 100              //定义输入广义表表达式字符串的最大长度
typedef struct node           //定义广义表的结点类型
{
    int flag;                         //本结点为元素或子表标志
    union                             //单元素和子表共用内存
    {
        char data;                    //本结点为单元素时的值
        struct node *childlist;       //本结点指向下一层子表的指针
    }val;
    struct node *next;                //本结点指向相邻后继结点的指针
}lsnode, *plsnode;                    //广义表结点类型
plsnode Creatlist(char str[], plsnode head)        //生成广义表
{
    plsnode pstack[SIZE], newnode, p=head;   //数组pstack为存储子表指针的栈
    int top=-1, j=0;
            //置栈pstack栈顶指针top和扫描输入广义表表达式串指针j的初值
    while(str[j]!='\0')                       //是否到输入广义表表达式串的串尾
    {
      if(str[j]=='(')                         //当前输入字符为左括号"("时为子表
        if(str[j+1]!=')')                     //本层子表不是空表
        {
                pstack[++top]=p;              //将当前结点指针p压栈
                p->flag=1;                    //置当前结点为有子表标志
                newnode=(lsnode *)malloc(sizeof(lsnode));
                                              //生成新一层的广义表结点
                p->val.childlist=newnode;
                                //将结点*p的子表指针指向这个新结点(子表)
                p->next=NULL;                 //结点*p相邻的后继结点为空
                p=p->val.childlist;           //使指针p指向新一层的子表
        }
        else                                  //本层子表是空表
        {
```

```
                    p->flag=1;                      //置当前结点为有子表标志
                    p->val.childlist=NULL;          //当前结点指向下一层子表的指针为空
                    p->next=NULL;                   //当前结点指向后继结点的指针为空
                    j++;                            //广义表表达式串的扫描指针值加 1
                }
            else
                if(str[j]==',')                     //当前字符为左括号","时有相邻的后继结点
                {
                        newnode=(lsnode *)malloc(sizeof(lsnode));
                                                    //生成一个新的广义表结点
                        p->next=newnode;            //结点*p 的结点指针指向这个新结点
                        p=p->next;                  //使指针 p 指向这个新结点
                }
            else
                if(str[j]==')')                     //当前输入字符为右括号")"时本层子表结束
                {
                        p=pstack[top--];            //子表指针 p 返回上一层子表
                        if(top==-1) goto 11;        //广义表层次已结束,结束生成广义表过程
                }
            else                                    //当前输入字符为广义表元素
                {
                        p->flag=0;                  //置当前结点为元素标志
                        p->val.data=str[j];         //将输入字符送当前结点数据域
                        p->next=NULL;               //当前结点指向相邻后继结点的指针为空
                }
            j++;                                    //广义表表达式串的扫描指针值加 1
        }
11: return head;                                    //返回已生成的广义表表头指针
}
int CBLength(plsnode h)                             //求广义表长度
{                                                   //h 为广义表头结点指针
    int n=0;
    h=h->val.childlist;                             //h 指向广义表的第一个元素
    while(h!=NULL)
    {
        n++;
        h=h->next;
```

```
    }
    return n;                    //n 为广义表长度
}
int CBDepth(plsnode h)           //求广义表深度
{                                //h 为广义表头结点指针
    int max=0,dep;               //置深度 max 初值为 0
    if(h->flag==0)               //为单元素时返回 0 值
        return 0;
    h=h->val.childlist;          //h 指向广义表的第一个元素
    if(h==NULL)                  //子表为空时返回 1 值
        return 1;
    while(h!=NULL)               //遍历表中的每一个元素
    {
        if(h->flag==1)           //元素为表结点时
    {
            dep=CBDepth(h);      //递归调用求出子表的深度
            if(dep>max)          //max 为同一层所求子表中的深度最大值
                max=dep;
    }
        h=h->next;               //使 h 指向下一个元素
    }
    return max+1;                //返回表的深度
}
void DispcB(plsnode h)           //输出广义表
{                                // *h 为广义表的头结点指针
    if(h!=NULL)                  //表非空
    {
        if(h->flag==1)           //为表结点时
    {
            printf("(");         //输出子表开始符号"("
            if(h->val.childlist==NULL)
                printf(" ");     //输出空子表
            else
                DispcB(h->val.childlist);  //递归输出子表
    }
        else
            printf("%c", h->val.data);     //为单元素时输出元素值
```

```
        if(h->flag==1)
            printf(")");                        //输出子表结束符号
        if(h->next!=NULL)                        //有后继结点时
    {
            printf(",");                         //输出元素之间的分隔符","
            DispcB(h->next);                     //递归调用输出后继元素的结点信息
        }
        }
}
void main()
{
    plsnode head=(lsnode *)malloc(sizeof(lsnode)); //生成广义表表头指针
    char str[SIZE];
    printf("Please input List:\n");
    gets(str);                                   //输入广义表表达式字符串
    head=Creatlist(str,head);                    //生成广义表
    DispcB(head);                                //输出广义表
    printf("\n");
    printf("Length of lists is %d\n",CBLength(head));   //输出广义表的长度
    printf("Depth of lists is %d\n",CBDepth(head));     //输出广义表的深度
}
```

【说明】

程序执行过程如下：

输入：

```
Please input List:
(a,((b,(),(c),d),e,(f,g)),h)↙
```

输出：

```
(a,((b,( ),(c),d),e,(f,g)),h)
Length of lists is 3
Depth of lists is 4
Press any key to continue
```

5. 思考题

广义表与线性表有何异同？

第 5 章　树与二叉树

5.1　内容与要点

树形结构是一类重要的非线性结构，其逻辑关系呈现出一对多的关系。树形结构中元素(结点)之间具有明确的层次关系，元素(结点)之间有分支，非常类似于自然界中的树。

5.1.1　树

树的定义：树是 $n(n \geqslant 0)$ 个结点的有限集合 T，当 $n = 0$(即 T 为空)时称为空树；当 $n > 0$ 时非空。树 T 满足以下两个条件：

(1) 有且仅有一个称为根的结点；

(2) 其余结点可分为 $m(m \geqslant 0)$ 个互不相交的子集 T_1、T_2、…、T_m，其中每个子集 $T_i(i = 1, 2, …, m)$ 本身又是一棵树，并称为根的子树。

5.1.2　二叉树

二叉树的定义：二叉树是 $n(n \geqslant 0)$ 个结点的有限集合，它或者是空树$(n = 0)$，或者是由一个根结点及两棵互不相交、分别称作该根结点的左子树和右子树的二叉树组成。

二叉树的定义与树的定义一样，都是递归的。并且，二叉树具有如下两个特点：

(1) 二叉树不存在度大于 2 的结点；

(2) 二叉树的每个结点至多有两棵子树且有左、右之分，次序不能颠倒。

二叉树与树的主要区别是：二叉树任何一个结点的子树都要区分为左、右子树，即使这个结点只有一棵子树时也要明确指出它是左子树还是右子树；而树则无此要求，即树中某个结点只有一棵子树时并不区分左、右。

1. 满二叉树

我们称具有下列性质的二叉树为满二叉树：

(1) 不存在度为 1 的结点，即所有分支结点都有左子树和右子树；

(2) 所有叶子结点都在同一层上。

2. 完全二叉树

对一棵具有 n 个结点的二叉树，将树中的结点按从上至下、从左至右的顺序进行编号，如果编号 $i(1 \leqslant i \leqslant n)$ 的结点与满二叉树中的编号为 i 的结点在二叉树中的位置相同，则这棵二叉树称为完全二叉树。

完全二叉树的特点是：叶子结点只能出现在最下层和次最下层，且最下层的叶子结点都集中在树的左部。如果完全二叉树中某个结点的右孩子存在，则其左孩子必定存在。此外，在完全二叉树中，如果存在度为1的结点，则该结点的孩子一定是结点编号中的最后一个叶子结点。显然，一棵满二叉树必定是一棵完全二叉树，而一棵完全二叉树却未必是一棵满二叉树(可能存在叶子结点不在同一层上或者有度为一的结点)。

5.1.3 二叉树的性质

性质1：非空二叉树的第i层上最多有2^{i-1}个结点($i \geqslant 1$)。

性质2：深度为k的二叉树至多有$2^k - 1$个结点($k \geqslant 1$)。

性质3：在任意非空二叉树中，如果叶子结点(度为0)数为n_0，度为2的结点数为n_2，则有

$$n_0 = n_2 + 1$$

性质4：具有n个结点的完全二叉树的深度为$\lfloor \mathrm{lb}\, n \rfloor + 1$。(注：$\lfloor x \rfloor$表示不大于x的最大整数，如$\lfloor 3.7 \rfloor = 3$。)

性质5：对一个具有n个结点的完全二叉树按层次自上而下且每层从左到右的顺序对所有结点从1开始到n进行编号，则对任一序号为i的结点有：

(1) 若$i > 1$，则i的双亲结点序号是$\left\lfloor \dfrac{i}{2} \right\rfloor$；若$i = 1$，则i为根结点序号；

(2) 若$2i \leqslant n$，则i的左孩子序号是$2i$，否则i无左孩子；

(3) 若$2i + 1 \leqslant n$，则i的右孩子序号是$2i + 1$，否则i无右孩子。

5.1.4 二叉树的存储结构

实现二叉树存储，不但要存储二叉树中各结点的数据信息，而且还要能够反映出二叉树结点之间的逻辑关系，如孩子、双亲关系等。

1. 顺序存储结构

二叉树的顺序存储是用一组地址连续的存储单元来存放二叉树中结点数据的，一般按照二叉树结点自上而下、从左到右的顺序进行存储。但是在这种顺序存储方式下，结点在存储位置上的前驱、后继关系并不一定就能反映结点之间的孩子和双亲这种逻辑关系。完全二叉树和满二叉树采用顺序存储比较合适，这是因为树中的结点序号可以唯一地反映出结点之间的逻辑关系，而用于实现顺序存储结构的数组元素下标又恰好与序号对应。因此，用一维数组作为完全二叉树的顺序存储结构既能节省存储空间，又能通过数组元素的下标值来确定结点在二叉树中的位置以及结点之间的逻辑关系。

2. 链式存储结构

二叉树的链式存储结构不但要存储结点的数据信息，而且要使用指针来反映结点之间的逻辑关系。最常用的二叉树链式存储结构是二叉链表，其结点的结构如图5-1所示。也

即，二叉链表中每个结点由三个域(成员)组成：一个是数据域 data，用于存放结点的数据；另外两个是指针域 lchild 和 rchild，分别用来存放结点的左孩子结点和右孩子结点的存储地址。

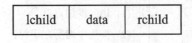

图 5-1 二叉链表的结点结构

二叉链表的结点类型定义如下：

```
typedef struct node
{
    datatype data;            //结点数据
    struct node *lchild,*rchild;  //左、右孩子指针
}BSTree;
```

为了便于找到结点的双亲，也可以在结点中增加指向双亲结点的指针 parent，这就是三叉链表。三叉链表中每个结点由 4 个域组成，如图 5-2 所示。

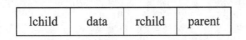

图 5-2 三叉链表的结点结构

5.1.5 二叉树的遍历方法

由于二叉树的定义是递归的，所以一棵非空二叉树可以看作是由根结点、左子树和右子树这三个基本部分组成的。如果能依次遍历这三个部分的信息，也就遍历了整个二叉树。因此，二叉树的遍历就是按某种策略访问二叉树中每一个结点并且仅访问一次的过程。若以字母 D、L、R 分别表示访问根结点、遍历根结点的左子树、遍历根结点的右子树，则二叉树的遍历方法有六种：DLR、LDR、LRD、DRL、RDL 和 RLD。如果限定先左后右，则只有前三种方法，即 DLR、LDR 和 LRD，分别称为先序(又称前序)遍历、中序遍历和后序遍历。

遍历二叉树的实质就是对二叉树线性化的过程，即遍历的结果是将非线性结构的二叉树中的结点排成一个线性序列，而且三种遍历的结果都是线性序列。遍历二叉树的基本操作就是访问结点；对含有 n 个结点的二叉树不论按哪种次序遍历，其时间复杂度均为 $O(n)$，这是因为在遍历过程中实际是按照结点的左、右指针遍历二叉树的每一个结点的。此外，遍历所需的辅助空间为栈的容量；在遍历中每递归调用一次都要将有关结点的信息压入栈中，栈的容量恰为树的深度，最坏情况下是 n 个结点的单支树，这时树的深度为 n，所以空间复杂度为 $O(n)$。

二叉树的三种遍历的方法见表 5.1。

表 5.1 二叉树的三种遍历方法

遍 历 方 法	操 作 步 骤
先序遍历	若二叉树非空： (1) 访问根结点； (2) 按先序遍历左子树； (3) 按先序遍历右子树
中序遍历	若二叉树非空： (1) 按中序遍历左子树； (2) 访问根结点； (3) 按中序遍历右子树
后序遍历	若二叉树非空： (1) 按后序遍历左子树； (2) 按后序遍历右子树； (3) 访问根结点

5.1.6 线索二叉树

对于采用二叉链表存储结构的二叉树来说，如果该二叉树有 n 个结点，则存放这 n 个结点的二叉链表中就有 2n 个指针域，且只有 n − 1 个指针域是用来存储孩子结点地址的，而另外 n + 1 个指针域为空。因此，可以利用结点空的左指针域(lchild)来指向该结点在某种遍历序列中的直接前驱结点；利用结点空的右指针域(rchild)来指向该结点在某种遍历序列中的直接后继结点。对于那些非空的指针域，则仍然存放指向该结点左、右孩子的指针。这些指向直接前驱结点或直接后继结点的指针被称为线索(Thread)，加了线索的二叉树被称为线索二叉树。

在二叉链表存储中如何区分一个结点的指针域存放的是指针还是线索呢？可以通过为每个结点增设两个标志位 ltag 和 rtag 来区分，并令

$$ltag= \begin{cases} 0 & lchild \text{ 指向结点的左孩子} \\ 1 & lchild \text{ 指向结点的直接前驱结点} \end{cases}$$

$$rtag= \begin{cases} 0 & rchild \text{ 指向结点的右孩子} \\ 1 & rchild \text{ 指向结点的直接后继结点} \end{cases}$$

每个标志位只占一个 bit，这样就只需增加很少的存储空间。这种情况下的结点结构如图 5-3 所示。

ltag	lchild	data	rchild	rtag

图 5-3 线索二叉树的结点结构

为了实现线索化二叉树，我们将二叉树结点的类型定义修改为

```
typedef struct node
{
    datatype data;              //结点数据
    int ltag,rtag;              //线索标记
    struct node *lchild;        //左孩子或直接前驱线索指针
    struct node *rchild;        //右孩子或直接后继线索指针
}TBTree;
```

将二叉树线索化的过程，实际上是在二叉树遍历过程中用线索取代空指针的过程。对同一棵二叉树遍历的方式不同，所得到的线索树也不同，但无论哪种遍历，实现线索的方法都是一样的，即设置一个指针 pre 始终指向刚被访问过的结点，而指针 p 则用来指向正在访问的结点，由此记录下遍历过程中访问结点的先后关系，并对当前访问的结点 *p 做如下处理：

(1) 若 p 所指结点有空指针域，则置相应标志位为 1；

(2) 若 pre ≠ NULL，则看 pre 所指结点的右标志是否为 1，若为 1，则 pre->rchild 指向 p 所指向的当前结点(即结点 *p 为结点 *pre 的直接后继)；

(3) 若 p 所指当前结点的左标志为 1，则 p->lchild 指向 pre 所指的结点(即结点 *pre 为结点 *p 的直接前驱)；

(4) 将指针 pre 指向刚访问的当前结点 *p(即 pre=p;)，而 p 则下移指向新的当前结点。

线索二叉树建立之后，就可以通过线索访问某个结点的前驱结点或后继结点了。但是，由于这种线索是通过二叉树存储结构中的空指针实现的，因此这种线索只是不完整的部分线索，即并不是每个结点的前驱和后继结点都有指针指向。所以，在访问某个结点的前驱或后继结点时也要分有线索和无线索两种情况来考虑。我们仅对在中序线索二叉树上查找任意结点的中序前驱或后继结点进行说明。对中序线索二叉树上的任一结点 *p，寻找其中序前驱结点可分为如下两种情况：

(1) 若 p->ltag 等于 1，则 p->lchild 即指向前驱结点(p->lchild 为线索指针)；

(2) 若 p->ltag 等于 0，则表明 *p 有左孩子，根据中序遍历的定义，*p 的前驱结点是以 *p 的左孩子为根结点的子树的最右结点，也即，沿 *p 左子树的右指针链向下查找，直到某个结点的右标志 rtag 为 1 时，则该结点就是所找的前驱结点。

对中序线索二叉树上的任一结点 *p，寻找其中序后继结点可分为如下两种情况：

(1) 若 p->rtag 等于 1，则 p->rchild 即指向后继结点；

(2) 若 p->rtag 等于 0，则表明 *p 有右孩子，根据中序遍历的定义，*p 的后继结点是以 *p 的右孩子为根结点的子树的最左结点，也即，沿 *p 右子树的左指针链向下查找，直到某个结点的左标志 ltag 为 1 时，则该结点就是所找的后继结点。

5.1.7 哈夫曼树

哈夫曼(Huffman)树又称最优二叉树，是指对于一组带有确定权值的叶子结点所构造的具有带权路径长度最短的二叉树。从树中一个结点到另一个结点之间的分支构成了两结点

之间的路径，路径上的分支个数称为路径长度。二叉树的路径长度是指由根结点到所有叶子结点的路径长度之和。如果二叉树中的叶子结点都有一定的权值，则可将这一概念拓展：设二叉树具有 n 个带权值的叶子结点，则从根结点到每一个叶子结点的路径长度与该叶子结点权值的乘积之和称为二叉树带权路径长度，记做：

$$WPL = \sum_{k=1}^{n} W_k L_k$$

其中：n 为二叉树中叶子结点的个数；W_k 为第 k 个叶子结点的权值；L_k 为第 k 个叶子结点的路径长度。

若给定 n 个权值，如何构造一棵具有 n 个给定权值叶子结点的二叉树，使得其带权路径长度 WPL 最小？哈夫曼根据"权值大的结点尽量靠近根"这一原则，给出了一个带有一般规律的算法，称为哈夫曼算法。哈夫曼算法如下：

(1) 根据给定的 n 个权值$\{w_1, w_2, \cdots, w_n\}$构成 n 棵二叉树的集合 F = $\{T_1, T_2, \cdots, T_n\}$；其中，每棵二叉树 $T_i(1 \leq i \leq n)$只有一个带权值 w_i 的根结点，其左、右子树均为空。

(2) 在 F 中选取两棵根结点权值最小的二叉树作为左、右子树来构造一棵新二叉树，且置新二叉树根结点权值为其左、右子树根结点的权值之和。

(3) 在 F 中删除这两棵树，同时将新生成的二叉树加入到 F 中。

(4) 重复(2)、(3)，直到 F 中只剩下一棵二叉树为止，则这棵二叉树即为哈夫曼树。

从哈夫曼算法可以看出，初始时共有 n 棵二叉树，且均只有一个根结点。在哈夫曼树的构造过程中，每次都是选取两棵根结点权值最小的二叉树合并成一棵新二叉树，为此需要增加一个结点作为新二叉树的根结点，而这两棵权值最小的二叉树则作为根结点的左、右子树。由于要进行 n – 1 次合并才能使初始的 n 棵二叉树最终合并为一棵二叉树，因此 n – 1 次合并共产生了 n – 1 个新结点，即最终生成的哈夫曼树共有 2n – 1 个结点。由于每次都是将两棵权值最小的二叉树合并生成一棵新二叉树，所以生成的哈夫曼树中没有度为 1 的结点；并且，两棵权值最小的二叉树哪棵作为左子树、哪棵作为右子树，哈夫曼算法并没有要求，故最终构造出来的哈夫曼树并不唯一，但是最小的 WPL 值是唯一的。所以，哈夫曼树具有如下几个特点：

(1) 对给定的权值，所构造的二叉树具有最小 WPL；

(2) 权值大的结点离根近，权值小的结点离根远；

(3) 所生成的二叉树不唯一；

(4) 没有度为 1 的结点。

具有 n 个结点的哈夫曼树共有 2n – 1 个结点，这一性质也可由二叉树性质 $n_0 = n_2 + 1$ 得到。由于哈夫曼树不存在度为 1 的结点，而由二叉树性质可知 $n_2 = n_0 - 1$，即哈夫曼树的结点个数为

$$n_0 + n_1 + n_2 = n_0 + 0 + n_0 - 1 = 2n_0 - 1 = 2n - 1$$

5.1.8 哈夫曼编码

利用哈夫曼树可形成通信上使用的二进制不等长码。这种码的编码方式是：将需要传

送的信息中各字符出现的频率作为叶子结点的权值，并以此来构造一棵哈夫曼树，即每个带权叶子结点都对应一个字符，根结点到这些叶子结点都有一条路径。规定哈夫曼树中的左分支代表 0、右分支代表 1，则从根结点到每个叶子结点所经过的路径分支所组成的 0 和 1 的序列便为该叶子结点对应字符的编码，我们称之为哈夫曼编码。

5.2 树与二叉树实践

实验 1 二叉树的遍历

1. 概述

由二叉树的遍历可知，先序、中序和后序遍历都是从根结点开始的，并且在遍历过程中所经过的结点路线都是一样的，只不过访问结点信息的时机不同。也即，二叉树的遍历路线是从根结点开始沿左子树往下深入，当深入到最左端结点时，则因无法继续深入下去而返回，然后再逐一进入刚才深入时所遇结点的右子树，并重复前面深入和返回的过程，直到最后从根结点的右子树返回到根结点时为止。由于结点返回的顺序正好与结点深入的顺序相反，即后深入先返回，它恰好符合栈结构的后进先出特点，因此可以用栈来实现遍历二叉树的非递归算法。注意，在三种遍历方式中，先序遍历是在深入过程中凡遇到结点就访问该结点信息，中序遍历则是从左子树返回时访问结点信息，而后序遍历是从右子树返回时访问结点信息。

2. 实验目的

了解二叉树的递归定义及二叉树的链式存储结构，掌握建立一棵二叉树以及先序、中序和后序这三种遍历二叉树的方法。

3. 实验内容

建立一棵二叉树并用先序、中序和后序这三种递归遍历方法实现对二叉树的遍历。

4. 参考程序

```
#include<stdio.h>
#include<stdlib.h>
typedef struct node
{
    char data;                    //结点数据
    struct node *lchild,*rchild;  //左、右孩子指针
}BSTree;                          //二叉树结点类型
void Preorder(BSTree *p)
{                                 //先序遍历二叉树
    if(p!=NULL)
    {
        printf("%3c",p->data);    //访问根结点
```

```
        Preorder(p->lchild);           //先序遍历左子树
        Preorder(p->rchild);           //先序遍历右子树
    }
}
void Inorder(BSTree *p)
{              //中序遍历二叉树
    if(p!=NULL)
    {
        Inorder(p->lchild);            //中序遍历左子树
        printf("%3c",p->data);         //访问根结点
        Inorder(p->rchild);            //中序遍历右子树
    }
}
void Postorder(BSTree *p)
{              //后序遍历二叉树
    if(p!=NULL)
    {
        Postorder(p->lchild);          //后序遍历左子树
        Postorder(p->rchild);          //后序遍历右子树
        printf("%3c",p->data);         //访问根结点
    }
}
void Createb(BSTree **p)
{                              //生成一棵二叉树
    char ch;
    scanf("%c",&ch);               //读入一个字符
    if(ch!='.')                    //当读入字符不为'.'时
    {
        *p=(BSTree*)malloc(sizeof(BSTree));   //在主调函数空间申请一个结点
        (*p)->data=ch;             //将读入的字符送结点 **p 的数据域
        Createb(&(*p)->lchild);    //沿结点 **p 的左孩子分支继续生成二叉树
        Createb(&(*p)->rchild);    //沿结点 **p 的右孩子分支继续生成二叉树
    }
    else                           //当读入的字符为'.'时
        *p=NULL;                   //置结点 **p 的指针域为空
}
void main()
{
```

```
BSTree *root;
printf("Preorder entet bitree with '..': \n");
Createb(&root);                    //建立一棵以 root 为根指针的二叉树
printf("Preorder output : \n");
Preorder(root);                    //先序遍历二叉树
printf("\n");
printf("Inorder output : \n");
Inorder(root);                     //中序遍历二叉树
printf("\n");
printf("Postorder output : \n");
Postorder(root);                   //后序遍历二叉树
printf("\n");
}
```

【说明】

对如图 5-4 所示的二叉树存储结构，相应的输入为 abc.d..e..fg...↙。

对图 5-4，程序执行过程如下：

输入：

Preorder enter bitree with '..':

abc.d..e..fg...↙

输出：

Preorder output :

 a b c d e f g

Inorder output :

 c d b e a g f

Postorder output :

 d c e b g f a

Press any key to continue

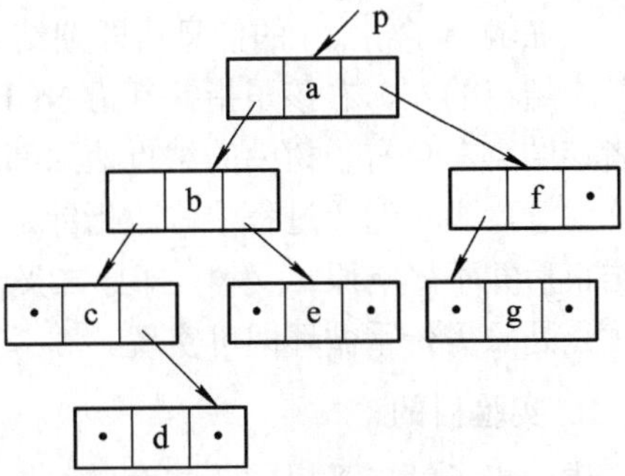

图 5-4　二叉树存储结构示意

5. 思考题

(1) 在生成二叉树的递归函数中，形参指针 **p 如果采用一级指针 *p 会出现什么情况？

(2) 二叉树的后序遍历序列是否是先序遍历序列的逆序？在什么情况下是先序遍历序列的逆序？

实验 2　二叉树的非递归遍历

1. 概述

先序非递归遍历二叉树的方法是：由根结点沿左子树(即 p->lchild 所指)一直遍历下去，在遍历过程中每经过一个结点时就输出(访问)该结点的信息并同时将其压栈。当某个结点无左子树时就将这个结点由栈中弹出，并从这个结点的右子树的根开始继续沿其左子树向下遍历(对此时右子树的根结点也进行输出和压栈操作)，直到栈中无任何结点时就实现了先序遍历。

中序非递归遍历二叉树与先序非递归遍历二叉树的过程基本相同，仅是输出结点信息的语句位置发生了变化，即每当需要沿当前结点的右子树根开始继续沿其左子树向下遍历时(即此时已经遍历过当前结点的左子树了)就先输出这个当前结点的信息。

后序非递归遍历二叉树与前面两种非递归遍历算法有所不同，它除了使用栈 stack 之外，还需使用一个数组 b 来记录二叉树中结点 i(i = 1, 2, 3, …, n)当前遍历的情况：如果 b[i]为 0，则表示仅遍历过结点 i 的左子树，它的右子树还没遍历过；如果 b[i]为 1，则表示结点 i 的左、右子树都已经遍历过。

后序非递归遍历二叉树的过程仍然是由根结点开始沿左子树向下进行遍历，并且将遇到的所有结点顺序压栈。当某个结点 j 无左子树时就将结点 j 由栈 stack 中弹出，然后检查 b[j]是否为 0，如果 b[j]为 0，则表示结点 j 的右子树还未遍历过，也即必须遍历过结点 j 的右子树后方可输出结点 j 的信息。所以必须先遍历结点 j 的右子树，即将结点 j 重新压栈并置 b[j]为 1(作为遍历过左、右子树的标识)，然后再将结点 j 的右孩子压栈并沿右孩子的左子树继续向下遍历，直到某一时刻该结点 j 再次由栈中弹出。因为此时 b[j]已经为 1，即表示此时结点 j 的左、右子树都已遍历过(结点 j 的左、右子树上的所有结点信息都已输出)；或者结点 j 本身就是一个叶子结点，这时就可以输出结点 j 的信息了。为了统一起见，对于前者，在输出了结点 j 的信息后即置结点 j 的父结点指向结点 j 的指针值为 NULL。这样，当某个结点的左、右孩子指针都为 NULL 时，则意味着：或者该结点本身就为叶子结点，或者该结点左、右子树中的结点信息都已输出过，此时就可以输出该结点的信息了。

注意，由于遍历过程中修改指针是在 Postorder 函数中完成的，因此 Postorder 函数执行结束后并不影响原二叉树，即原二叉树并未被破坏。这种后序遍历二叉树的非递归算法，其优点是只需一重循环即可实现。

2. 实验目的

进一步了解二叉树的链式存储结构，掌握二叉树的先序、中序和后序这三种非递归遍历方法。

3. 实验内容

建立一棵二叉树，并用先序、中序和后序这三种非递归遍历方法实现对二叉树的遍历。

4. 参考程序

```c
#include<stdio.h>
#include<stdlib.h>
#define MAXSIZE 30
typedef struct node
{
    char data;                //结点数据
    struct node *lchild,*rchild; //左、右孩子指针
}BSTree;                      //二叉树结点类型
void Preorder(BSTree *p)
{                             //先序遍历二叉树
```

```
        BSTree *stack[MAXSIZE];        // MAXSIZE 为大于二叉树结点个数的常量
        int i=0;
        stack[0]=NULL;                 //栈初始化
        while(p!=NULL||i>0)            //当指针 p 非空或栈 stack 非空(i>0)时
          if(p!=NULL)                  //当指针 p 非空时
          {
              printf("%3c",p->data);   //输出结点的信息
              stack[++i]=p;            //将该结点的指针 p 压栈
              p=p->lchild;            //沿左子树向下遍历
          }
          else                        //当指针 p 为空时
          {
              p=stack[i--];           //将这个无左子树的结点由栈中弹出
              p=p->rchild;            //从该结点右子树的根开始继续沿左子树向下遍历
          }
    }
    void Inorder(BSTree *p)
    {                                  //中序遍历二叉树
        BSTree *stack[MAXSIZE];
        int i=0;
        stack[0]=NULL;                 //栈初始化
        while(i>=0)                    //当栈 stack 非空(i>0)时
        {
            if(p!=NULL)                //当指针 p 非空时
            {
                stack[++i]=p;          //将该结点的指针 p 压栈
                p=p->lchild;          //沿左子树向下遍历
            }
            else                      //当指针 p 为空时
            {
                p=stack[i--];         //将这个无左子树的结点指针由栈中弹出
                printf("%3c",p->data); //输出结点的信息
                p=p->rchild;          //从该结点右子树的根开始继续沿左子树向下遍历
            }
            if(p==NULL&&i==0)         //指针 p 为空且栈 stack 也为空,则二叉树遍历结束
            break;
        }
    }
```

```
void Postorder(BSTree *p)
{                               //后序遍历二叉树
    BSTree *stack[MAXSIZE];
    int b[MAXSIZE],i=0;         //数组 b 用于标识每个结点的左、右子树是否已遍历过
    stack[0]=NULL;              //栈初始化
    do                          //后序遍历二叉树
    {
        if(p!=NULL)             //当指针 p 非空时
        {
            stack[++i]=p;       //将遍历中遇到的所有结点指针依次压栈
            b[i]=0;             //置该结点右子树未访问过的标志
            p=p->lchild;        //沿该结点左子树继续向下遍历
        }
        else                    //当指针 p 为空时
        {
            p=stack[i--];       //将这个无左子树(或左子树已遍历过)的当前结点指针
                                //由栈中弹出
            if(!b[i+1])         //b[i+1]为 0，则当前结点的右子树未遍历
            {
                stack[++i]=p;   //将当前结点的指针 p 重新压栈
                b[i]=1;         //置当前结点右子树已访问过的标志
                p=p->rchild;    //沿当前结点右孩子继续向下遍历
            }
            else    //当前结点的左、右子树都已遍历(即这些结点信息都已输出过)
            {
                printf("%3c",p->data);      //输出当前结点的信息
                p=NULL;         //将指向当前结点的指针置为空
            }
        }
    }while(p!=NULL||i>0);       //当指针 p 非空或栈 stack 非空(i>0)时继续遍历
}
void Createb(BSTree **p)
{                               //生成一棵二叉树
    char ch;
    scanf("%c",&ch);            //读入一个字符
    if(ch!='.')                 //当读入的字符不为'.'时
    {
        *p=(BSTree*)malloc(sizeof(BSTree));     //在主调函数空间申请一个结点
```

```
        (*p)->data=ch;              //将读入的字符送结点 **p 的数据域
        Createb(&(*p)->lchild);     //沿结点 **p 的左孩子分支继续生成二叉树
        Createb(&(*p)->rchild);     //沿结点 **p 的右孩子分支继续生成二叉树
    }
    else                            //当读入的字符为'.'时
        *p=NULL;                    //置结点 **p 的指针域为空
}
void main()
{
    BSTree *root;
    printf("Preorder entet bitree with '..': \n");
    Createb(&root);                 //建立一棵以 root 为根指针的二叉树
    printf("Preorder output : \n");
    Preorder(root);                 //先序遍历二叉树
    printf("\n");
    printf("Inorder output : \n");
    Inorder(root);                  //中序遍历二叉树
    printf("\n");
    printf("Postorder output : \n");
    Postorder(root);                //后序遍历二叉树
    printf("\n");
}
```

5. 思考题

建立二叉树的函数是否也可采用非递归方法实现？如能则实现之。

实验 3 另一种非递归后序遍历二叉树的方法

1. 概述

这里给出的是另一种需两重循环实现的二叉树的后序遍历非递归程序。在程序中，表达式 "p->rchild==q" 的含义是：若 q 等于 NULL，则表示结点 *p 的右孩子不存在且 *p 的左子树或不存在或已遍历过，所以现在可以访问结点 *p 了；若 q 不等于 NULL，则表示 *p 的右孩子已访问过(因为 q 指向 p 的右子树中刚被访问过的结点，而 *q 此时又是 *p 的右孩子，即意味着 p 的右子树中所有结点都被访问过)，所以现在可以访问 *p。

2. 实验目的

掌握二叉树的非递归后序遍历方法。

3. 实验内容

建立一棵二叉树，并实现二叉树的非递归后序遍历。

4．参考程序

```
#include<stdio.h>
#include<stdlib.h>
#define MAXSIZE 30
typedef struct node
{
    char data;                        //结点数据
    struct node *lchild,*rchild;      //左、右孩子指针
}BSTree;                              //二叉树结点类型
void Postorder1(BSTree *p)
{                                     //后序遍历二叉树
    BSTree *stack[MAXSIZE],*q;
    int b,i=-1;
    do                                //后序遍历二叉树
    {  while(p!=NULL)                 //将 *p 结点左分支上的所有左孩子入栈
       {  stack[++i]=p;               //指向当前结点的指针 p 入栈
          p=p->lchild;                // p 指向 *p 的左孩子
       }
    //栈顶结点已没有左孩子或其左子树上的结点都已访问过
       q=NULL;
       b=1;                           //置已访问过的标志
       while(i>=0&&b)                 //栈 stack 非空且当前栈顶结点的左子树已经遍历过
       {  p=stack[i];                 //取出当前栈顶存储的结点指针
          if(p->rchild==q)            //当前栈顶结点 *p 无右孩子或 *p 的右孩子已访问过
          {
              printf("%3c",p->data);  //输出当前栈顶结点 *p 的信息
              i--;
              q=p;                    // q 指向刚访问过的结点 *p
          }
          else                        //当前栈顶结点 *p 有右子树
          {  p=p->rchild;             // p 指向当前栈顶结点 *p 的右孩子结点
             b=0;                     //置该右孩子结点未遍历过其右子树标志
          }
       }
    }while(i>=0);                     //当栈 stack 非空时，继续遍历
}
void Createb(BSTree **p)
{                                     //生成一棵二叉树
```

```
    char ch;
    scanf("%c",&ch);            //读入一个字符
    if(ch!='.')                 //当读入字符不为'.'时
    {
        *p=(BSTree*)malloc(sizeof(BSTree));   //在主调函数空间申请一个结点
        (*p)->data=ch;          //将读入的字符送结点 **p 的数据域
        Createb(&(*p)->lchild); //沿结点 **p 的左孩子分支继续生成二叉树
        Createb(&(*p)->rchild); //沿结点 **p 的右孩子分支继续生成二叉树
    }
    else                        //当读入的字符为'.'时
        *p=NULL;                //置结点 **p 的指针域为空
}
void main()
{
    BSTree *root;
    printf("Make a tree:\n");
    Createb(&root);
    printf("Postorder output : \n");
    Postorder1(root);           //后序遍历二叉树
    printf("\n");
}
```

实验4 二叉树遍历的应用

1. 实验目的
进一步熟悉二叉树的遍历方法，掌握二叉树遍历方法的应用。

2. 实验内容
建立一棵二叉树，然后查找二叉树中的结点、统计二叉树中叶子结点的个数以及求二叉树的深度。

3. 参考程序
```
#include<stdio.h>
#include<stdlib.h>
#define MAXSIZE 30              // MAXSIZE 为大于二叉树结点个数的常量
typedef struct node
{   char data;                 //结点数据
    struct node *lchild,*rchild;  //左、右孩子指针
}BSTree;                       //二叉树结点类型
void Preorder(BSTree *p)
```

```
{                                    //先序遍历二叉树
    if(p!=NULL)
    {   printf("%3c",p->data);//访问根结点
        Preorder(p->lchild);    //先序遍历左子树
        Preorder(p->rchild);    //先序遍历右子树
    }
}
BSTree *Search(BSTree *p,char x)
{                                    //中序遍历查找数据元素
    BSTree *stack[MAXSIZE];
    int i=0;
    stack[0]=NULL;               //栈初始化
    while(i>=0)                   //当栈 stack 非空(i>0)时
    {
        if(p!=NULL)              //当指针 p 非空时
        {   if(p->data==x)
                return p;        //查找成功，返回 p 指针值
            else
                stack[++i]=p;    //将该结点的指针 p 压栈
            p=p->lchild;         //沿左子树向下遍历
        }
        else                     //当指针 p 为空时
        {   p=stack[i--];        //将这个无左子树的结点指针由栈中弹出
            p=p->rchild;         //从该结点右子树的根开始继续沿左子树向下遍历
        }
        if(p==NULL&&i==0)        //当指针 p 为空并且栈 stack 也为空(i=0)时
            break;               //结束 while 循环
    }
    return NULL;                 //查找失败
}
int Countleaf(BSTree *bt)
{                                    //统计二叉树中叶子结点的个数
    if(bt==NULL)
        return 0;                //空二叉树
    if(bt->rchild==NULL&&bt->lchild==NULL)
        return 1;                //只有根结点
    return (Countleaf(bt->lchild)+Countleaf(bt->rchild));
}
```

```
int Depth(BSTree *p)
{                                   //求二叉树深度(后序遍历)
    int lchild,rchild;
    if(p==NULL)
        return 0;                   //树的深度为0
    else
    { lchild=Depth(p->lchild) //求左子树高度
        rchild=Depth(p->rchild);//求右子树高度
        return lchild>rchild ? (lchild+1) : (rchild+1);
    }
}
void Createb(BSTree **p)
{                                   //生成一棵二叉树
    char ch;
    scanf("%c",&ch);                //读入一个字符
    if(ch!='.')                     //当读入的字符不为'.'时
    {
        *p=(BSTree*)malloc(sizeof(BSTree)); //在主调函数空间申请一个结点
        (*p)->data=ch;              //将读入的字符送结点 **p 的数据域
        Createb(&(*p)->lchild); //沿结点 **p 的左孩子分支继续生成二叉树
        Createb(&(*p)->rchild); //沿结点 **p 的右孩子分支继续生成二叉树
    }
    else                            //当读入的字符为'.'时
        *p=NULL;                    //置结点 **p 的指针域为空
}
void main()
{   BSTree *root,*p;
    char x;
    printf("Preorder entet bitree with '..': \n");
    Createb(&root);                 //建立一棵以 root 为根指针的二叉树
    printf("Preorder output : \n");
    Preorder(root);                 //先序遍历二叉树
    printf("\n");
    getchar();
    printf("Input element of Search: \n");
    scanf("%c",&x);                 //输入要查找的二叉树结点信息(即数据元素)
    p=Search(root,x);               //在二叉树中查找该结点
    if(p==NULL)
```

```
        printf("No found!\n");        //二叉树中无此结点
    else
        printf("Element Searched is %c\n",p->data);  //输出找到的结点信息
    printf("leaf of tree is %d\n",Countleaf(root));//输出二叉树的叶子个数
    printf("Depth of tree is %d\n",Depth(root));    //输出二叉树的深度
}
```

【说明】

对如图 5-4 所示的二叉树，程序执行过程如下：

输入：

Preorder entet bitree with '. . '：

abc.d..e..fg...↙

输出：

Preorder output :

  a b c d e f g

Input element of Search:

e

Element is e

leaf of tree is 3

Depth of tree is 4

Press any key to continue

4. 思考题

(1) 查找二叉树中的结点也可用下面二叉树先序遍历的递归函数实现，试对比两者的查找过程。

```
BSTree *Search(BSTree *bt,datatype x)
{                          //查找数据元素
    BSTree *p;
    if(bt!=NULL)           //当指针 bt 非空时
    {
        if(bt->data==x)    //如果当前结点 *bt 的 data 值等于 x
            return bt;      //查找成功，返回 bt 指针值
        if(bt->lchild!=NULL) //在 bt->lchid 为根结点指针的二叉树中查找
        {
            p=Search(bt->lchild, x);
            if(p!=NULL)
                return p;   //查找成功，返回 p 指针值
        }
        if(bt->rchild != NULL)  //在 bt->rchild 为根结点指针的二叉树中查找
        {
```

```
            p=Search(bt->rchild,x);
            if(p!=NULL)
                return p;              //查找成功，返回 p 指针值
        }
    }
    return NULL;                       //查找失败
}
```

(2) 统计二叉树中叶子结点的个数以及求二叉树的深度能否用非递归方法实现？

实验5　由二叉树遍历序列恢复二叉树

1. 概述

根据二叉树的定义，二叉树的先序遍历是先访问根结点，然后先序遍历根结点的左子树，最后再先序遍历根结点的右子树。因此，在先序遍历序列中的第一个结点一定是二叉树的根结点。此外，二叉树的中序遍历是先中序遍历根结点的左子树，然后访问根结点，最后再中序遍历根结点的右子树。由此可知，根结点在中序遍历序列中必然将该中序序列分割成两个子序列：根结点之前是根结点的左子树所对应的中序遍历序列；根结点之后是根结点的右子树所对应的中序遍历序列。根据这两个子树的中序序列，在先序遍历序列中找到对应的左子树序列和右子树序列，而此时左子树序列中的第一个结点就是左子树的根结点，右子树序列中的第一个结点就是右子树的根结点。这样，就确定了二叉树的根结点及其左、右子树的根结点。接下来再分别对左、右子树的根结点继续划分其左子树序列和右子树序列；如此递归划分下去，当取尽先序遍历序列中的结点时，就唯一恢复了这棵二叉树。

与此类似，由二叉树的后序遍历序列和中序遍历序列也可以唯一恢复这棵二叉树。因为后序遍历序列中的最后一个结点是二叉树的根结点(它就是先序遍历序列中的第一个结点)，即同样可将中序遍历序列分割成两个子序列：根结点之前是根结点的左子树所对应的中序遍历序列；根结点之后是根结点的右子树所对应的中序遍历序列。根据这两个子树的中序序列，在后序遍历序列中找到对应的左子树序列和右子树序列，而此时左子树序列中的最后一个结点就是左子树的根结点，右子树序列中的最后一个结点就是右子树的根结点。然后再分别对左、右子树的根结点继续划分其左子树序列和右子树序列；如此递归划分下去，当逆序取尽后序遍历序列中的结点时，就唯一恢复了这棵二叉树。

如果已知先序和后序的遍历序列，但先序是"根、左、右"，后序是"左、右、根"，即由这两种遍历序列仅可获得根结点的信息但却无法区分左、右子树，所以也就无法确定一棵二叉树。

根据二叉树的先序遍历序列和中序遍历序列恢复二叉树的递归思想是：先根据先序遍历序列的第一个结点建立根结点，然后在中序遍历序列中找到该结点，从而划分出根结点的左、右子树的中序遍历序列；接下来再在先序遍历序列中确定左、右子树的先序遍历序列，并由左子树的先序遍历序列与中序遍历序列继续递归建立左子树，由右子树的先序遍

历序列与中序遍历序列继续递归建立右子树。为了能够将恢复的二叉树传回给主调函数，在函数 Pre_In_order 中使用了二级指针 **p 且二叉树的先序遍历序列和中序遍历序列分别存放在一维数组 pred 和 ind 中。

2. 实验目的

掌握根据两种二叉树遍历序列(先序和中序或者后序和中序)恢复二叉树的方法，加深对二叉树遍历方法的理解。

3. 实验内容

根据二叉树的先序遍历序列和中序遍历序列恢复这棵二叉树。

4. 参考程序

```c
#include<stdio.h>
#include<stdlib.h>
#define MAXSIZE 30
typedef struct node
{
    char data;                    //结点数据
    struct node *lchild,*rchild;  //左、右孩子指针
}BSTree;                          //二叉树结点类型
char pred[MAXSIZE],ind[MAXSIZE];
int i=0,j=0;
void Preorder(BSTree *p)
{                                 //先序遍历二叉树
    if(p!=NULL)
    {
        pred[i++]=p->data;        //保存根结点数据
        Preorder(p->lchild);      //先序遍历左子树
        Preorder(p->rchild);      //先序遍历右子树
    }
}
void Inorder(BSTree *p)
{                                 //中序遍历二叉树
    if(p!=NULL)
    {
        Inorder(p->lchild);       //中序遍历左子树
        ind[j++]=p->data;         //保存根结点数据
        Inorder(p->rchild);       //中序遍历右子树
    }
}
```

```
void Pre_In_order(char pred[], char ind[], int i, int j, int k, int h, BSTree **p)
{      // i、j 和 k、h 分别为当前子树先序遍历序列和中序遍历序列的下、上界
    int m;
    *p=(BSTree*)malloc(sizeof(BSTree));   //在主调函数空间申请一个结点
    (*p)->data=pred[i];   //根据 pred 数组生成二叉树的根结点
    m=k;                  // m 指向 ind 数组所存储的中序遍历序列中第一个结点
    while(ind[m]!=pred[i])   //找到根结点在中序遍历序列中所在的位置
        m++;
    if(m==k)            //若根结点是中序遍历序列的第一个结点，则无左子树
        (*p)->lchild=NULL;
    else
        Pre_In_order(pred, ind, i+1, i+m-k, k, m-1, &(*p)->lchild);
            //根据根结点划分出中序遍历序列的两个部分，继续构造左、右两棵子树
    if(m==h)            //若根结点是中序遍历序列的最后一个结点，则无右子树
        (*p)->rchild=NULL;
    else
        Pre_In_order(pred, ind, i+m-k+1, j, m+1, h, &(*p)->rchild);
        //根据根结点划分出中序遍历序列的两个部分，继续构造左、右两棵子树
}
void Print_Inorder(BSTree *p)
{                     //中序遍历二叉树
    if(p!=NULL)
    {   Print_Inorder(p->lchild);        //中序遍历左子树
        printf("%3c", p->data);          //输出根结点数据
        Print_Inorder(p->rchild);        //中序遍历右子树
    }
}
void Createb(BSTree **p)
{                              //生成一棵二叉树
    char ch;
    scanf("%c", &ch);          //读入一个字符
    if(ch!='.')                //当读入的字符不为'.'时
    {
        *p=(BSTree*)malloc(sizeof(BSTree));    //在主调函数空间申请一个结点
        (*p)->data=ch;         //将读入的字符送结点 **p 的数据域
        Createb(&(*p)->lchild);    //沿结点 **p 的左孩子分支继续生成二叉树
        Createb(&(*p)->rchild);    //沿结点 **p 的右孩子分支继续生成二叉树
    }
```

```
    else                              //当读入的字符为'.'时
        *p=NULL;                      //置结点 **p 的指针域为空
    }
void main()
{
    BSTree *root,*root1;
    printf("Preorder entet bitree with '. . ': \n");
    Createb(&root);                   //建立一棵以 root 为根指针的二叉树
    printf("Inorder output root: \n"); //按中序遍历序列输出所建立的二叉树
    Print_Inorder(root);
    printf("\n");
    Preorder(root);                   //先序遍历二叉树生成先序遍历序列的 pred 数组
    printf("Inorder output : \n");
    Inorder(root);                    //中序遍历二叉树生成中序遍历序列的 ind 数组
    if(i>0)                           //根据数组 pred 和 ind 保存的遍历序列恢复二叉树
        Pre_In_order(pred, ind, 0, i-1, 0, j-1,&root1);
    printf("Inorder output root1: \n");//按中序遍历序列输出恢复后的二叉树
    Print_Inorder(root1);
    printf("\n");
    }
```

5. 思考题

(1) 恢复二叉树函数中的形参指针 **p 能否改为使用一级指针 *p?

(2) 恢复二叉树函数如何用非递归方法实现?

(3) 根据二叉树的后序遍历序列和中序遍历序列如何恢复这棵二叉树?试实现之。

实验 6　按层次遍历二叉树

1. 概述

为了实现二叉树的层次遍历,在算法中采用了一个队列 Q,即先将二叉树根结点 *t 入队,然后出队并输出该结点的信息;若该结点有左子树,则将其左子树的根结点入队;若该结点有右子树,则将其右子树的根结点入队……这样一直进行到队 Q 空时为止。因为队列的特点是先进先出,从而达到按层次顺序遍历二叉树的目的。

2. 实验目的

了解二叉树的层次遍历序列,掌握二叉树层次遍历的方法。

3. 实验内容

建立一棵二叉树,并通过队列的辅助实现二叉树的层次遍历。

4．参考程序

```c
#include<stdio.h>
#include<stdlib.h>
#define MAXSIZE 10
typedef struct node
{
    char data;                          //结点数据
    struct node *lchild,*rchild;        //左、右孩子指针
}BSTree;                                //二叉树结点类型
typedef struct
{
    BSTree *data[MAXSIZE];              //队中元素存储空间
    int rear,front;                     //队尾和队头指针
}SeQueue;                               //顺序队列类型
void Init_SeQueue(SeQueue **q)
{                                       //循环队列初始化
    *q=(SeQueue*)malloc(sizeof(SeQueue));
    (*q)->front=0;
    (*q)->rear=0;
}
int Empty_SeQueue(SeQueue *q)
{                                       //判队空
    if(q->front==q->rear)
        return 1;                       //队空
    else
        return 0;                       //队非空
}
void In_SeQueue(SeQueue *q,BSTree *x)
{                                       //元素入队
    if((q->rear+1)%MAXSIZE==q->front)
        printf("Queue is full!\n");     //队满，入队失败
    else
    {
        q->rear=(q->rear+1)%MAXSIZE;    //队尾指针加 1
        q->data[q->rear]=x;             //将元素 x 入队
    }
}
void Out_SeQueue(SeQueue *q,BSTree **x)
{                                       //元素出队
```

```
        if(q->front==q->rear)
            printf("Queue is empty");              //队空，出队失败
        else
        {
            q->front=(q->front+1)%MAXSIZE;   //队头指针加 1
            *x=q->data[q->front];               //队头元素出队并由 x 返回队头元素值
        }
    }
    void Inorder(BSTree *p)
    {              //中序遍历二叉树
        if(p!=NULL)
        {
            Inorder(p->lchild);                    //中序遍历左子树
            printf("%3c",p->data);                 //访问根结点
            Inorder(p->rchild);                    //中序遍历右子树
        }
    }
    void Createb(BSTree **p)
    {                                     //生成一棵二叉树
        char ch;
        scanf("%c",&ch);                       //读入一个字符
        if(ch!='.')                            //当读入的字符不为'.'时
        {
            *p=(BSTree*)malloc(sizeof(BSTree));//在主调函数空间申请一个结点
            (*p)->data=ch;            //将读入的字符送结点 **p 的数据域
            Createb(&(*p)->lchild); //沿结点 **p 的左孩子分支继续生成二叉树
            Createb(&(*p)->rchild); //沿结点 **p 的右孩子分支继续生成二叉树
        }
        else                             //当读入的字符为'.'时
            *p=NULL;                     //置结点 **p 的指针域为空
    }
    void Transleve(BSTree *t)
    {                                 //层次遍历二叉树
        SeQueue *Q;
        BSTree *p;
        Init_SeQueue(&Q);              //队列 Q 初始化
        if(t!=NULL)                    //当二叉树 t 非空时
            printf("%2c",t->data);     //输出根结点信息
        In_SeQueue(Q,t);               //指向二叉树的根指针 t 入队
```

```
        while(!Empty_SeQueue(Q))              //队 Q 非空
        {
            Out_SeQueue(Q,&p);                //队头结点(即指针值)出队并赋给 p
            if(p->lchild!=NULL)               //当 *p 有左孩子时
            {
                printf("%2c",p->lchild->data);        //输出左孩子信息
                In_SeQueue(Q,p->lchild);      // *p 的左孩子指针入队
            }
            if(p->rchild!=NULL)               //当 *p 有右孩子时
            {
                printf("%2c",p->rchild->data);        //输出右孩子信息
                In_SeQueue(Q,p->rchild);      // *p 的右孩子指针入队
            }
        }
    }
    void main()
    {
        BSTree *root;
        printf("Preorder entet bitree with '. . ': \n");
        Createb(&root);                       //建立一棵以 root 为根指针的二叉树
        printf("Inorder output : \n");
        Inorder(root);                        //中序遍历二叉树
        printf("\n");
        Transleve(root);                      //按层次遍历二叉树
        printf("\n");
    }
```

实验 7 中序线索二叉树

1. 实验目的

了解二叉树线索化的方法，掌握构造中序线索二叉树的方法。

2. 实验内容

建立一棵二叉树，然后对二叉树进行中序线索化。

3. 参考程序

```
#include<stdio.h>
#include<stdlib.h>
typedef struct node
{
```

```
    char data;                          //结点数据
    int ltag,rtag;                      //线索标记
    struct node *lchild;                //左孩子或直接前驱线索指针
    struct node *rchild;                //右孩子或直接后继线索指针
}TBTree;                                //线索二叉树结点类型
TBTree *pre;                            //全局变量
void Thread(TBTree *p)
{                                       //对二叉树进行中序线索化
    if(p!=NULL)                         //当二叉树的结点 *p 存在时(即指针 p 非空)
    {
        Thread(p->lchild);             //先对 *p 的左子树线索化
        //到此, *p 结点的左子树不存在或已线索化,接下来对 *p 线索化
        if(p->lchild==NULL)            //若 *p 的左孩子不存在,则进行前驱线索
        {
            p->lchild=pre;             //建立当前结点 *p 的前驱线索
            p->ltag=1;
        }
        else                           // *p 的左孩子存在
            p->ltag=0;                 //置 *p 的 lchild 指针为指向左孩子标志
        if(pre->rchild==NULL)          //若 *pre 的右孩子不存在,则进行后继线索
        {
            pre->rchild=p;             //建立结点 *pre 的后继线索
            pre->rtag=1;
        }
        else                           // *p 的右孩子存在
            pre->rtag=0;               //置 *p 的 rchild 指针为指向右孩子标志
        pre=p;                         // pre 移至 *p 结点
        Thread(p->rchild);            //对*p 的右子树线索化
    }
}
TBTree *CreaThread(TBTree *b)
{                                       //建立中序线索二叉树
    TBTree *root;
    root=(TBTree*)malloc(sizeof(TBTree));   //创建头结点
    root->ltag=0;
    root->rtag=1;
    if(b==NULL)                        //二叉树为空
        root->lchild=root;
    else
```

```
    {
        root->lchild=b;               // root 的 lchild 指针指向二叉树根结点 *b
        pre=root;                     // *pre 是 *p 的前驱结点，pre 指针用于线索
        Thread(b);                    //对二叉树 b 进行中序线索化
        pre->rchild=root;             //最后处理，加入指向头结点的线索
        pre->rtag=1;
        root->rchild=pre;   //头结点的 rchild 指针线索化为指向最后一个结点
    }
    return root;                      //返回线索化后指向二叉树的头结点的指针
}
void Inorder(TBTree *b)               //中序遍历中序线索二叉树
{                                     // *b 为中序线索二叉树的头结点
    TBTree *p;
    p=b->lchild;                      // p 指向根结点
    while(p!=b)                       //当 p 不等于指向头结点的指针 b 时
    {
        while(p->ltag==0)             //寻找中序遍历序列的第一个结点
            p=p->lchild;
        printf("%3c",p->data);        //输出中序遍历序列的第一个结点数据
        while(p->rtag==1&&p->rchild!=b)    //当后继线索存在且后继线索不为
                                           //头结点时
        {
            p=p->rchild;              //根据后继线索找到后继结点
            printf("%3c",p->data);    //输出后继结点信息
        }
        p=p->rchild;                  //无后继线索，则 p 指向右孩子结点
    }
}
void Preorder(TBTree *p)
{                                     //先序遍历二叉树
    if(p!=NULL)
    {
        printf("%3c",p->data);        //访问根结点
        Preorder(p->lchild);          //先序遍历左子树
        Preorder(p->rchild);          //先序遍历右子树
    }
}
void Createb(TBTree **p)
{                                     //生成一棵二叉树
```

```
        char ch;
        scanf("%c",&ch);                    //读入一个字符
        if(ch!='.')                         //当读入的字符不为'.'时
        {
            *p=(BSTree*)malloc(sizeof(BSTree));    //在主调函数空间申请一个结点
            (*p)->data=ch;                  //将读入的字符送结点 **p 的数据域
            Createb(&(*p)->lchild);         //沿结点 **p 的左孩子分支继续生成二叉树
            Createb(&(*p)->rchild);         //沿结点 **p 的右孩子分支继续生成二叉树
        }
        else                                //当读入的字符为'.'时
            *p=NULL;                        //置结点 **p 的指针域为空
    }
    void main()
    {
        TBTree *root,*p;
        printf("Preorder entet bitree with '. . ': \n");
        Createb(&root);                     //建立一棵以 root 为根指针的二叉树
        printf("Preorder output : \n");
        Preorder(root);                     //先序遍历二叉树
        printf("\n");
        p=CreaThread(root);                 //中序线索化
        printf("Inorder output : \n");
        Inorder(p);                         //中序遍历中序线索二叉树
        printf("\n");
    }
```

在参考程序中，函数 Thread 用于对以 *p 为根结点的二叉树进行中序线索化。在该算法中，p 总是指向当前被线索化的结点，而 pre 作为全局变量则指向刚被访问过的结点。也即，*pre 是 *p 的前驱结点，而 *p 是 *pre 的后继结点。Thread(p)算法类似中序遍历的递归算法，在 p 指针不为 NULL 时，先对 *p 结点的左子树线索化：若 *p 结点没有左孩子结点，则将其 lchild 指针线索化为指向其前驱结点 *pre 并将其标志位 ltag 置为 1，否则将 lchild 指向其左孩子结点。若 *pre 结点的 rchild 指针为 NULL，则将 rchild 指针线索化为指向其后继结点 *p 并将其标志位 rtag 置为 1，否则将 rchild 指向其右孩子结点。然后将 pre 指向 *p 结点，再对 *p 结点的右子树进行线索化。

函数 CreatThread 对以二叉链表存储的二叉树 b 进行中序线索化，并返回线索化后头结点指针 root。实现方法是：先创建头结点 *root，其 rchild 域为线索，lchild 域为链指针并指向二叉树根结点 *b，如果二叉树 b 为空，则将 lchild 指向头结点自身，否则将 *root 的 lchild 指向 *b 结点，并使 pre 也指向 *root 结点；然后调用函数 Thread 对整个二叉树线索化，即将指针 b 传给形参指针 p，从而使得 *pre 是 *p 的前驱结点；最后，加入指向头结点的线索，

并将头结点的 rchild 指针域线索化为指向最后一个结点(由于线索化过程是进行到 p 等于 NULL 时为止,所以最后一个结点就是 *pre)。

4．思考题

如何实现二叉树的先序线索化和后序线索化?

实验 8　哈夫曼树与哈夫曼编码(1)

1．概述

为了构造哈夫曼树,首先修改二叉树的存储结构。哈夫曼树除了二叉树原有的数据域 data 和左、右孩子的指针域 *lchild、*rchild 外,还增加了一个指针域 *next,即哈夫曼树的结点同时又是单链表的结点。在输入哈夫曼树叶子结点权值时,我们将这些权值结点链成一个升序链表。在构造哈夫曼树时,每次取升序单链表的前两个数据结点来构造一个哈夫曼树的树枝结点,同时删去单链表中的这两个数据结点,并将该树枝结点按升序再插入到单链表中。这种构造哈夫曼树树枝结点的过程一直持续到单链表为空时为止,且最后生成的树枝结点即为哈夫曼树的树根结点。

对所生成的哈夫曼树,我们用二叉树后序非递归方法遍历这棵哈夫曼树,遍历到叶结点时输出该叶结点的值及对应的哈夫曼编码。

2．实验目的

了解哈夫曼树的概念,掌握构造哈夫曼树和哈夫曼编码的方法。

3．实验内容

用改造后的二叉树的存储结构建立一棵哈夫曼树并实现该树的哈夫曼编码。

4．参考程序

```c
#include<stdio.h>
#include<stdlib.h>
#define MAXSIZE 30
typedef struct node
{
    int data;                        //结点数据
    struct node *lchild,*rchild;     //哈夫曼树的左、右子孩子指针
    struct node *next;     //哈夫曼树的结点同时又是单链表的结点,next 为
                           //单链表的结点指针
}BSTree_Link;              //二叉树及单链表结点类型
BSTree_Link *CreateLinkList(int n)
{                          //根据叶子结点的权值生成一个升序单链表
    BSTree_Link *link,*p,*q,*s;
    int i;
    link=(BSTree_Link*)malloc(sizeof(BSTree_Link));   //生成单链表的头结点
```

```
s=(BSTree_Link*)malloc(sizeof(BSTree_Link));
              //生成单链表的第一个数据结点，同时也是哈夫曼树的叶结点
scanf("%d",&s->data);        //输入叶子结点的权值
s->lchild=NULL;
s->rchild=NULL;              //置左、右孩子指针为空的叶结点标志
s->next=NULL;                //置单链表链尾结点标志
link->next=s;
for(i=2;i<=n;i++)            //生成单链表剩余的 n-1 个数据结点
{
    s=(BSTree_Link*)malloc(sizeof(BSTree_Link));  //生成一个数据结点(哈
                                                   //夫曼树的叶结点)
    scanf("%d",&s->data);    //输入叶子结点的权值
    s->lchild=NULL;
    s->rchild=NULL;          //置左、右孩子指针为空的叶结点标志
    q=link;                  //将该数据结点按升序插入到单链表中
    p=q->next;
    while(p!=NULL)
        if(s->data>p->data)  //查找插入位置
        {
            q=p;
            p=p->next;
        }
        else                 //找到插入位置(除链尾位置外)后进行插入
        {
            q->next=s;
            s->next=p;
            break;
        }
        if(s->data>q->data)  //插入到链尾的处理
        {
            q->next=s;
            s->next=p;
        }
}
return link;                 //返回升序单链表的头结点指针
}
void print(BSTree_Link *h)
{                            //输出单链表
```

```
    BSTree_Link *p;
    p=h->next;
    while(p!=NULL)
    {
        printf("%d,",p->data);
        p=p->next;
    }
    printf("\n");
}
BSTree_Link *HuffTree(BSTree_Link *link)
{                           //生成哈夫曼树
    BSTree_Link *p,*q,*s;
    while(link->next!=NULL)      //当单链表的数据结点非空时
    {
        p=link->next;            //取出升序链表中的第一个数据结点
        q=p->next;               //取出升序链表中的第二个数据结点
        link->next=q->next;      //使头结点的指针指向单链表的第三个数据结点
        s=(BSTree_Link*)malloc(sizeof(BSTree_Link)); //生成哈夫曼树的
                                 //树枝结点
        s->data=p->data+q->data;//该树枝结点的权值为取出的二个数据结点权值之和
        s->lchild=p;             //取出的第一个数据结点作为该树枝结点的左孩子
        s->rchild=q;             //取出的第二个数据结点作为该树枝结点的右孩子
        q=link;                  //将该树枝结点按升序插入到单链表中
        p=q->next;
        while(p!=NULL)
        if(s->data>p->data)
        {
            q=p;
            p=p->next;
        }
        else
        {
            q->next=s;
            s->next=p;
            break;
        }
        if(q!=link&&s->data>q->data)
        { //插入到链尾的处理, 如果q等于link则链表为空, 此时 *s 即为根结点
            q->next=s;
```

```
            s->next=p;
        }
    }
    return s;        //当单链表为空时，最后生成的树枝结点即为哈夫曼树的根结点
}
void Inorder(BSTree_Link *p)
{                   //中序遍历二叉树
    if(p!=NULL)
    {
        Inorder(p->lchild);         //中序遍历左子树
        printf("%4d",p->data);      //访问根结点
        Inorder(p->rchild);         //中序遍历右子树
    }
}
void Preorder(BSTree_Link *p)
{                   //先序遍历二叉树
    if(p!=NULL)
    {
        printf("%4d",p->data);      //访问根结点
        Preorder(p->lchild);        //先序遍历左子树
        Preorder(p->rchild);        //先序遍历右子树
    }
}
void HuffCode(BSTree_Link *p)
{                                   //后序遍历哈夫曼树并输出哈夫曼编码
    BSTree_Link *stack[MAXSIZE],*q;
    int b,i=-1,j=0,k,code[MAXSIZE];
    do                              //后序遍历二叉树
    {
        while(p!=NULL)              //将 *p 结点左分支上的所有左孩子入栈
        {
            if(p->lchild==NULL&&p->rchild==NULL)
            {
                printf("key=%3d,  code: ",p->data);    //输出叶结点的信息
                for(k=0;k<j;k++)            //输出该叶结点的哈夫曼编码
                    printf("%d",code[k]);
                printf("\n");
                j--;
            }
```

```
            stack[++i]=p;                //指向当前结点的指针 p 入栈
            p=p->lchild;                 // p 指向 *p 的左孩子
            code[j++]=0;                 //对应的左分支置编码 0
        }
        //栈顶结点已没有左孩子或其左子树上的结点都已访问过
        q=NULL;
        b=1;                    //置已访问过的标记
        while(i>=0&&b)          //栈 stack 不空且当前栈顶结点的左子树已经遍历过
        {
            p=stack[i];         //取出当前栈顶存储的结点指针
            if(p->rchild==q)//当前栈顶结点 *p 无右孩子或 *p 的右孩子已访问过
            {
                i--;
                j--;
                q=p;                // q 指向刚访问过的结点 *p
            }
            else                    //当前栈顶结点 *p 有右子树
            {
                p=p->rchild;        // p 指向当前栈顶结点 *p 的右孩子结点
                code[j++]=1;        //对应的右分支置编码 1
                b=0;                //置该右孩子结点未遍历过其右子树标记
            }
        }
    }while(i>=0);               //当栈 stack 非空时继续遍历
}
void main()
{
    BSTree_Link *root;
    int n;
    printf("Input number of  keys\n");     //输入叶子结点的个数
    scanf("%d",&n);
    printf("Input keys  :\n");      //输入 n 个叶子结点的权值
    root=CreateLinkList(n);             //根据叶子结点的权值生成一个升序单链表
    printf("Output List:\n");       //输出所生成的升序单链表
    print(root);
    root=HuffTree(root);            //生成哈夫曼树
    printf("Inorder output HuffTree: \n");//先序遍历输出哈夫曼树各结点的值
    Inorder(root);
```

```
printf("\n");
printf("Preorder output HuffTree: \n");//先序遍历输出哈夫曼树各结点的值
Preorder(root);
printf("\n");
printf("Output Code ofHuffTree: \n");    //后序遍历哈夫曼树构造并输出
                                         //哈夫曼编码
HuffCode(root);
}
```

【说明】

例如，对 8 个权值分别为 7、19、2、6、32、3、21、10 的叶子结点，生成的哈夫曼树由树根到树叶路径上标识的哈夫曼编码示意见图 5-5。

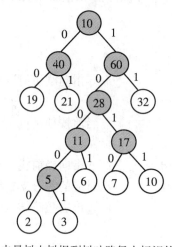

图 5-5　哈夫曼树由树根到树叶路径上标识的哈夫曼编码

程序执行过程如下：

```
Input number of  keys
8↙
Input keys  :
7 19 2 6 32 3 21 10↙
Output List:
2, 3, 6, 7, 10, 19, 21, 32,
Inorder output HuffTree:
  19  40  21 100    2   5   3   11    6   28    7   17   10   60   32
Preorder output HuffTree:
 100  40  19  21  60  28  11    5    2    3    6   17    7   10   32
Output Code ofHuffTree:
key= 19,   code: 00
key= 21,   code: 01
key= 2,    code: 10000
```

```
key=  3,   code: 10001
key=  6,   code: 1001
key=  7,   code: 1010
key= 10,   code: 1011
key= 32,   code: 11
Press any key to continue
```

5. 思考题

能否用先序非递归方法遍历哈夫曼树，输出其叶子结点的值及对应的哈夫曼编码？难以解决的问题在哪里？

实验 9 哈夫曼树与哈夫曼编码(2)

1. 概述

实验 8 中采用的是改造后的二叉树存储结构来生成哈夫曼树的。这里，我们采用静态链表(即数组)作为哈夫曼树的存储结构。也即，设置一个结构数组 Huff 保存哈夫曼树中各结点的信息。结点的结构形式如图 5-6 所示。

weight	lchild	rchild	parent

图 5-6 哈夫曼树中结点的结构形式

图 5-6 中，weight 域保存结点的权值，lchild 和 rchild 域分别保存该结点的左、右孩子结点在数组 Huff 中的序号(序号由 0 开始)，从而建立各结点之间的关系。此外，为了判断一个结点是否已纳入到生成哈夫曼树中，可通过 parent 域值来判定。初始时所有结点的 parent 值都为 −1，当一个结点加入到哈夫曼树中时，该结点的 parent 值即为其双亲结点在数组 Huff 中的序号，即 parent 值已不是 −1 了。因此，每次寻找未纳入到哈夫曼树且权值最小的两个结点时，其选择标准就是该结点的 parent 值为 −1 且权值最小。

构造哈夫曼树时，首先将由 n 个权值构成的 n 棵仅有一个结点的二叉树(这 n 个结点即为最终生成的哈夫曼树中的 n 个叶子结点)存放到数组 Huff 的前 n 个数组元素中，然后根据哈夫曼算法的基本思想，不断将两棵较小的子树合并为一棵较大的子树；并且，每次构成的新子树根结点都依次存放到数组 Huff 前 n 个数组元素的后面。

求哈夫曼编码，实际上就是在已建好的哈夫曼树中，从叶子结点开始沿结点的双亲链回退到根结点，每回退一步就走过了哈夫曼树的一个分支，从而得到一位哈夫曼编码(0 或 1)。由于一个字符的哈夫曼编码是从根结点到对应叶子结点所经过的路径上各分支所组成的 0、1 序列，因此先得到的分支代码为所求编码的低位码，后得到的分支代码为所求编码的高位码。我们设置一个结构数组 HuffCode 来存放各字符的哈夫曼编码信息，每个数组元素的结构如图 5-7 所示。

weight	bit	start

图 5-7 哈夫曼编码信息中数组元素的结构

图 5-7 中，分量一为整型变量 weight，它用于存储叶子结点的权值；分量二为一维数组 bit，它用来保存为叶子结点(即字符)所生成的哈夫曼编码；分量三是一整型变量 start，它用来指示哈夫曼编码在数组 bit 中存放的起始位置，这是因为编码在数组 bit 中是由最后一个数组元素位置依次向前存放的，由于各字符生成的编码长度不等，故不同字符的编码在数组 bit 中的起始位置可能不同，因此需要设置一个整型变量 start 来指示这个起始位置。

从叶子结点开始沿双亲链回退到根结点的操作过程实现起来比较容易，这是因为在结构数组 Huff 中，n 个叶子结点就是 Huff[0] 到 Huff[n−1] 这 n 个数组元素，并且可通过 Huff[i].parent 提供的双亲信息，沿着这个"双亲链"向上一直找到根结点(根结点的标志是 parent 值为 −1)。也即，恰好走过了一条由叶子结点到根结点的路径，在经过路径中每一条分支的同时也获得了该分支的编码(0 或 1)；当到达根结点时，这个叶子结点字符的哈夫曼编码也就形成了(注：形参数组 Huff 与下面算法中的数组 HuffNode 实际上是同一个数组)。

2．实验目的

了解哈夫曼树的概念，掌握构造哈夫曼树和哈夫曼编码的方法。

3．实验内容

建立一棵哈夫曼树，并实现该树的哈夫曼编码。

4．参考程序

```
#include<stdio.h>
#include<stdlib.h>
#define MAXSIZE 40
#define MAXBIT 10              //定义哈夫曼编码的最大长度
typedef struct
{
    int weight,parent,lchild,rchild;
}HNode;                       //哈夫曼树结点类型
typedef struct
{
    int weight;               //存储叶子结点权重
    int bit[MAXBIT];          //存储该叶子结点的哈夫曼编码
    int start;                //指示数组 bit 中哈夫曼编码的开始位置
}HCode;                       //哈夫曼编码类型
void HuffTree(HNode Huff[],int n) //生成哈夫曼树
{                             // Huff[]为形参数组，n 为叶子结点的个数
    int i,j,m1,m2,x1,x2;
    for(i=0;i<2*n-1;i++)      //对数组 Huff 初始化
    {
        Huff[i].weight=0;
        Huff[i].parent=-1;
```

```
        Huff[i].lchild=-1;
        Huff[i].rchild=-1;
    }
    printf("Input 1~n value of leaf : \n");
    for(i=0;i<n;i++)                //输入 n 个叶子结点的权值
        scanf("%d",&Huff[i].weight);
    for(i=0;i<n-1;i++)        //构造哈夫曼树并生成该树的 n-1 个分支结点
    {
        m1=m2=32767;
        x1=x2=0;
        for(j=0;j<n+i;j++)    //选取最小和次小两个权值结点并将其序号送 x1 和 x2
        {
            if(Huff[j].parent==-1&&Huff[j].weight<m1)
            {
                m2=m1;
                x2=x1;
                m1=Huff[j].weight;
                x1=j;
            }
            else
              if(Huff[j].parent==-1&&Huff[j].weight<m2)
              {
                  m2=Huff[j].weight;
                  x2=j;
              }
        }
        //将找出的两棵子树合并为一棵新的子树
        Huff[x1].parent=n+i;        //两棵子树根结点的双亲结点序号为 n+i
        Huff[x2].parent=n+i;
        Huff[n+i].weight=Huff[x1].weight+Huff[x2].weight;
                //新子树根结点的权值为两棵子树根结点的权值之和
        Huff[n+i].lchild=x1;
        Huff[n+i].rchild=x2;
    }
    printf(" Huff weight    lchild    rchild    prent \n");
    for(i=0;i<2*n-1;i++)                //输出哈夫曼树(即数组 Huff)的信息
        printf("%3d %5d %10d%10d%10d\n", i, Huff[i].weight,
    Huff[i].lchild,Huff[i].rchild, Huff[i].parent);
}
```

```
void HuffmanCode()
{                        //生成哈夫曼编码
    HNode HuffNode[MAXSIZE];            // MAXSIZE 为二叉树所有结点的最大个数
    HCode HuffCode[MAXSIZE/2],cd;       // MAXSIZE/2 为叶子结点的最大个数
    int i,j,c,p,n;
    printf("Input numbers of leaf :\n");    // n 为叶子结点的个数
    scanf("%d",&n);
    HuffTree(HuffNode, n);              //建立哈夫曼树
    for(i=0;i<n;i++)                    //求每个叶子结点的哈夫曼编码
    {
        HuffCode[i].weight=HuffNode[i].weight;      //保存叶子结点的权值
        cd.start=MAXBIT-1;     //存放分支编码从数组 cd.bit 最后一个元素位置
                               //开始向前进行
        c=i;                   // c 为叶子结点在数组 HuffNod 中的序号
        p=HuffNode[c].parent;
        while(p!=-1) //从叶子结点开始沿双亲链直到根结点，根结点的双亲值为-1
        {
            if(HuffNode[p].lchild==c)    //双亲的左孩子序号为 c
                cd.bit[cd.start]=0;      //该分支编码为 0
            else
                cd.bit[cd.start]=1;      //该分支编码为 1
            cd.start--;                  //前移一个位置准备存放下一个分支编码
            c=p;                         // c 移至其双亲结点序号
            p=HuffNode[c].parent;        // p 再定位于 c 的双亲结点序号
        }
        for(j=cd.start+1;j<MAXBIT;j++)   //保存该叶子结点字符的哈夫曼编码
            HuffCode[i].bit[j]=cd.bit[j];
        HuffCode[i].start=cd.start;      //保存该编码在数组 bit 中的起始位置
    }
    printf("HuffCode weight    bit \n");    //输出数组 HuffCode 的有关信息
    for(i=0;i<n;i++)                        //输出各叶子结点对应的哈夫曼编码
    {
        printf("%5d%8d     ",i,HuffCode[i].weight);
        for(j=HuffCode[i].start+1;j<MAXBIT;j++)
            printf("%d",HuffCode[i].bit[j]);
        printf("\n");
    }
}
```

```
void main()
{
    HuffmanCode();                    //生成哈夫曼编码
}
```

【说明】

例如，对 4 个权值分别为 3、5、1、7 的叶子结点，执行哈夫曼树构造算法后数组 Huff 的变化以及所生成的哈夫曼树示意见图 5-8。

Huff →

	weight	lchild	rchild	parent
0	3	−1	−1	−1
1	5	−1	−1	−1
2	1	−1	−1	−1
3	7	−1	−1	−1
4	0	−1	−1	−1
5	0	−1	−1	−1
6	0	−1	−1	−1

(a) 数组 Huff 初始化

Huff →

	weight	lchild	rchild	parent
0	3	−1	−1	4
1	5	−1	−1	5
2	1	−1	−1	4
3	7	−1	−1	6
4	4	2	0	5
5	9	4	1	6
6	16	3	5	−1

(b) 生成哈夫曼树后的数组 Huff

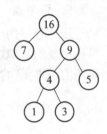

(c) 数组 Huff 对应的哈夫曼树

图 5-8 哈夫曼树构造算法执行过程与结果示意

对图 5-8(a)给出的 4 个叶子结点(其权值分别为 3、5、1、7)，执行哈夫曼编码算法后数组 HuffCode 示意见图 5-9。

HuffCode →

	weight	bit											start
		0	1	2	3	4	5	6	7	8	9		
0	3								1	0	1		6
1	5									1	1		7
2	1								1	0	0		6
3	7										0		8

图 5-9 执行哈夫曼编码算法后数组 HuffCode 示意

程序执行过程如下:

```
Input numbers of leaf :
4↙
Input 1~n value of leaf :
3 5 1 7↙

Huff weight    lchild    rchild    prent
  0     3        -1        -1        4
  1     5        -1        -1        5
  2     1        -1        -1        4
  3     7        -1        -1        6
```

4	4	2	0	5
5	9	4	1	6
6	16	3	5	-1

HuffCode	weight	bit
0	3	101
1	5	11
2	1	100
3	7	0

Press any key to continue

5. 思考题

压缩存储的一种方法是对字符(假定仅为 26 个英文字母)的使用频率统计后，再按每个字符出现的频率进行哈夫曼编码。试设计一个程序，将输入的字符串转化为对应的哈夫曼编码(二进制码)序列，然后再对该序列进行解码，恢复为原字符串。

第 6 章 图

6.1 内容与要点

图形结构是一种比树形结构更复杂的非线性结构。在图形结构中，任意两个结点之间都可能相关，即结点与结点之间的邻接关系可以是任意的。

6.1.1 图

图(Graph)是由非空的顶点集合 V 与描述顶点之间关系——边(或者弧)的集合 E 组成的，其形式化定义为

$$G = (V, E)$$

如果图 G 中的每一条边都是没有方向的，则称 G 为无向图。无向图中边是图中顶点的无序偶对。无序偶对通常用圆括号 "( )" 表示。例如，顶点偶对(v_i, v_j)表示顶点 v_i 和顶点 v_j 相连的边，并且(v_i, v_j)与(v_j, v_i)表示同一条边。

如果图 G 中的每一条边都是有方向的，则称 G 为有向图。有向图中的边是图中顶点的有序偶对，有序偶对通常用尖括号 "< >" 表示。例如，顶点偶对 $<v_i, v_j>$ 表示从顶点 v_i 指向顶点 v_j 的一条有向边；其中，顶点 v_i 称为有向边 $<v_i, v_j>$ 的起点，顶点 v_j 称为有向边 $<v_i, v_j>$ 的终点。有向边也称为弧；对弧 $<v_i, v_j>$ 来说，v_i 为弧的起点，称为弧尾；v_j 为弧的终点，称为弧头。

6.1.2 邻接矩阵

所谓邻接矩阵存储结构，就是用一维数组存储图中顶点的信息，并用矩阵来表示图中各顶点之间的邻接关系。假定图 $G = (V, E)$ 有 n 个顶点，即 $V = \{v_0, v_1, \cdots, v_{n-1}\}$，则表示 G 中各顶点相邻关系需用一个 $n \times n$ 的矩阵，且矩阵元素为

$$A[i][j] = \begin{cases} 1 & \text{若}(v_i, v_j)\text{或}<v_i, v_j>\text{是 E 中的边} \\ 0 & \text{若}(v_i, v_j)\text{或}<v_i, v_j>\text{不是 E 中的} \end{cases}$$

若 G 是带权图(网)，则邻接矩阵可定义为

$$A[i][j] = \begin{cases} w_{ij} & \text{若}(v_i, v_j)\text{或}<v_i, v_j>\text{是 E 中的边} \\ 0\text{ 或}\infty & \text{若}(v_i, v_j)\text{或}<v_i, v_j>\text{不是 E 中的边} \end{cases}$$

其中，w_{ij} 表示(v_i, v_j)或 $<v_i, v_j>$ 上的权值；∞则为计算机上所允许的大于所有边上权值的数值。

在采用邻接矩阵方式表示图时，除了用一个二维数组存储用于表示顶点相邻关系的邻

接矩阵之外，还需要用一个一维数组存储顶点信息。这样，一个图在顺序存储结构下的类型定义为：

```
typedef struct
{
    char vertex[MAXSIZE];              //顶点为字符型且顶点表的长度小于 MAXSIZE
    int edges[MAXSIZE][MAXSIZE];  //边为整型且 edges 为邻接矩阵
}MGraph;                                  // MGraph 为采用邻接矩阵存储的图类型
```

6.1.3 邻接表

邻接表是图的一种顺序存储与链式存储相结合的存储方法。邻接表表示法类似于树的孩子表示法。也即，对于图 G 中的每个顶点 v_i，将所有邻接于 v_i 的顶点 v_j 链成一个单链表，这个单链表就称为顶点 v_i 的邻接表；然后，将所有顶点的邻接表表头指针放入到一个一维数组中，就构成了图的邻接表。用邻接表表示的图有两种结构，如图 6-1 所示。

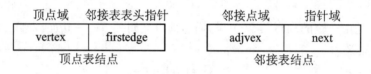

图 6-1　用邻接表表示的图的结构

一种是用一维数组表示的顶点表的结点(即数组元素)结构，它由顶点域(vertex)和指向该顶点第一条邻接边的指针域(firstedge)(也即，这个指针指向该顶点的邻接表)所构成。另一种是邻接表结点(边结点)，它由邻接点域(adjvex)和指向下一条邻接边的指针域(next)所构成。对带权图(网)的邻接表结点则需增加一个存储边上权值信息的域。因此，带权图的邻接表结点结构如图 6-2 所示。

图 6-2　带权图(网)的邻接表结点结构

邻接表表示下的类型定义为：

```
typedef struct node              //邻接表结点
{
    int adjvex;                     //邻接点域
    struct node *next;          //指向下一个邻接边结点的指针域
}EdgeNode;                        //邻接表结点类型
typedef struct vnode            //顶点表结点
{
    int vertex;                     //顶点域
    EdgeNode *firstedge;      //指向邻接表第一个邻接边结点的指针域
}VertexNode;                     //顶点表结点类型
```

6.1.4 图的遍历

图的遍历是指从图中的任一顶点出发，按照事先确定的某种搜索方法依次对图中所有顶点进行访问且仅访问一次的过程。

1. 深度优先搜索

深度优先搜索图中顶点的次序是沿着一条路径尽量向纵深发展。深度优先搜索的基本思想是：假设初始状态是图中所有顶点都未曾访问过，则深度优先搜索可以从图中某个顶点 v 出发即先访问 v，然后依次从 v 的未曾访问过的邻接点出发，继续深度优先搜索图，直至图中所有和 v 有路径相通的顶点都被访问过；若此时图中尚有顶点未被访问过，则另选一个未曾访问过的顶点作为起始点，重复上述深度优先搜索的过程，直到图中的所有顶点都被访问过为止。

2. 广度优先搜索

广度优先搜索遍历图类似于树的按层次遍历。广度优先搜索的基本思想是：从图中某顶点 v 出发，访问顶点 v 后再依次访问与 v 相邻接的未曾访问过的其余邻接边结点 $v_1, v_2, \cdots,$ v_k；接下来再按上述方法访问与 v_1 邻接的未曾访问过的各邻接边结点、与 v_2 邻接的未曾访问过的各邻接边结点、……、与 v_k 邻接的未曾访问过的各邻接边结点；这样逐层下去直至图中的全部顶点都被访问过。广度优先搜索遍历图的特点是尽可能先进行横向搜索，即先访问的顶点其邻接边结点也先访问，后访问的顶点其邻接边结点也后访问。

6.1.5 图的连通性问题

判断一个图的连通性是图的应用问题，我们可以利用图的遍历算法来求解这一问题。

1. 无向图的连通性

在对无向图进行遍历时，对连通图仅需从图中任一顶点出发进行深度优先搜索或广度优先搜索，就可访问到图中的所有顶点；对于非连通图，则需要由不连通的多个顶点开始进行搜索，且每一次从一个新的顶点出发进行搜索过程中所得到的顶点访问序列，就是包含该出发顶点的这个连通分量中的顶点集。

2. 有向图的连通性

有向图的连通性不同于无向图的连通性，对有向图强连通性以及强连通分量的判断可以通过以十字链表为存储结构的有向图进行深度优先搜索来实现。

6.1.6 生成树与最小生成树

对于连通的无向图和强连通的有向图 G = (V, E)，如果从图中任一顶点出发遍历图时，必然会将图中边的集合 E(G) 分为两个子集：T(G) 和 B(G)。其中，T(G) 为遍历中所经过的边的集合，而 B(G) 为遍历中未经过的边的集合。显然，T(G) 和图 G 中所有顶点一起构成了连通图 G 的一个极小连通子图；也即，G' = (V, T) 是 G 的一个子图。按照生成树的定义，图 G' 为图 G 的一棵生成树。

连通图的生成树不是唯一的。从不同顶点出发进行图的遍历，或者虽然从图的同一个顶点出发但图的存储结构不同,都可能得到不同的生成树。当一个连通图具有 n 个顶点时,该连通图的生成树就包含图中的全部 n 个顶点,但却仅有连接这 n 个顶点的 n－1 条边。生成树不具有回路,在生成树 G' = (V, T)中任意添加一条属于 B(G)的边则必定产生回路。

我们将由深度优先搜索遍历图所得到的生成树称为深度优先生成树,将由广度优先搜索遍历图所得到的生成树称为广度优先生成树。

由于生成树的不唯一性,从不同的顶点出发可能得到不同的生成树,对不同的存储结构从同一顶点出发也可能得到不同的生成树。在连通网中边是带权值的,则连通网的生成树各边也是带权值的,我们把生成树各边权值总和称为生成树的权;那么,对无向连通图构成的连通网,它的所有生成树中必有一棵边的权值总和为最小的生成树,我们称这棵生成树为最小生成树。

构造最小生成树必须解决好以下两个问题:

(1) 尽可能选取权值小的边,但不能构成回路;

(2) 选取合适的 n－1 条边将连通网的 n 个顶点连接起来。

1. 构造最小生成树的 Prim 算法

假设 G = (V, E)为一连通网,其中 V 为网中所有顶点的集合,E 为网中所有带权边的集合。设置两个新的集合 U 和 T,其中集合 U 用于存放 G 的最小生成树中的顶点,集合 T 用于存放 G 的最小生成树中的边。令集合 U 的初值为 U = {u_0}(假设构造最小生成树时是从顶点 u0 出发),集合 T 的初值为 T = {}。Prim 算法的思想是:在连通网中寻找一个顶点落入 U 集,另外一个顶点落入 V－U 集并且权值最小的边,将其加入到集合 T 中,而且将该边的属于 V－U 集的这个顶点加入到 U 集中,然后继续寻找一顶点在 U 集而另一顶点在 V－U 集且权值最小的边放入 T 集;如此不断重复直到 U = V 时,最小生成树就已经生成,这时集合 T 中包含了最小生成树中的所有边。

2. 构造最小生成树的 Kruskal 算法

克鲁斯卡尔(Kruskal)算法是一种按照连通网中边的权值递增的顺序构造最小生成树的方法。Kruskal 算法的基本思想是:假设连通网 G = (V, E),令最小生成树的初始状态为只有 n 个顶点而无边的非连通图 T = (V,{}),图中每个顶点自成一个连通分量。在 E 中选择权值最小的边,若该边依附的顶点落在 T 中不同的连通分量中,则将此边加入到 T 中;否则,舍去此边而选下一条权值最小的边;依此类推,直到 T 中所有顶点都在同一个连通分量上(此时含有 n－1 边)为止,这时的 T 就是一棵最小生成树。

注意,初始时 T 的连通分量为顶点个数 n,在每一次选取最小权值的边加入到 T 时一定要保证使 T 的连通分量减 1;也即选取最小权值边所连接的两个顶点必须位于不同的连通分量上,否则应舍去此边而再选取下一条最小权值的边。

6.1.7 最短路径

在带权图(网)里,点 A 到点 B 所有路径中边的权值之和为最短的那一条路径,称为 A、B 两点之间的最短路径;并称路径上的第一个顶点为源点(Source),最后一个顶点为终点(Destination)。在无权图中,最短路径则是指两点之间经历的边数最少的路径。实际上,只要把无权图上的每条边都看成是权值为 1 的边,那么无权图和带权图的最短路径是一致的。

1. 从一个源到其它各点的最短路径

给定一个带权有向图 G = (V, E)，指定图 G 中的某一个顶点的 v 为源点，求出从 v 到其它各顶点之间的最短路径，这个问题称为单源点最短路径问题。

迪杰斯特拉(Dijkstra)根据若按长度递增的次序生成从源点 v_0 到其它顶点的最短路径，则当前正在生成的最短路径上除终点之外，其余顶点的最短路径均已生成这一思想，提出了按路径长度递增的次序产生最短路径的算法(在此，路径长度为路径上边或弧的权值之和)。Dijkstra 算法的思想是：对带权有向图 G = (V, E)，设置两个顶点集合 S 和 T = V − S；凡以 v_0 为源点并已确定了最短路径的终点(顶点)都并入到集合 S，集合 S 的初态只含有源点 v_0；而未确定其最短路径的顶点均属于集合 T，初态时集合 T 包含除源点 v_0 之外的其余顶点。按照各顶点与 v_0 间最短路径长度递增的次序，逐个把集合 T 中的顶点加入到集合 S 中去，使得从源点 v_0 到集合 S 中各顶点的路径长度始终不大于 v_0 到集合 T 中各顶点的路径长度。并且，集合 S 中每加入一个新的顶点 u，都要修改源点 v_0 到集合 T 中剩余顶点的最短路径长度；也即，集合 T 中各顶点 v 新的最短路径长度值或是原来最短路径长度值，或是顶点 u 的最短路径长度值再加上顶点 u 到顶点 v 的路径长度值之和这二者中的较小值。这种把集合 T 中的顶点加入到集合 S 中的过程不断重复，直到集合 T 的顶点全部加入到集合 S 中为止。

2. 每一对顶点之间的最短路径

若要找到每一对顶点之间的最短路径，则可采取这种方法，即每次以一个顶点为源点执行 Dijkstra 算法，n 个顶点共重复执行 n 次 Dijkstra 算法，这样就可求得每一对顶点的最短路径。该问题的另一种解法是弗洛伊德(Floyd)算法，其形式相对简单。

Floyd 思想可用下式描述：

$$\begin{cases} A_{-1}[i][j] = gm[i][j] \\ A_{k+1}[i][j] = \min\{A_k[i][j],\ A_k[i][k+1] + A_k[k+1][j]\} \qquad -1 \leqslant k \leqslant n-2 \end{cases}$$

该式是一个迭代公式，A_k 表示已考虑顶点 0、1、…、k 等 k+1 个顶点之后各顶点之间的最短路径，即 $A_k[i][j]$ 表示由 v_i 到 v_j 已考虑顶点 0、1、…、k 等 k+1 个顶点的最短路径；在此基础上再考虑顶点 k+1 并求出各顶点在考虑了顶点 k+1 之后的最短路径，即得到 A_{k+1}。每迭代一次，在从 v_i 到 v_j 的最短路径上就多考虑了一个顶点；经过 n 次迭代后所得到的 $A_{n-1}[i][j]$ 值，就是考虑所有顶点后从 v_i 到 v_j 的最短路径，也就是最终的解。

若 $A_k[i][j]$ 已经求出，且顶点 i 到顶点 j 的路径长度为 $A_k[i][j]$，顶点 i 到顶点 k+1 的路径长度为 $A_k[i][k+1]$，顶点 k+1 到顶点 j 的路径长度为 $A_k[k+1][j]$，现在考虑顶点 k+1，如果 $A_k[i][k+1] + A_k[k+1][j] < A_k[i][j]$，则将原来顶点 i 到顶点 j 的路径改为：顶点 i 到顶点 k+1，再由顶点 k+1 到顶点 j；对应的路径长度为：$A_{k+1}[i][j] = A_k[i][k+1] + A_k[k+1][j]$；否则无需修改顶点 i 到顶点 j 的路径。

6.1.8　AOV 网与拓扑排序

1. AOV 网

在工程中，一个大的工程通常被划分为许多较小的子工程，这些较小的子工程被称为活动；当这些子工程完成时整个工程也就完成了。我们可以用有向图来描述工程，即在有向图中以顶点来表示活动，用有向边(弧)表示活动之间的优先关系，并称这样的有向图为以顶点表示活动的网(Activity on vertex network),简称 AOV 网。

在 AOV 网中,若从顶点 v_i 到顶点 v_j 之间存在一条有向路径,则称顶点 v_i 是顶点 v_j 的前驱,顶点 v_j 是顶点 v_i 的后继。若 <v_i,v_j> 是网中的一条弧,则称顶点 v_i 是顶点 v_j 的直接前驱,顶点 v_j 是顶点 v_i 的直接后继。AOV 网中的弧表示了活动之间的优先关系,也即前后制约关系。

2. 拓扑排序

拓扑排序是指将 AOV 网中所有顶点排成一个线性序列,该线性序列满足下述性质:

(1) 在 AOV 网中,若顶点 v_i 到顶点 v_j 有一条路径,则在该线性序列中顶点 v_i 必定在顶点 v_j 之前;

(2) 对于网中没有路径的顶点 v_i 与顶点 v_j,在线性序列中也建立了一个先后关系:或者顶点 v_i 优先于顶点 v_j,或者顶点 v_j 优先于顶点 v_i。

构造拓扑序列的过程称为拓扑排序,拓扑排序的序列可能不唯一。若某个 AOV 网中所有顶点都在它的拓扑序列中,则说明该 AOV 网不存在回路。

3. 拓扑排序算法

假设 AOV 网代表一个工程计划,则 AOV 网的一个拓扑排序就是这个工程顺利完成的可行方案。对 AOV 网进行拓扑排序的算法如下:

(1) 在 AOV 网中选择一个入度为零(没有前驱)的顶点输出;

(2) 删除 AOV 网中该顶点以及与该顶点有关的所有弧;

(3) 重复(1)、(2)直至网中不存在入度为零的顶点为止。

如果算法结束时所有顶点均已输出,则整个拓扑排序完成并说明 AOV 网中不存在回路;否则表明 AOV 网中存在回路。

为了实现拓扑排序算法,对 AOV 网采用邻接表存储结构,但是需要在邻接表中的顶点表结点里增加一个记录顶点入度的数据域,即顶点表结点结构如图 6-3 所示。

indegree	vertex	firstedge

图 6-3　顶点表结点结构

顶点表结点结构为:

```
typedef struct vnode              //顶点表结点
{
    int indegree;                 //顶点入度
    int vertex;                   //顶点域
    EdgeNode *firstedge;          //指向邻接表第一个邻接边结点的指针域
}VertexNode;                      //顶点表结点类型
```

6.1.9　AOE 网与关键路径

1. AOE 网

在带权有向图 G 中以顶点表示事件,以有向边表示活动,边上的权值表示该活动持续的时间,则此带权有向图称为用边表示活动的网,简称 AOE 网(Activity on edge network)。

用 AOE 网表示一项工程计划时，顶点所表示的事件实际上就是指该顶点所有进入边(到达该顶点的边)所表示的活动均已完成，而该顶点的出发边所表示的活动均可开始的一种状态。AOE 网中至少有一个开始顶点(称为源点)，其入度为 0；同时应有一个结束顶点(称为终点)，其出度为 0；网中不存在回路，否则整个工程将无法完成。

AOE 网具有以下两个性质：

(1) 只有在某顶点所代表的事件发生后，从该顶点出发的各有向边(弧)所代表的活动才能开始；

(2) 只有在进入某一顶点的各有向边(弧)所代表的活动都已结束后，该顶点所代表的事件才能发生。

与 AOV 网不同，AOE 网所关心的问题是：

(1) 完成该工程至少需要多少时间？

(2) 哪些活动是影响整个工程进度的关键？

2. 关键路径与关键路径的确定

由于 AOE 网中的某些活动能够并行进行，所以完成整个工程所需的时间是从源点到终点的最大路径长度(此处的路径长度是指该路径上的各个活动所需时间之和)。具有最大长度的路径称为关键路径；关键路径上的所有活动均是关键活动；关键路径长度是整个工程的最短工期。缩短关键活动的时间可以缩短整个工程的工期。

利用 AOE 网进行工程管理要解决的主要问题是：

(1) 计算完成整个工程的最短周期；

(2) 确定关键路径以便找出哪些活动是影响工程进度的关键。

现将涉及关键活动的计算说明如下：

(1) 顶点事件的最早发生时间 ve[k]。ve[k] 是指从源点 v_0 到顶点 v_k 的最大路径长度(时间)，这个时间决定了所有从顶点 v_k 出发的弧所代表的活动能够开工的最早时间。根据 AOE 网的性质，只有进入 v_k 的所有活动 $<v_j, v_k>$ 都结束时，v_k 代表的事件才能发生；而活动 $<v_j, v_k>$ 的最早结束时间为 ve[j] + dut$<v_j, v_k>$。所以计算 v_k 的最早发生时间公式如下：

$$\begin{cases} ve[0] = 0 \\ ve[k] = \max\{ve[j] + dut(<v_j, v_k>)\} \quad <v_j, v_k> \in p[k], \ 0 \leqslant j < n-1 \end{cases}$$

其中，p[k] 表示所有到达 v_k 的有向边的集合；dut $<v_j, v_k>$ 为弧 $<v_j, v_k>$ 上的权值。

(2) 顶点事件的最迟发生时间 vl[k]。vl[k] 是指在不推迟整个工程完成时间的前提下，事件 v_k 所允许的最晚发生时间。对一个工程来说，计划用多长时间完成该工程可以从 AOE 网求得。其数值为终点 v_{n-1} 的最早发生时间 ve[n-1]，而这个时间同时也就是 vl[n-1]；其余顶点事件的 vl 则应从终点开始逐步向源点方向递推求得。因此 vl[k] 的计算公式如下：

$$\begin{cases} vl[n-1] = ve[n-1] \\ vl[k] = \min\{vl[j] - dut(<v_k, v_j>)\} \quad <v_k, v_j> \in s[k], \ 0 \leqslant j < n-1 \end{cases}$$

其中，s[k] 为所有从 v_k 出发的弧的集合。显然 vl[j] 的计算必须在顶点 v_j 的所有后继顶点的最迟发生时间全部求出之后才能进行。

(3) 边活动 a_i 的最早开始时间 e[i]。e[i] 是指该边所表示活动 a_i 的最早开工时间。若活动 a_i 由弧 $<v_k, v_j>$ 表示，则根据 AOE 网的性质：只有事件 v_k 发生了，活动 a_i 才能开始。也

就是说，活动 a_i 的最早开始时间应等于顶点事件 v_k 的最早发生时间，即有

$$e[i] = ve[k]$$

(4) 边活动 a_i 的最晚开始时间 $l[i]$。$l[i]$ 是指在不推迟整个工程的完成时间这一前提下所允许的该活动最晚开始的时间。若活动 a_i 由弧 $<v_k,v_j>$ 表示，则 a_i 的最晚开始时间要保证事件 v_j 的最迟发生时间不拖后，即有

$$l[i] = v[j] - dut(<v_k,v_j>)$$

一个活动 a_i 的最晚开始时间 $l[i]$ 和最早开始时间 $e[i]$ 的差：$d[i] = l[i] - e[i]$ 是该活动 a_i 完成时间的余量，它是在不增加整个工程完成时间情况下，活动 a_i 可以延迟的时间。若 $e[i] = l[i]$，则表明活动 a_i 最早可开工时间与整个工程计划允许活动 a_i 的最晚开工时间一致，也即施工时间一点也不允许拖延，否则将延误工期；这也同时说明了活动 a_i 是关键活动。

由关键活动组成的路径就是关键路径。按照上述计算关键活动的方法，就可以求出 AOE 网的关键路径。

6.2 图 实 践

实验 1 建立无向图的邻接矩阵

1. 实验目的

了解图及无向图的有关概念，熟悉无向图的邻接矩阵存储结构，掌握用邻接矩阵存储无向图的方法。

2. 实验内容

通过输入的顶点和边建立一个无向图的邻接矩阵。

3. 参考程序

```c
#include<stdio.h>
#include<stdlib.h>
#define MAXSIZE 30
typedef struct
{
    char vertex[MAXSIZE];              //顶点为字符型且顶点表的长度小于 MAXSIZE
    int edges[MAXSIZE][MAXSIZE];       //边为整型且 edges 为邻接矩阵
}MGraph;                               // MGraph 为采用邻接矩阵存储的图类型

void CreatMGraph(MGraph *g,int e,int n)
{              //建立无向图的邻接矩阵 g->egdes，n 为顶点个数，e 为边数
    int i,j,k;
    printf("Input data of vertexs(0~n-1):\n");
    for(i=0;i<n;i++)
```

```
    g->vertex[i]=i;                    //读入顶点信息
  for(i=0;i<n;i++)
    for(j=0;j<n;j++)
      g->edges[i][j]=0;                //初始化邻接矩阵
  for(k=1;k<=e;k++)                    //输入 e 条边
  {
      printf("Input edge of(i,j): ");
      scanf("%d,%d",&i,&j);
      g->edges[i][j]=1;
      g->edges[j][i]=1;
  }
}
void main()
{
  int i,j,n,e;
  MGraph *g;                  //建立指向采用邻接矩阵存储图类型的指针变量
  g=(MGraph *)malloc(sizeof(MGraph));  //生成采用邻接矩阵存储图类型的
                                       //存储空间
  printf("Input size of MGraph: ");    //输入邻接矩阵的大小
  scanf("%d",&n);
  printf("Input number of edge: ");    //输入邻接矩阵的边数
  scanf("%d",&e);
  CreatMGraph(g,e,n);                  //生成存储图的邻接矩阵
  printf("Output MGraph:\n");          //输出存储图的邻接矩阵
  for(i=0;i<n;i++)
  {   for(j=0;j<n;j++)
        printf("%4d",g->edges[i][j]);
      printf("\n");
  }
}
```

【说明】

无向图的邻接矩阵表示如图 6-4 所示。对图 6-4 所示的无向图，程序执行如下：

输入：

```
Input size of MGraph: 4↙
Input number of edge: 4↙
Input data of vertexs(0~n-1):
Input edge of(i,j): 0,1↙
Input edge of(i,j): 0,3↙
```

$$A = \begin{bmatrix} 0 & 1 & 0 & 1 \\ 1 & 0 & 1 & 1 \\ 0 & 1 & 0 & 0 \\ 1 & 1 & 0 & 0 \end{bmatrix}$$

图 6-4　无向图及邻接矩阵表示

```
Input edge of(i, j): 1, 3↙
Input edge of(i, j): 1, 2↙
```
输出:
```
Output MGraph:
   0   1   0   1
   1   0   1   1
   0   1   0   0
   1   1   0   0
Press any key to continue
```

4. 思考题

无向图用邻接矩阵存储，则该邻接矩阵是否唯一？

实验2 图的深度优先搜索

1. 概述

深度优先搜索遍历图的过程是一个递归过程，我们可以用递归算法来实现。在算法中为了避免在访问过某顶点后又沿着某条回路回到该顶点这种重复访问的情况出现，就必须在图的遍历过程中对每一个访问过的顶点进行标识，这样才可以避免一个顶点被重复访问的情况出现。所以，我们在遍历算法中对 n 个顶点的图设置了一个长度为 n 的访问标志数组 visited[n]，每个数组元素被初始化为 0，一旦某个顶点 i 被访问则相应的 visited[i] 就置为 1 来做为访问过的标志。

2. 实验目的

了解图的深度优先搜索概念，熟悉无向图邻接表存储结构，掌握如何通过无向图的邻接表对图进行深度优先搜索的方法。

3. 实验内容

用邻接表存储一个无向图，然后对该图进行深度优先搜索。

4. 参考程序

```c
#include<stdio.h>
#include<stdlib.h>
#define MAXSIZE 30
typedef struct node              //邻接表结点
{
    int adjvex;                  //邻接点域
    struct node *next;           //指向下一个邻接边结点的指针域
}EdgeNode;                       //邻接表结点类型
typedef struct vnode             //顶点表结点
{
```

```
    int vertex;                    //顶点域
    EdgeNode *firstedge;           //指向邻接表第一个邻接边结点的指针域
}VertexNode;                       //顶点表结点类型
void CreatAdjlist(VertexNode g[],int e,int n)
{     //建立无向图的邻接表，n 为顶点数，e 为边数，g[]存储 n 个顶点表结点
    EdgeNode *p;
    int i,j,k;
    printf("Input date of vetex(0~n-1):\n");
    for(i=0;i<n;i++)               //建立有 n 个顶点的顶点表
    {
        g[i].vertex=i;             //读入顶点 i 信息
        g[i].firstedge=NULL;       //初始化指向顶点 i 的邻接表表头指针
    }
    for(k=1;k<=e;k++)              //输入 e 条边
    {
        printf("Input edge of(i,j): ");
        scanf("%d,%d",&i,&j);
        p=(EdgeNode *)malloc(sizeof(EdgeNode));
        p->adjvex=j;               //在顶点 vᵢ 的邻接表中添加邻接点为 j 的结点
        p->next=g[i].firstedge;    //插入是在邻接表表头进行的
        g[i].firstedge=p;
        p=(EdgeNode *)malloc(sizeof(EdgeNode));
        p->adjvex=i;               //在顶点 vⱼ 的邻接表中添加邻接点为 i 的结点
        p->next=g[j].firstedge;    //插入是在邻接表表头进行的
        g[j].firstedge=p;
    }
}
int visited[MAXSIZE];              //MAXSIZE 为大于或等于无向图顶点个数的常量
void DFS(VertexNode g[],int i)
{                                  //从指定的顶点 i 开始深度优先搜索
    EdgeNode *p;
    printf("%4d",g[i].vertex);     //输出顶点 i 信息，即访问顶点 i
    visited[i]=1;                  //置顶点 i 为访问过标志
    p=g[i].firstedge;              //根据顶点 i 的指针 firstedge 查找其
                                   //邻接表的第一个邻接边结点
    while(p!=NULL)                 //当邻接边结点不为空时
    {
```

```
        if(!visited[p->adjvex])    //如果邻接的这个边结点未被访问过
            DFS(g,p->adjvex);      //对这个边结点进行深度优先搜索
        p=p->next;                 //查找顶点 i 的下一个邻接边结点
    }
}
void DFSTraverse(VertexNode g[],int n)
{       //深度优先搜索遍历以邻接表存储的图，其中 g 为顶点表，n 为顶点个数
    int i;
    for(i=0;i<n;i++)
        visited[i]=0;              //访问标志置 0
    for(i=0;i<n;i++)//对 n 个顶点的图查找未访问过的顶点并由该顶点开始遍历
        if(!visited[i])            //当 visited[i]等于 0 时即顶点 i 未访问过
            DFS(g,i);              //从未访问过的顶点 i 开始遍历
}
void main()
{
    int e,n;
    VertexNode g[MAXSIZE];         //定义顶点表结点类型数组 g
    printf("Input number of node:\n");    //输入图中结点个数
    scanf("%d",&n);
    printf("Input number of edge:\n");    //输入图中边的个数
    scanf("%d",&e);
    printf("Make adjlist:\n");
    CreatAdjlist(g,e,n);                   //建立无向图的邻接表
    printf("DFSTraverse:\n");
    DFSTraverse(g,n);                      //深度优先遍历以邻接表存储的无向图
    printf("\n");
}
```

【说明】

对图 6-4 所示的无向图，程序执行如下：

输入：

```
Input number of node:
4↙
Input number of edge:
4↙
Make adjlist:
Input date of vetex(0~n-1);
Input edge of(i,j): 0,1↙
Input edge of(i,j): 0,3↙
```

```
Input edge of(i, j): 1, 3↙
Input edge of(i, j): 1, 2↙
```

输出:
```
DFSTraverse:
    0   3   1   2
Press any key to continue
```

5. 思考题

可否用非递归方法实现图的深度优先搜索? 若可以则实现之。

实验3 图的广度优先搜索

1. 概述

为了实现图的广度优先搜索, 必须引入队列结构来保存已访问过的顶点序列: 即从指定的顶点开始, 每访问一个顶点就同时使该顶点进入队尾; 然后由队头取出一个顶点并访问该顶点的所有未被访问过的邻接边结点并且使该邻接边结点进入队尾……如此进行下去直到队空时为止, 则图中所有由开始顶点所能到达的全部顶点均已访问过。

2. 实验目的

了解图的广度优先搜索概念, 进一步熟悉无向图邻接表存储结构, 掌握如何通过无向图的邻接表对图进行广度优先搜索的方法。

3. 实验内容

用邻接表存储一个无向图, 然后对该图进行广度优先搜索。

4. 参考程序

```c
#include<stdio. h>
#include<stdlib. h>
#define MAXSIZE 30
typedef struct node1              //邻接表结点
{
    int adjvex;                   //邻接点域
    struct node1 *next;           //指向下一个邻接边结点的指针域
}EdgeNode;                        //邻接表结点类型
typedef struct vnode              //顶点表结点
{
    int vertex;                   //顶点域
    EdgeNode *firstedge;          //指向邻接表第一个邻接边结点的指针域
}VertexNode;                      //顶点表结点类型
void CreatAdjlist(VertexNode g[], int e, int n)
{          //建立无向图的邻接表, n 为顶点数, e 为边数, g[]存储 n 个顶点表结点
```

```
    EdgeNode *p;
    int i,j,k;
    printf("Input date of vetex(0~n-1);\n");
    for(i=0;i<n;i++)              //建立有 n 个顶点的顶点表
    {
        g[i].vertex=i;           //读入顶点 i 信息
        g[i].firstedge=NULL;     //初始化指向顶点 i 的邻接表表头指针
    }
    for(k=1;k<=e;k++)            //输入 e 条边
    {
        printf("Input edge of(i,j): ");
        scanf("%d,%d",&i,&j);
        p=(EdgeNode *)malloc(sizeof(EdgeNode));
        p->adjvex=j;            //在顶点 vi 的邻接表中添加邻接点为 j 的结点
        p->next=g[i].firstedge; //插入是在邻接表表头进行的
        g[i].firstedge=p;
        p=(EdgeNode *)malloc(sizeof(EdgeNode));
        p->adjvex=i;            //在顶点 vj 的邻接表中添加邻接点为 i 的结点
        p->next=g[j].firstedge; //插入是在邻接表表头进行的
        g[j].firstedge=p;
    }
}
typedef struct node
{
    int data;
    struct node *next;
}QNode;        //链队列结点的类型
typedef struct
{
    QNode *front,*rear;          //将头、尾指针纳入到一个结构体的链队列
}LQueue;        //链队列类型
void Init_LQueue(LQueue **q)
{                                         //创建一个带头结点的空队列
    QNode *p;
    *q=(LQueue *)malloc(sizeof(LQueue));     //申请带头、尾指针的链队列
    p=(QNode*)malloc(sizeof(QNode));         //申请链队列的头结点
    p->next=NULL;                            //头结点的 next 指针置为空
    (*q)->front=p;                           //队头指针指向头结点
```

```
    (*q)->rear=p;                          //队尾指针指向头结点
}
int Empty_LQueue(LQueue *q)
{                                           //判队空
    if(q->front==q->rear)                   //队为空
       return 1;
    else
       return 0;
}
void In_LQueue(LQueue *q, int x)
{                                           //入队
    QNode *p;
    p=(QNode *)malloc(sizeof(QNode));       //申请新链队列结点
    p->data=x;
    p->next=NULL;                           //新结点作为队尾结点时其 next 域为空
    q->rear->next=p;                        //将新结点 *p 链到原队尾结点之后
    q->rear=p;                              //使队尾指针指向新的队尾结点 *p
}
void Out_LQueue(LQueue *q, int *x)
{                                           //出队
    QNode *p;
    if(Empty_LQueue(q))
       printf("Queue is empty!\n");         //队空，出队失败
    else
    {
       p=q->front->next;     //指针 p 指向链队列第一个数据结点(即队头结点)
       q->front->next=p->next;
      //头结点的 next 指针指向链队列第二个数据结点(即删除第一个数据结点)
       *x=p->data;               //将删除的队头结点数据经由 x 返回
       free(p);
       if(q->front->next==NULL)  //出队后若队为空则置为空队列
          q->rear=q->front;
    }
}
int visited[MAXSIZE];            // MAXSIZE 为大于或等于无向图顶点个数的常量
void BFS(VertexNode g[], LQueue *Q, int i)
{ //广度优先搜索遍历邻接表存储的图，g 为顶点表，Q 为队指针，i 为第 i 个顶点
    int j, *x=&j;                           //出队顶点将由指针 x 传给 j
```

```
        EdgeNode *p;
        printf("%4d",g[i].vertex);    //输出顶点 i 信息,即访问顶点 i
        visited[i]=1;                 //置顶点 i 为访问过标志
        In_LQueue(Q,i);               //顶点 i 入队 Q
        while(!Empty_LQueue(Q))       //当队 Q 非空时
        {
            Out_LQueue(Q,x);          //队头顶点出队经由指针 x 送给 j(暂记为顶点 j)
            p=g[j].firstedge;//根据顶点 j 的表头指针查找其邻接表的第一个邻接边结点
            while(p!=NULL)            //当邻接边结点非空时
            {
                if(!visited[p->adjvex])       //如果邻接的这个边结点未曾访问过
                {
                    printf("%4d",g[p->adjvex].vertex);//输出这个邻接边结点的顶点信息
                    visited[p->adjvex]=1;         //置该邻接边结点为访问过标志
                    In_LQueue(Q,p->adjvex);       //将该邻接边结点送入队列 Q
                }
                p=p->next;           //在顶点 j 的邻接表中查找 j 的下一个邻接边结点
            }
        }
}
void main()
{
    int e,n;
    VertexNode g[MAXSIZE];                 //定义顶点表结点类型的数组 g
    LQueue *q;
    printf("Input number of node:\n");     //输入图中结点的个数
    scanf("%d",&n);
    printf("Input number of edge:\n");     //输入图中边的个数
    scanf("%d",&e);
    printf("Make adjlist:\n");
    CreatAdjlist(g,e,n);                    //建立无向图的邻接表
    Init_LQueue(&q);                        //队列 q 初始化
    printf("BFSTraverse:\n");
    BFS(g,q,0);                             //广度优先遍历以邻接表存储的无向图
    printf("\n");
}
```

【说明】

对图 6-4 所示的无向图,程序执行如下:

输入:
```
Input number of node:
4↙
Input number of edge:
4↙
Make adjlist:
Input date of vetex(0~n-1);
Input edge of(i, j): 0,1↙
Input edge of(i, j): 0,3↙
Input edge of(i, j): 1,3↙
Input edge of(i, j): 1,2↙
```
输出:
```
BFSTraverse:
    0   3   1   2
Press any key to continue
```

5. 思考题

深度优先搜索和广度优先搜索的特点各是什么?

实验 4   图 的 连 通 性

1. 概述

要想判断一个无向图是否为连通图,或者有几个连通分量,可增加一个计数变量 count 并设其初值为 0,在深度优先搜索算法 DFSTraverse 函数里的第二个 for 循环中,每调用一次 DFS 就给 count 增 1。这样当算法执行结束时,count 的值即为连通分量的个数。

2. 实验目的

了解图的连通性概念,掌握如何通过深度优先搜索求无向图连通分量的方法。

3. 实验内容

用邻接表存储一个无向图,然后通过深度优先搜索求无向图的连通分量。

4. 参考程序

```c
#include<stdio.h>
#include<stdlib.h>
#define MAXSIZE 30          //MAXSIZE 为大于或等于无向图顶点个数的常量
typedef struct node1        //邻接表结点
{   int adjvex;             //邻接点域
    struct node1 *next;     //指向下一个邻接边结点的指针域
}EdgeNode;                  //邻接表结点类型
typedef struct vnode        //顶点表结点
```

```
{   int vertex;                  //顶点域
    EdgeNode *firstedge;         //指向邻接表第一个邻接边结点的指针域
}VertexNode;                     //顶点表结点类型
void CreatAdjlist(VertexNode g[],int e,int n)
{     //建立无向图的邻接表，n 为顶点数，e 为边数，g[]存储 n 个顶点表结点
    EdgeNode *p;
    int i,j,k;
    printf("Input date of vetex(0~n-1);\n");
    for(i=0;i<n;i++)             //建立有 n 个顶点的顶点表
    {  g[i].vertex=i;            //读入顶点 i 信息
       g[i].firstedge=NULL;//初始化指向顶点 i 的邻接表表头指针
    }
    for(k=1;k<=e;k++)            //输入 e 条边
    {
        printf("Input edge of(i,j): ");
        scanf("%d,%d",&i,&j);
        p=(EdgeNode *)malloc(sizeof(EdgeNode));
        p->adjvex=j;             //在顶点 vi 的邻接表中添加邻接点为 j 的结点
        p->next=g[i].firstedge;  //插入是在邻接表表头进行的
        g[i].firstedge=p;
        p=(EdgeNode *)malloc(sizeof(EdgeNode));
        p->adjvex=i;             //在顶点 vj 的邻接表中添加邻接点为 i 的结点
        p->next=g[j].firstedge   //插入是在邻接表表头进行的
        g[j].firstedge=p;
    }
}
int visited[MAXSIZE];            // visited 数组用来标识访问过的无向图顶点
void DFS(VertexNode g[],int i)
{          //从指定的顶点 i 开始深度优先搜索
    EdgeNode *p;
    printf("%4d",g[i].vertex);   //输出顶点 i 信息，即访问顶点 i
    visited[i]=1;                //置顶点 i 为访问过标志
    p=g[i].firstedge;            //根据顶点 i 的指针 firstedge 查找其
                                 //邻接表的第一个邻接边结点
    while(p!=NULL)               //当邻接边结点不为空时
    {
        if(!visited[p->adjvex])  //如果邻接的这个边结点未被访问过
            DFS(g,p->adjvex);    //对这个边结点进行深度优先搜索
```

```
        p=p->next;                      //查找顶点 i 的下一个邻接边结点
    }
}
int count=0;                        // count 用于连通分量计数其初值为 0
void ConnectEdge(VertexNode g[],int n)     //求图的连通分量
{    //深度优先搜索遍历以邻接表存储的图, 其中 g 为顶点表, n 为顶点个数
    int i;
    for(i=0;i<n;i++)
        visited[i]=0;                //访问标志置 0
    for(i=0;i<n;i++)  //对 n 个顶点的图查找未访问过的顶点并由该顶点开始遍历
        if(!visited[i])              //当 visited[i]等于 0 时即顶点 i 未访问过
        {
            DFS(g,i);                //从未访问过的顶点 i 开始遍历
            count++;                 //访问过一个连通分量则 count 加 1
        }
}
void main()
{
    int e,n;
    VertexNode g[MAXSIZE];               //定义顶点表结点类型的数组 g
    printf("Input number of node:\n");    //输入图中结点的个数
    scanf("%d",&n);
    printf("Input number of edge:\n");    //输入图中边的个数
    scanf("%d",&e);
    printf("Make adjlist:\n");
    CreatAdjlist(g,e,n);                 //建立无向图的邻接表
    printf("DFSTraverse:\n");
    ConnectEdge(g,n);                    //求图的连通分量
    printf("\nNumber of connect is %d\n",count);    //输出连通分量
}
```

【说明】

对图 6-5 所示的无向图, 程序执行如下:

输入:

Input number of node:

8↙

Input number of edge:

7↙

Make adjlist:

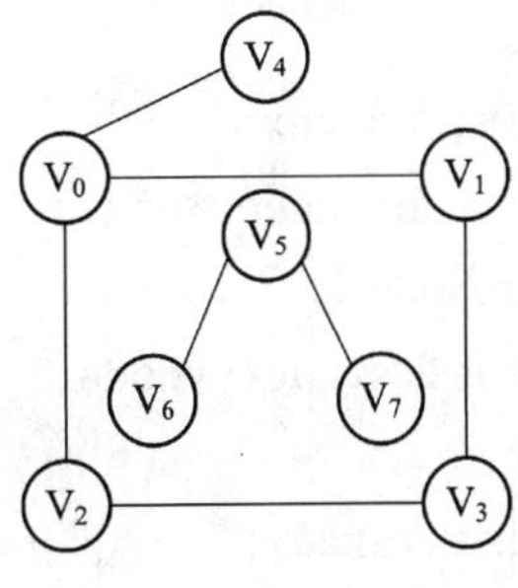

图 6-5　无向图示意

```
Input date of vetex(0~n-1);
Input edge of(i,j): 0,1↙
Input edge of(i,j): 0,2↙
Input edge of(i,j): 0,4↙
Input edge of(i,j): 1,3↙
Input edge of(i,j): 2,3↙
Input edge of(i,j): 5,6↙
Input edge of(i,j): 5,7↙
```

输出：

```
DFSTraverse:
   0  4  2  3  1  5  7  6
Number of connect is 2
Press any key to continue
```

实验 5　深度优先生成树

1. 实验目的

了解生成树的概念，掌握如何通过深度优先搜索求无向图生成树的方法。

2. 实验内容

用邻接表存储一个无向图，然后通过深度优先搜索求无向图的生成树。

3. 参考程序

深度优先生成树求解可在函数 DFS 中添加一条语句得到，因为在 DFS(g,i)中递归调用 DFS(g, p->adjvex)时，i 是刚访问过顶点 v_i 的序号，而 p->adjvex 是 v_i 未被访问过且正准备访问的邻接边结点序号，所以只要在函数 DFS 中的 if 语句里，在递归调用 DFS(g, p->adjvex)语句之前将边"(i, p->adjvex)"输出即可。

```c
#include<stdio.h>
#include<stdlib.h>
#define MAXSIZE 30
typedef struct node            //邻接表结点
{
    int adjvex;                //邻接点域
    struct node *next;         //指向下一个邻接边结点的指针域
}EdgeNode;                     //邻接表结点类型
typedef struct vnode           //顶点表结点
{
    int vertex;                //顶点域
    EdgeNode *firstedge;       //指向邻接表第一个邻接边结点的指针域
```

```
}VertexNode;                        //顶点表结点类型
void CreatAdjlist(VertexNode g[],int e,int n)
{     //建立无向图的邻接表，n 为顶点数，e 为边数，g[]存储 n 个顶点表结点
    EdgeNode *p;
    int i,j,k;
    printf("Input date of vetex(0~n-1);\n");
    for(i=0;i<n;i++)                //建立有 n 个顶点的顶点表
    {
        g[i].vertex=i;              //读入顶点 i 信息
        g[i].firstedge=NULL;        //初始化指向顶点 i 的邻接表表头指针
    }
    for(k=1;k<=e;k++)               //输入 e 条边
    {
        printf("Input edge of(i,j): ");
        scanf("%d,%d",&i,&j);
        p=(EdgeNode *)malloc(sizeof(EdgeNode));
        p->adjvex=j;                //在顶点 $v_i$ 的邻接表中添加邻接点为 j 的结点
        p->next=g[i].firstedge;     //插入是在邻接表表头进行的
        g[i].firstedge=p;
        p=(EdgeNode *)malloc(sizeof(EdgeNode));
        p->adjvex=i;                //在顶点 $v_j$ 的邻接表中添加邻接点为 i 的结点
        p->next=g[j].firstedge;     //插入是在邻接表表头进行的
        g[j].firstedge=p;
    }
}
int visited[MAXSIZE];               // MAXSIZE 为大于或等于无向图顶点个数的常量
void DFSTree(VertexNode g[],int i)
{        //从指定的顶点 i 开始深度优先搜索并输出深度优先生成树
    EdgeNode *p;
    visited[i]=1;                   //置顶点 i 为访问过标志
    p=g[i].firstedge;               //根据顶点 i 的指针 firstedge，查找其
                                    //邻接表的第一个邻接边结点
    while(p!=NULL)                  //当邻接边结点不为空时
    {
        if(!visited[p->adjvex])     //如果邻接的这个边结点未被访问过
        {
            printf("(%d,%d),",i,p->adjvex);     //输出生成树中的一条边
            DFSTree(g,p->adjvex);               //对这个边结点进行深度优先搜索
```

```
        }
        p=p->next;              //查找顶点 i 的下一个邻接边结点
    }
}
void DFSTraverse(VertexNode g[],int n)
{   //深度优先搜索遍历以邻接表存储的图,其中 g 为顶点表,n 为顶点个数
    int i;
    for(i=0;i<n;i++)
        visited[i]=0;           //访问标志置 0
    for(i=0;i<n;i++)//对 n 个顶点的图查找未访问过的顶点并由该顶点开始遍历
        if(!visited[i])         //当 visited[i]等于 0 时即顶点 i 未访问过
            DFSTree(g,i);       //从未访问过的顶点 i 开始遍历
}
void main()
{
    int e,n;
    VertexNode g[MAXSIZE];      //定义顶点表结点类型的数组 g
    printf("Input number of node:\n");     //输入图中结点的个数
    scanf("%d",&n);
    printf("Input number of edge:\n");     //输入图中边的个数
    scanf("%d",&e);
    printf("Make adjlist:\n");
    CreatAdjlist(g,e,n);                   //建立无向图的邻接表
    printf("DFSTraverse:\n");
    DFSTraverse(g,n);                      //生成深度优先生成树
    printf("\n");
}
```

【说明】

对图 6-5 所示的无向图,程序执行如下:

输入:

```
Input number of node:
4✓
Input number of edge:
4✓
Make adjlist:
Input date of vetex(0~n-1):
Input edge of(i,j):0,1✓
Input edge of(i,j):0,3✓
Input edge of(i,j):1,3✓
```

```
Input edge of(i,j): 1,2↙
```
输出：
```
DFSTraverse:
(0,3),(3,1),(1,2),
Press any key to continue
```

4. 思考题

生成的生成树是否与遍历方法有关？是否与图的存储结构有关？

实验6　广度优先生成树

1. 实验目的

进一步了解生成树的概念，掌握如何通过广度优先搜索求无向图生成树的方法。

2. 实验内容

用邻接表存储一个无向图，然后通过广度优先搜索求无向图的生成树。

3. 参考程序

可在函数 BFS 中插入输出边的语句即可求得广度优先生成树。

```c
#include<stdio.h>
#include<stdlib.h>
#define MAXSIZE 30
typedef struct
{
    int data[MAXSIZE];           //队中元素存储空间
    int rear,front;              //队尾和队头指针
}SeQueue;                        //顺序队列类型
void Int_SeQueue(SeQueue **q)
{                                //循环队列初始化(置空队)
    *q=(SeQueue*)malloc(sizeof(SeQueue));
    (*q)->front=0;
    (*q)->rear=0;
}
int Empty_SeQueue(SeQueue *q)
{                                //判队空
    if(q->front==q->rear)
        return 1;                //队空
    else
        return 0;                //队不空
}
void In_SeQueue(SeQueue *q,int x)
```

```
{                                        //入队
   if((q->rear+1)%MAXSIZE==q->front)
      printf("Queue is full!\n"); //队满，入队失败
   else
   {
      q->rear=(q->rear+1)%MAXSIZE;//队尾指针加 1
      q->data[q->rear]=x;          //将元素 x 入队
   }
}
void Out_SeQueue(SeQueue *q,int *x)
{                                        //出队
   if(q->front==q->rear)
      printf("Queue is empty");    //队空，出队失败
   else
   {
      q->front=(q->front+1)%MAXSIZE;   //队头指针加 1
      *x=q->data[q->front];        //队头元素出队并由指针 x 返回队头元素值
   }
}
typedef struct node          //邻接表结点
{  int adjvex;               //邻接点域
   struct node *next;        //指向下一个邻接边结点的指针域
}EdgeNode;                   //邻接表结点类型
typedef struct vnode         //顶点表结点
{
   int vertex;               //顶点域
   EdgeNode *firstedge;      //指向邻接表第一个邻接边结点的指针域
}VertexNode;                 //顶点表结点类型
void CreatAdjlist(VertexNode g[],int e,int n)
{   //建立无向图的邻接表，n 为顶点数，e 为边数，g[]存储n 个顶点表结点
   EdgeNode *p;
   int i,j,k;
   printf("Input date of vetex(0~n-1);\n");
   for(i=0;i<n;i++)          //建立有 n 个顶点的顶点表
   {  g[i].vertex=i;         //读入顶点 i 信息
      g[i].firstedge=NULL;   //初始化指向顶点 i 的邻接表表头指针
   }
   for(k=1;k<=e;k++)         //输入 e 条边
   {  printf("Input edge of(i,j): ");
```

```
        scanf("%d,%d",&i,&j);
        p=(EdgeNode *)malloc(sizeof(EdgeNode));
        p->adjvex=j;              //在顶点 vi 的邻接表中添加邻接点为 j 的结点
        p->next=g[i].firstedge;   //插入是在邻接表表头进行的
        g[i].firstedge=p;
        p=(EdgeNode *)malloc(sizeof(EdgeNode));
        p->adjvex=i;              //在顶点 vj 的邻接表中添加邻接点为 i 的结点
        p->next=g[j].firstedge;   //插入是在邻接表表头进行的
        g[j].firstedge=p;
    }
}
int visited[MAXSIZE];             // MAXSIZE 为大于或等于无向图顶点个数的常量
void BFSTree(VertexNode g[],int i)     //生成广度优先生成树
{ //广度优先搜索遍历邻接表存储的图，g 为顶点表，Q 为队指针，i 为第 i 个顶点
    int j,*x=&j;                  //出队顶点将由指针 x 传给 j
    SeQueue *q;
    EdgeNode *p;
    visited[i]=1;                 //置顶点 i 为访问过标志
    Int_SeQueue(&q);              //队初始化
    In_SeQueue(q,i);              //顶点 i 入队 q
    while(!Empty_SeQueue(q))      //当队 q 非空时
    {   Out_SeQueue(q,x);         //队头顶点出队经由指针 x 送给 j(暂记为顶点 j)
        p=g[j].firstedge;         //根据顶点 j 的表头指针查找其邻接表的第一个
                                  //邻接边结点
        while(p!=NULL)
        {
            if(!visited[p->adjvex])    //如果邻接的这个边结点未曾访问过
            {   printf("(%d,%d),",j,p->adjvex);    //输出生成树中的一条边
                visited[p->adjvex]=1;     //置该邻接边结点为访问过标志
                In_SeQueue(q,p->adjvex);  //将该邻接边结点送入队列 q
            }
            p=p->next;     //在顶点 j 的邻接表中查找 j 的下一个邻接边结点
        }
    }
}
void main()
{   int e,n;
    VertexNode g[MAXSIZE];                //定义顶点表结点类型的数组 g
    printf("Input number of node:\n");   //输入图中结点的个数
```

```
    scanf("%d",&n);
    printf("Input number of edge:\n");//输入图中边的个数
    scanf("%d",&e);
    printf("Make adjlist:\n");
    CreatAdjlist(g,e,n);              //建立无向图的邻接表
    printf("BFSTraverse:\n");
    BFSTree(g,0);                     //由顶点 0 开始生成广度优先生成树
    printf("\n");
}
```

【说明】

对图 6-5 所示的无向图,程序执行如下:

输入:

Input number of node:

4↙

Input number of edge:

4↙

Make adjlist:

Input date of vetex(0~n-1);

Input edge of(i,j): 0,1↙

Input edge of(i,j): 0,3↙

Input edge of(i,j): 1,3↙

Input edge of(i,j): 1,2↙

输出:

BFSTraverse:

(0,3),(0,1),(1,2),

Press any key to continue

4. 思考题

深度优先生成树和广度优先生成树是否可以相同?在什么情况下相同?

实验7 最小生成树的 Prim 算法

1. 概述

为实现 Prim 算法,需要设置两个一维数组 lowcast 和 closevertex;其中,数组 lowcost 用来保存集合 V–U 中各顶点与集合 U 中各顶点所构成的边中具有最小权值的边的权值,并且一旦将 lowcost[i] 置为 0,则表示顶点 i 已加入到集合 U 中,即该顶点不再作为寻找下一个最小权值边的顶点(只能在 V–U 集中寻找),否则将形成回路;也即,数组 lowcost 有两个功能:一是记录边的权值,二是标识 U 集中的顶点。数组 closevertex 也有两个功能:一是用来保存依附于该边在集合 U 中的顶点,即若 closevertex[i] 的值为 j,则表示边(i,j)

中的顶点 j 在集合 U 中；二是保存构造最小生成树过程中产生的每一条边，如 closevertex[i] 的值为 j，则表示边(i, j)是最小生成树的一条边。

我们先设定初始状态 U = {u₀}(u₀ 为出发的顶点)，这时置 lowcost[0] 为 0 则表示顶点 u₀ 已加入到 U 集中，数组 lowcost 其它的数组元素值则为顶点 u₀ 到其余各顶点边的权值(没有边相连则取一个极大值)，同时初始化数组 closevertex[i]所有数组元素为 0(即先假定所有顶点包括 u₀ 都与 u₀ 有一条边)。然后不断选取权值最小的边(uᵢ,uₖ)(uᵢ∈ U, uₖ∈ V − U)，每选取一条边就将 lowlost[k] 置为 0，表示顶点 uₖ 已加入到集合 U 中。由于 uₖ 从集合 V − U 进入到集合 U，故这两个集合中的顶点发生了变化，所以需要依据这些变化修改数组 lowcost 和数组 closevertex 中的相关内容。最终数组 closevertex 中的边即构成一个最小生成树。

2. 实验目的

了解最小生成树的概念，掌握用 Prim 算法构造无向图的最小生成树方法。

3. 实验内容

用邻接表存储一个无向图，然后用 Prim 算法构造无向图的最小生成树。

4. 参考程序

```
#include<stdio.h>
#define MAXNODE 30
#define MAXCOST 32767
void Prim(int gm[][6],int closevertex[],int n)
{ /*从存储序号为 0 的顶点出发建立连通网的最小生成树，gm 是邻接矩阵，n 为顶
     点个数(即有 0～n-1 个顶点)，最终建立的最小生成树存于数组 closevertex 中*/
  int lowcost[MAXNODE];
  int i,j,k,mincost;
  for(i=1;i<n;i++)        //初始化
  { lowcost[i]=gm[0][i];        //边 (u₀, uᵢ)的权值送 lowcost[i]
    closevertex[i]=0;     //假定顶点 uᵢ 到顶点 u₀ 有一条边
  }
  lowcost[0]=0;//从序号为 0 的顶点 u₀ 出发生成最小生成树，此时 u₀ 已经进入 U 集
  closevertex[0]=0;
  for(i=1;i<n;i++)   //在 n 个顶点中生成有 n-1 条边的最小生成树(共 n-1 趟)
  { mincost=MAXCOST;     // MAXCOST 为一个极大的常量值
    j=1;k=0;
    while(j<n)          //寻找未找到过(一顶点在 V-U 集中)的最小权值边
    {
      if(lowcost[j]!=0&& lowcost[j]<mincost)
      { mincost=lowcost[j]; //记下最小权值边的权值
        k=j;                  //记下最小权值边在 V-U 集中的顶点序号 j
      }
      j++;                  //继续寻找
```

```
        }
        printf("Edge:(%d,%d),Wight:%d\n",k,closevertex[k],mincost);
                                //输出最小生成树的边与权值
        lowcost[k]=0;           //顶点 k 进入 U 集
        for(j=1;j<n;j++)
          if(lowcost[j]!=0&&gm[k][j]< lowcost[j])
          { /*若顶点 k 进入 U 集后使顶点 k 和另一顶点 j(在 V-U 集中)构成的边权值
              变小则改变 lowcost[j]为这个小值,并将此最小权值的边(j,k)记入
              closevertex 数组*/
              lowcost[j]=gm[k][j];
              closevertex[j]=k;
          }
      }
  }
  void main()
  { int closevertex[MAXNODE];              //存放最小生成树所有边的数组
    int g[6][6]={{100,6,1,5,100,100},{6,100,5,100,3,100},{1,5,100,5,6,4}
        ,{5,100,5,100,100,2},{100,3,6,100,100,6},{100,100,4,2,6,100}};
    Prim(g,closevertex,6);                 //生成最小生成树
  }
```

【说明】

主函数 main 中已存放了图 6-6 所示连通网的数据,程序行如下:

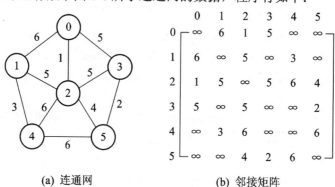

	(a) 连通网		(b) 邻接矩阵

图 6-6　连通网及其对应的邻接矩阵

输出:

```
Edge:(2,0),Wight:1
Edge:(5,2),Wight:4
Edge:(3,5),Wight:2
Edge:(1,2),Wight:5
Edge:(4,1),Wight:3
Press any key to continue
```

执行 Prim 算法产生最小生成树的分析过程见表 6.1，下划线"_"标记的权值为每一趟所找到的最小权值。图 6-7 中最小生成树每一步生长示意(a)~(f)分别对应表 6.1 中的(1)~(6)趟：(1)为初始状态，(2)~(6)为生成 n-1 条边的 n-1 趟生长过程。

表 6.1 Prim 算法执行过程分析

趟 数	顶点 v	0	1	2	3	4	5	U	V – U	T
(1)	lowcost	0	6	<u>1</u>	5	∞	∞	{0}	{1,2,3,4,5}	{}
	closevertex	0	0	0	0	0	0			
(2)	lowcost	0	5	0	5	6	<u>4</u>	{0,2}	{1,3,4,5}	{(2,0)}
	closevertex	0	2	0	0	2	2			
(3)	lowcost	0	5	0	<u>2</u>	6	0	{0,2,5}	{1,3,4}	{(2,0), (5,2)}
	closevertex	0	2	0	5	2	2			
(4)	lowcost	0	<u>5</u>	0	0	6	0	{0,2,3,5}	{1,4}	{(2,0), (5,2),(3,5)}
	closevertex	0	2	0	5	2	2			
(5)	lowcost	0	0	0	0	<u>3</u>	0	{0,1,2,3,5}	{4}	{(2,0), (5,2),(3,5),(1,2)}
	closevertex	0	2	0	5	1	2			
(6)	lowcost	0	0	0	0	0	0	{0,1,2,3,4,5}	{}	{(2,0), (5,2),(3,5),(1,2),(4,1)}
	closevertex	0	2	0	5	1	2			

最小生成树的每一步生长情况如图 6-7 所示。其中带阴影的顶点属于 U 集，不带阴影的顶点属于 V–U 集；虚线边为待查的满足一顶点属于 U 集而另一顶点属于 V–U 集的边，而实线边则为已找到的最小生成树中的边。

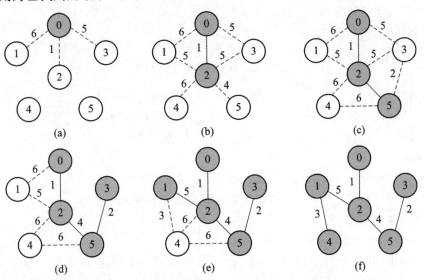

图 6-7 Prim 算法构造最小生成树的生长过程示意

5. 思考题

如果采用邻接矩阵存储无向图，则如何用 Prim 算法构造该图的最小生成树？

实验 8　最小生成树的 Kruskal 算法

1. 概述

实现 Kruskal 算法的关键是如何判断所选取的边是否与生成树中已保留的边形成回路，这可通过判断边的两个顶点所在的连通分量的方法来解决。为此设置一个辅助数组 vest(数组元素下标为 0~n−1)，它用于判断两顶点之间是否连通，数组元素 vest[i](其初值为 i)代表序号为 i 的顶点所在连通分量的编号；当选中不连通的两个顶点相连的这条边时，它们必分属于两个顶点集合(即两个连通分量)，此时按其中的一个集合编号重新统一编号(即合并成一个连通分量)。因此，当两个顶点的集合(连通分量)编号不同时，则加入这两个顶点所构成的边到最小生成树中就一定不会形成回路，因为这两个顶点分属于不同的连通分量。

在实现 Kruskal 算法时，需要用一个数组 E 来存放图 G 中的所有边，并要求它们是按权值由小到大的顺序排列的；为此先从图 G 的邻接矩阵中获取所有边集 E(注意，在连接矩阵中顶点 i 和顶点 j 存在着(i, j)和(j, i)两条边，故只取 i < j 时的一条边)，然后再用冒泡排序法对边集 E 按权值递增排序。

2. 实验目的

了解最小生成树的概念，掌握用 Kruskal 算法构造无向图的最小生成树方法。

3. 实验内容

用邻接表存储一个无向图，然后用 Kruskal 算法构造无向图的最小生成树。

4. 参考程序

```c
#include<stdio.h>
#define MAXSIZE 30
#define MAXCOST 32767
typedef struct
{
    int u;                          //边的起始顶点
    int v;                          //边的终止顶点
    int w;                          //边的权值
}Edge;
void Bubblesort(Edge R[],int e)     //冒泡排序
{                                   //对数组 R 中的 e 条边按权值递增排序
    Edge temp;
    int i,j,swap;
    for(i=0;i<e-1;j++)              //进行 e-1 趟排序
    {
        swap=0;                     //置未交换标志
        for(j=0;j<e-i-1;j++)
            if(R[j].w>R[j+1].w)
```

```
            {
                temp=R[j];R[j]=R[j+1]; R[j+1]=temp;    //交换 R[j]和 R[j+1]
                swap=1;                 //置有交换标志
            }
            if(swap==0) break;    //本趟比较中未出现交换则结束排序(已排好)
    }
}
void Kruskal(int gm[][6],int n)
{           //在顶点为 n 的连通网中构造最小生成树，gm 为连通网的邻接矩阵
    int i,j,u1,v1,sn1,sn2,k;
    int vest[MAXSIZE];      //数组 vest 用于判断两顶点之间是否连通
    Edge E[MAXSIZE];        // MAXSIZE 为可存放边数的最大常量值
    k=0;
    for(i=0;i<n;i++) //用数组 E 存储连通网中每条边的两个顶点及边上权值信息
        for(j=0;j<n;j++)
            if(i<j&&gm[i][j]!=MAXCOST)      // MAXCOST 为一个极大常量值
            {
                E[k].u=i;
                E[k].v=j;
                E[k].w=gm[i][j];
                k++;
            }
    BubbleSort(E,k);        //采用冒泡排序对数组 E 中的 k 条边按权值递增排序
    for(i=0;i<n;i++)        //初始化辅助数组
        vest[i]=i; //给每个顶点置不同连通分量编号，即初始时有 n 个连通分量
    k=1;                    // k 表示当前构造生成树的第 n 条边，初值为 1
    j=0;                    // j 为数组 E 中元素的下标，初值为 0
    while(k<n)              //产生最小生成树的 n-1 条边
    {
        u1=E[j].u;v1=E[j].v;  //取一条边的头尾顶点
        sn1=vest[u1];
        sn2=vest[v1];       //分别得到这两个顶点所属的集合(连通分量)编号
        if(sn1!=sn2)        //两顶点分属于不同集合(连通分量)则该边为最小生成
                            //树的一条边
        {
            printf("Edge:(%d,%d),Wight:%d\n",u1,v1,E[j].w);
            k++;                    //生成的边数增 1
            for(i=0;i<n;i++)        //两个集合统一编号
                if(vest[i]==sn2)    //集合编号为 sn2 的第 i 号边其编号改为 sn1
```

```
            vest[i]=sn1;
        }
        j++;                        //扫描下一条边
    }
}
void main()
{ int g[6][6]={{100, 6, 1, 5, 100, 100}, {6, 100, 5, 100, 3, 100}, {1, 5, 100, 5, 6, 4}
        , {5, 100, 5, 100, 100, 2}, {100, 3, 6, 100, 100, 6}, {100, 100, 4, 2, 6, 100}};
    Kruskal(g, 6);                  //生成最小生成树
}
```

【说明】

主函数 main 中已存放了图 6-6 所示连通网的数据，程序执行如下：

输出：

```
Edge:(0,2),Wight:1
Edge:(3,5),Wight:2
Edge:(1,4),Wight:3
Edge:(2,5),Wight:4
Edge:(1,2),Wight:5
Press any key to continue
```

执行 Kruskal 算法中的冒泡排序函数 BubbleSort 后，存放连通网中所有边的数组 E 如图 6-8 所示。因数组 E 中前 4 条边的权值最小且又满足不在同一连通分量上的条件，故它们就是最小生成树的边(见图 6-9(a)、(b)、(c)、(d))。接着考虑当前权值最小边(0, 3)(见图 6-8)，因该边所连接的两顶点在同一连通分量上(由图 6-9(d)也可看出)，故舍去此边，然后再选择下一权值最小的边(1, 2)(见图 6-8)，因其满足顶点 1、2 分别在不同的连通分量上，则(1,2)也是最小生成树上的边(见图 6-9(e))。这时 k 值已等于 n(即已找到 n－1 条边)，故终止 while 循环的执行。因此，最终生成的最小生成树如图 6-9(e)所示。

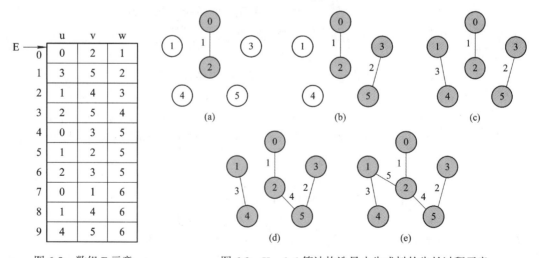

图 6-8　数组 E 示意　　　　　　　　图 6-9　Kruskal 算法构造最小生成树的生长过程示意

5. 思考题

Prim 算法和 Kruskal 算法各自的特点是什么？它们的效率与边的多少是否有关？

实验 9　单源点最短路径的 Dijkstra 算法

1. 概述

Dijkstra 算法的实现中，以二维数组 gm 作为 n 个顶点带权有向图 $G = (V, E)$ 的存储结构，并设置一个一维数组 s(下标是 $0 \sim n-1$)用来标记集合 S 中已找到最短路径的顶点，而且规定：如果 s[i] 为 0，则表示未找到源点 v_0 到顶点 v_i 的最短路径，也即此时 v_i 在集合 T 中；如果 s[i] 为 1，则表示已找到源点 v_0 到顶点 v_i 的最短路径(此时 v_i 在集合 S 中)。除了数组 s 外，还设置了一个数组 dist(下标是 $0 \sim n-1$)，用来保存从源点 v_0 到终点 v_i 的当前最短路径长度。dist 的初值为 $<v_0,v_i>$ 边上的权值；若 v_0 到 v_i 没有边，则权值为 ∞。此后每当有一个新的顶点进入集合 S 中时，dist[i] 值可能被修改变小。一维数组 path(下标是 $0 \sim n-1$)用于保存最短路径长度中路径上边所经过的顶点序列；其中，path[i]保存从源点 v_0 到终点 v_i 当前最短路径中前一个顶点的编号，它的初值是：如果 v_0 到 v_i 有边则置 path[i] 为 v_0 的编号；如果 v_0 到 v_i 没有边则置 path[i] 为 -1。

2. 实验目的

了解最短路径的概念，掌握用 Dijkstra 算法求带权有向图(网)中某源点最短路径的方法。

3. 实验内容

建立一个由邻接矩阵存储的带权有向图，然后用 Dijkstra 算法求某源点的最短路径。

4. 参考程序

```c
#include<stdio.h>
#define MAXSIZE 6          //带权有向图中顶点的个数
#define INF 32767
void Ppath(int path[],int i,int v0)
{                          //先序递归查找最短路径(源点为v0)上的顶点
    int k;
    k=path[i];
    if(k!=v0)              //顶点vk不是源点v0时
    {
        Ppath(path,k,v0);  //递归查找顶点vk的前一个顶点
        printf("%d,",k);   //输出顶点vk
    }
}
void Dispath(int dist[],int path[],int s[],int v0,int n)
{                          //输出最短路径
    int i;
    for(i=0;i<n;i++)
```

```
        if(s[i]==1)                    //顶点 vᵢ 在集合 S 中
        {
            printf("从%d 到%d 的最短路径长度为:%d, 路径为：", v0, i, dist[i]);
            printf("%d,", v0);         //输出路径上的源点 v₀
            Ppath (path, i, v0);       //输出路径上的中间顶点 vᵢ
            printf("%d\n", i);         //输出路径上的终点
        }
        else
            printf("从%d 到%d 不存在路径\n", v0, i);
}
void Dijkstra(int gm[][MAXSIZE], int v0, int n)
{                                      // Dijkstra 算法
    int dist[MAXSIZE], path[MAXSIZE], s[MAXSIZE];
    int i, j, k, mindis;
    for(i=0; i<n; i++)
    {
        dist[i]=gm[v0][i];             // v₀ 到 vᵢ 的最短路径初值赋给 dist[i]
        s[i]=0;                        // s[i]=0 表示顶点 vᵢ 属于 T 集
        if(gm[v0][i]<INF)              //路径初始化，MAXCOST 为可取的最大常数
            path[i]=v0;                //源点 v₀ 是 vᵢ 当前最短路径中的前一个顶点
        else
            path[i]=-1;                // v₀ 到 vᵢ 没有边
    }
    s[v0]=1; path[v0]=0;               // v₀ 并入集合 S 且 v₀ 的当前最短路径中无前一个顶点
    for(i=0; i<n; i++)                 //对除 v₀ 外的 n-1 个顶点寻找最短路径, 即循环 n-1 次
    {
        mindis=INF;
        for(j=0; j<n; j++)    //从当前集合 T 中选择一个路径长度最短的顶点 vₖ
            if(s[j]==0&&dist[j]<mindis)
            {
                k=j;
                mindis=dist[j];
            }
        s[k]=1;               //顶点 vₖ 加入集合 S 中
        for(j=0; j<n; j++)    //调整源点 v₀ 到集合 T 中任一顶点 vⱼ 的路径长度
            if(s[j]==0)       //顶点 vⱼ 在集合 T 中
                if(gm[k][j]<INF&&dist[k]+gm[k][j]<dist[j])
                {             //当 v₀ 到 vⱼ 的路径长度小于 v₀ 到 vₖ 和 vₖ 到 vⱼ 的路径长度时
```

```
                 dist[j]=dist[k]+gm[k][j];
                 path[j]=k;    //vk是当前最短路径中 vj 的前一个顶点
              }
          }
          Dispath(dist,path,s,v0,n);    //输出最短路径
      }
  void main()
  {
      int g[MAXSIZE][ MAXSIZE]={{INF,20,15,INF,INF,INF},{2,INF,INF,INF,10,30},
                  {INF,4,INF,INF,INF,10},{INF,INF,INF,INF,INF,INF},
                  {INF,INF,INF,15,INF,INF},
                  {INF,INF,INF,4,10,INF}};//定义邻接矩阵 g 并给邻接矩阵 g 赋值
      Dijkstra(g,0,6);                   //求顶点 0 的最短路径
  }
```

【说明】

主函数 main 中已存放了图 6-10 所示的带权有向图，程序执行如下：

输出：

  从 0 到 0 的最短路径长度为:32767，路径为：0,0

  从 0 到 1 的最短路径长度为:19，路径为：0,2,1

  从 0 到 2 的最短路径长度为:15，路径为：0,2

  从 0 到 3 的最短路径长度为:29，路径为：0,2,5,3

  从 0 到 4 的最短路径长度为:29，路径为：0,2,1,4

  从 0 到 5 的最短路径长度为:25，路径为：0,2,5

```
Press any key to continue
```

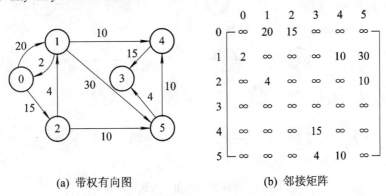

    (a) 带权有向图   (b) 邻接矩阵

图 6-10 带权有向图及邻接矩阵示意

  为了简单起见，我们只给出每个顶点路径长度中顶点序列的变化以及 dist[i] 的变化，并以下划线 "_" 表示通过本次 for 循环找到的最短路径。此外，i 值由 1~n-1 表示了对除源点 0 外的其余 n-1 个顶点求最短路径的过程。用 Dijsktra 算法产生最短路径的分析过程见表 6.2。

表 6.2　产生最短路径的分析过程

终点与 dist 数组	从源点 0 到各终点的最短路径及 diat 值变化情况					最短路径	图 6-10
	i = 1	i = 2	i = 3	i = 4	i = 5		
顶点 1 diat[1]	(0,1) 20	<u>(0,2,1)</u> 19				19	(b)
顶点 2 diat[2]	<u>(0,2)</u> 15					15	(a)
顶点 3 diat[3]	∞	∞	∞	<u>(0,2,5,3)</u> 29		29	(d)
顶点 4 diat[4]	∞	∞	(0,2,1,4) 29	(0,2,1,4) 29	<u>(0,2,1,4)</u> 29	29	(e)
顶点 5 diat[5]	∞	(0,2,5) 25	<u>(0,2,5)</u> 25			25	(c)
S	{0,2}	{0,2,1}	{0,2,1,5}	{0,2,1,5,3}	V		
找到的顶点 k	2	1	5	3	4		

求最短路径的每一步进展如图 6-11 所示。其中，虚线箭头为满足当前路径长度并小于 mindis 值的未被选中的顶点，实线箭头为当前已找到的最短路径；带阴影的顶点为已经确定了最短路径边上的顶点(在集合 S 中)，不带阴影的顶点为尚未确定其最短路径的顶点(在集合 T 中)。

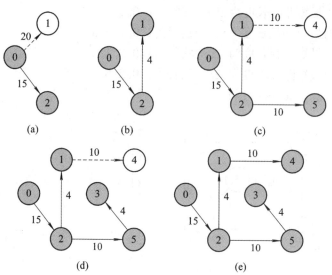

图 6-11　最短路径的每一步进展示意

实验 10　每一对顶点间最短路径的 Floyd 算法

1. 概述

假设带权有向图 G = (V, E)采用邻接矩阵 gm 存储，另外设置一个二维数组 A 用于存放当前顶点之间的最短路径长度,数组元素 A[i][j] 表示当前顶点 v_i 到顶点 v_j 的最短路径长度。Floyd 算法的基本思想是递推产生一个矩阵序列:A_0, A_1, $\cdots$, A_k, $\cdots$, A_n,其中 $A_k[i][j]$ 表示从顶点 v_i 到顶点 v_j 的路径上所经过的顶点编号不大于 k 的最短路径长度。

初始时置 $A_{-1}[i][j] = gm[i][j]$。当求从顶点 v_i 到顶点 v_j 的路径上所经过的顶点编号不大于 k+1 的最短路径长度时,要分两种情况考虑:一种情况是该路径不经过顶点编号为 k+1 的顶点,此时该路径长度与从顶点 v_i 到顶点 v_j 的路径上所经过的顶点编号不大于 k 的最短路径长度相同;另一种情况是从顶点 v_i 到顶点 v_j 的最短路径上经过编号为 k+1 的顶点,那么该路径可分为两段,一段是从顶点 v_i 到顶点 v_{k+1} 的最短路径,另一段是从顶点 v_{k+1} 到顶点 v_j 的最短路径,此时最短路径长度等于这两段路径长度之和。这两种情况中的较小值就是所求的从顶点 v_i 到顶点 v_j 的路径上所经过的顶点编号不大于 k+1 的最短路径。

与 Dijkstra 算法类似,我们用二维数组 path 来保存最短路径,它与当前迭代的次数有关。在求 $A_k[i][j]$ 时用 path[i][j] 来存放从顶点 v_i 到顶点 v_j 的中间顶点编号不大于 k 的最短路径上前一个顶点的编号。在算法结束时,由二维数组 path 的值向前查找就可得到从顶点 v_i 到顶点 v_j 的最短路径;若 path[i][j] 值为 −1 则表示没有中间顶点。

2. 实验目的

进一步了解最短路径的概念,掌握用 Floyd 算法求带权有向图(网)中每一对顶点间最短路径的方法。

3. 实验内容

建立一个由邻接矩阵存储的带权有向图,然后用 Floyd 算法求带权有向图(网)中每一对顶点间的最短路径。

4. 参考程序

```c
#include<stdio.h>
#define MAXSIZE 6              //带权有向图中顶点的个数
#define INF 32767
void Ppath(int path[][MAXSIZE],int i,int j)
{                             //前向递归查找路径上的顶点,MAXSIZE 为常数
    int k;
    k=path[i][j];
    if(k!=-1)                 //顶点 vk 不是起点
    {
        Ppath(path,i,k);       //找顶点 vi 的前一个顶点 vk
        printf("%d,",k);      //输出顶点 vk 序号 k
        Ppath(path,k,j);       //找顶点 vk 的前一个顶点 vj
    }
}
void Dispath(int A[][MAXSIZE],int path[][MAXSIZE],int n)
{                             //输出最短路径的函数
    int i,j;
```

```
    for(i=0;i<n;i++)
      for(j=0;j<n;j++)
        if(A[i][j]==INF)        // INF 为一极大常数
        {   if(i!=j)
              printf("从%d 到%d 没有路径!\n",i,j);}
          else                  //从 vi 到 vj 有最短路径
        {   printf("从%d 到%d 的路径长度:%d,路径:",i,j,A[i][j]);
            printf("%d,",i);      //输出路径上的起点序号 i
            Ppath(path,i,j);      //输出路径上的各中间点序号
            printf("%d\n",j);     //输出路径上的终点序号 j
        }
}
void Floyd(int gm[][MAXSIZE],int n)
{                               // Floyd 算法
    int A[MAXSIZE][MAXSIZE],path[MAXSIZE][MAXSIZE];
    int i,j,k;
    for(i=0;i<n;i++)            //初始化
      for(j=0;j<n;j++)
      {   A[i][j]=gm[i][j];     //A₋₁[i][j]置初值
          path[i][j]=-1;         // -1 表示初始时最短路径不经过中间顶点
      }
    for(k=0;k<n;k++)//按顶点编号 k 递增的次序查找当前顶点之间的最短路径长度
      for(i=0;i<n;i++)
        for(j=0;j<n;j++)
          if(A[i][j]>A[i][k]+A[k][j])
          {   A[i][j]=A[i][k]+A[k][j];   //从 vi 到 vj 经过 vk 时路径长度更短
              path[i][j]=k;              //记录中间顶点 vk 的编号
          }
    Dispath(gm,path,n);                 //输出最短路径
}
void main()
{ int g[MAXSIZE][MAXSIZE]={{INF,20,15,INF,INF,INF},{2,INF,INF,INF,10,30},
{INF,4,INF,INF,INF,10},{INF,INF,INF,INF,INF,INF},{INF,INF,INF,15,INF,INF
},
{INF,INF,INF,4,10,INF}};             //定义邻接矩阵 g 并给邻接矩阵 g 赋值
  Floyd(g,MAXSIZE);                     //求每一对顶点之间的最短路径
}
```

【说明】

主函数 main 中已存放了图 6-10 所示的带权有向图，程序执行如下：

输出：

　　从 0 到 1 的路径长度：20, 路径：0, 2, 1

　　从 0 到 2 的路径长度：15, 路径：0, 2

　　从 0 到 3 没有路径！

　　从 0 到 4 没有路径！

　　从 0 到 5 没有路径！

　　从 1 到 0 的路径长度：2, 路径：1, 0

　　从 1 到 2 没有路径！

　　从 1 到 3 没有路径！

　　从 1 到 4 的路径长度：10, 路径：1, 4

　　从 1 到 5 的路径长度：30, 路径：1, 0, 2, 5

　　从 2 到 0 没有路径！

　　从 2 到 1 的路径长度：4, 路径：2, 1

　　从 2 到 3 没有路径！

　　从 2 到 4 没有路径！

　　从 2 到 5 的路径长度：10, 路径：2, 5

　　从 3 到 0 没有路径！

　　从 3 到 1 没有路径！

　　从 3 到 2 没有路径！

　　从 3 到 4 没有路径！

　　从 3 到 5 没有路径！

　　从 4 到 0 没有路径！

　　从 4 到 1 没有路径！

　　从 4 到 2 没有路径！

　　从 4 到 3 的路径长度：15, 路径：4, 3

　　从 4 到 5 没有路径！

　　从 5 到 0 没有路径！

　　从 5 到 1 没有路径！

　　从 5 到 2 没有路径！

　　从 5 到 3 的路径长度：4, 路径：5, 3

　　从 5 到 4 的路径长度：10, 路径：5, 4

　　Press any key to continue

实验 11　拓 扑 排 序

1. 概述

程序中可设置一个栈，凡网中入度为 0 的顶点都将其入栈。拓扑排序的算法实现步骤为：

(1) 将入度 indegreee 值为 0(没有前驱)的顶点压栈;

(2) 从栈中弹出栈顶元素(顶点)输出并删去该顶点所有的出边,即把它的各个邻接边结点的入度 indegreee 值减 1;

(3) 将新的入度 indegreee 值为 0 的顶点再压栈;

(4) 重复(2)~(3)直到栈空为止。此时或者已经输出了 AOV 网的全部顶点;或者剩下的顶点中没有入度为 0 的顶点,即 AOV 网存在回路。

由上面的步骤可知:栈的作用只是保存当前入度为 0 的顶点,并使之处理有序;这种有序可以是先进后出(也可以是先进先出,因此也可以用队列实现)。在下面的算法实现中,并不真正设置一个栈空间来存放入度为 0 的顶点,而是设置一个栈顶位置指针 top 将当前所有未处理过的入度为 0 的顶点链接起来,形成一个链栈。

2. 实验目的

了解拓扑排序与 AOV 网的有关概念,掌握一种拓扑排序的方法。

3. 实验内容

建立一个由邻接矩阵存储的 AOV 网,然后对其进行拓扑排序。

4. 参考程序

```c
#include<stdio.h>
#include<stdlib.h>
#define MAXSIZE 30
typedef struct node              //邻接表结点
{
    int adjvex;                  //邻接点域
    struct node *next;           //指向下一个邻接边结点的指针域
}EdgeNode;                       //邻接表结点类型
typedef struct vnode             //顶点表结点
{
    int indegree;                //顶点入度
    int vertex;                  //顶点域
    EdgeNode *firstedge;         //指向邻接表第一个邻接边结点的指针域
}VertexNode;                     //顶点表结点类型
void CreatAdjlist(VertexNode g[],int e,int n)
{   //建立有向图的邻接表,n 为顶点数,e 为边数,g[]存储 n 个顶点表结点
    EdgeNode *p;
    int i,j,k;
    printf("Input date of vetex(0~n-1);\n");
    for(i=0;i<n;i++)             //建立有 n 个顶点的顶点表
    {
        g[i].vertex=i;           //读入顶点 i 信息
        g[i].firstedge=NULL;     //初始化指向顶点 i 的邻接表表头指针
```

```
        g[i].indegree=0;
    }
    for(k=1;k<=e;k++)              //输入 e 条边
    {
        printf("Input edge of(i,j): ");
        scanf("%d,%d",&i,&j);
        p=(EdgeNode *)malloc(sizeof(EdgeNode));
        p->adjvex=j;                    //在顶点 vi 的邻接表中添加邻接点为 j 的结点
        p->next=g[i].firstedge; //插入是在邻接表表头进行的
        g[i].firstedge=p;
        g[j].indegree=g[j].indegree+1;
    }
}
void Top_Sort(VertexNode g[],int n)    //拓扑排序
{        //用带有入度域的邻接表存储 AOV 网并输出一种拓扑排序,n 为顶点个数
    int i,j,k,top,m=0;
    EdgeNode *p;
    top=-1;                        //栈顶指针初始化, -1 为链尾标志
    for(i=0;i<n;i++)               //依次将入度为 0 的顶点链接成一个链栈
        if(g[i].indegree==0)
        {
            g[i].indegree=top;
            top=i;
        }
    while(top!=-1)                 //链栈不为空时
    {
        j=top;                     //取出栈顶入度为 0 的一个顶点(暂记为 j)
        top=g[top].indegree;       //栈顶指针指向弹栈后的下一个入度为 0 的顶点
        printf("%d,",g[j].vertex);    //输出刚弹栈出来的顶点 j 信息
        m++;                       // m 记录已输出拓扑序列的顶点个数
        p=g[j].firstedge;          //根据顶点 j 的 firstedge 指针查其邻接表的
                                   //第一个邻接边结点
        while(p!=NULL)             //删去顶点 j 的所有出边
        {
            k=p->adjvex;
            g[k].indegree--;       //将顶点 j 的邻接边结点 k 入度减 1
            if(g[k].indegree==0) //顶点 k 入度减 1 后若其值为 0 则将该顶点 k
                                   //压入链栈
```

```
            {
                g[k].indegree=top;
                top=k;
            }
            p=p->next;              //查找顶点 j 的下一个邻接边结点
        }
    }
    if(m<n)                        //输出顶点个数未达到 n 时则 AOV 网有回路
        printf("The AOV network has a cycle!\n");
}
void main()
{
    int e,n;
    VertexNode g[MAXSIZE];          //定义顶点表结点类型的数组 g
    printf("Input number of node:\n"); //输入图中结点的个数
    scanf("%d",&n);
    printf("Input number of edge:\n"); //输入图中边的个数
    scanf("%d",&e);
    printf("Make adjlist:\n");
    CreatAdjlist(g,e,n);            //建立无向图的邻接表
    printf("Top Sort:\n");
    Top_Sort(g,n);                 //拓扑排序
    printf("\n");
}
```

【说明】

对图 6-12 所示的 AOV 网，程序执行如下：

输入：

```
Input number of node:
9✓
Input number of edge:
11✓
Make adjlist:
Input date of vetex(0~n-1);
Input edge of(i,j): 0,7✓
Input edge of(i,j): 0,2✓
Input edge of(i,j): 1,2✓
Input edge of(i,j): 1,4✓
Input edge of(i,j): 2,3✓
```

图 6-12 AOV 网示意

Input edge of(i, j): 4, 3↙

Input edge of(i, j): 4, 5↙

Input edge of(i, j): 7, 8↙

Input edge of(i, j): 8, 6↙

Input edge of(i, j): 3, 6↙

Input edge of(i, j): 3, 5↙

输出：

Top Sort:

1, 4, 0, 7, 8, 2, 3, 6, 5,

Press any key to continue

5. 思考题

还可以采用哪些方法实现拓扑排序？

实验 12 关 键 路 径

1. 概述

根据关键路径的确定方法得到求关键路径算法的步骤如下：

(1) 输入 e 条弧 <j, k>，建立 AOE 网的存储结构。

(2) 从源点 v_0 出发并令 ve[0] = 0，按拓扑有序求其余各顶点的最早发生时间 ve[i]($0 \leqslant$ i<n)。如果得到的拓扑有序序列中顶点个数小于网中顶点个数 n，则说明网中存在回路而无法求出关键路径，即算法终止；否则执行(3)。

(3) 从终点 v_{n-1} 出发，令 vl[n-1] = ve[n-1]，按逆拓扑有序求其余各顶点的最迟发生时间 v[i]($n-2 \geqslant i > 0$)。

(4) 根据各顶点的 ve 和 vl 值，求每条弧 s 的最早开始时间 e[s] 和最晚开始时间 l[s]。若某条弧 s 满足 e[s] = l[s] 则为关键活动。

为了实现关键路径算法，对 AOE 网采用邻接表存储结构，邻接表中的顶点结构不变而邻接边结点结构为：

```
typedef struct node
{
    int adjvex;              //邻接点域
    int info;                //邻接边权值域
    struct node *next;       //指向下一个邻接边结点的指针域
}EdgeNode;
```

2. 实验目的

了解关键路径与 AOE 网的有关概念，掌握求关键路径的方法。

3. 实验内容

建立一个由邻接表存储的 AOE 网，然后求该 AOE 网的关键路径。

4. 参考程序

```c
#include<stdio.h>
#include<stdlib.h>
#define MAXSIZE 30
typedef struct node              //邻接表结点
{
    int adjvex;                  //邻接点域
    int info;
    struct node *next;           //指向下一个邻接边结点的指针域
}EdgeNode;                       //邻接表结点类型
typedef struct vnode             //顶点表结点
{
    int indegree;                //顶点入度
    int vertex;                  //顶点域
    EdgeNode *firstedge;         //指向邻接表第一个邻接边结点的指针域
}VertexNode;                     //顶点表结点类型
typedef struct
{
    char data[MAXSIZE];          //一维数组 data 作为顺序栈使用
    int top;                     // top 为栈顶指针
}SeqStack;                       //顺序栈类型
void Init_SeqStack(SeqStack **s)
{                                //栈初始化
    *s=(SeqStack*)malloc(sizeof(SeqStack));   //在主调函数中申请栈空间
    (*s)->top=-1;                //置栈空标志
}

int Empty_SeqStack(SeqStack *s)
{                                //判栈空
    if(s->top==-1)               //栈为空时
        return 1;
    else
        return 0;
}
void Push_SeqStack(SeqStack *s,int x)
{                                //入栈
    if(s->top==MAXSIZE-1)
        printf("Stack is full!\n");      //栈已满
    else
```

```
    {
        s->top++;                          //栈指针 top 加 1
        s->data[s->top]=x;                 //元素 x 压入栈*s 中
    }
}
void Pop_SeqStack(SeqStack *s,int *x)     //出栈
{                     //将栈*s 中的栈顶元素出栈并通过参数 x 返回给主调函数
    if(s->top==-1)
        printf("Stack is empty!\n");       //栈为空
    else
    {
        *x=s->data[s->top];                //栈顶元素出栈
        s->top--;
    }
}
void print(VertexNode g[],int ve[],int vl[],int n)
{        //输出 AOE 网顶点事件的最早发生时间 ve、最迟发生时间 vl 及关键活动
    int i,j,e,l,dut;
    char tag;
    EdgeNode *p;
    printf("(vi,vj) dut  最早开始时间 最晚开始时间 关键活动\n");
    for(i=0;i<n;i++)
        for(p=g[i].firstedge;p!=NULL;p=p->next)
        {
            j=p->adjvex;
            dut=p->info;
            e=ve[i];
            l=vl[j]-dut;
            tag=(e==l)?'*':' ';
            printf("(%d,%d)%4d%11d%11d%8c\n",g[i].vertex,g[j].vertex,dut,
                e,l,tag);
        }
        for(i=0;i<n;i++)
            printf("顶点%d 的最早发生时间和最迟发生时间: %5d%5d\n", i,ve[i],
                vl[i]);
}
void CreatAdjlist(VertexNode g[],int e,int n)
{        //建立有向图的邻接表，n 为顶点数，e 为边数，g[]存储 n 个顶点表结点
```

```c
    EdgeNode *p;
    int i,j,k,w;
    printf("Input date of vetex(0~n-1);\n");
    for(i=0;i<n;i++)                    //建立有 n 个顶点的顶点表
    {
        g[i].vertex=i;                  //读入顶点 i 信息
        g[i].firstedge=NULL;            //初始化指向顶点 i 的邻接表表头指针
        g[i].indegree=0;
    }
    for(k=1;k<=e;k++)                   //输入 e 条边
    {
        printf("Input edge of(i,j): ");
        scanf("%d,%d",&i,&j);
        printf("Input weight of (%d,%d): ",i,j);
        scanf("%d",&w);
        p=(EdgeNode *)malloc(sizeof(EdgeNode));
        p->adjvex=j;                    //在顶点 vi 的邻接表中添加邻接点为 j 的结点
        p->info=w;
        p->next=g[i].firstedge;         //插入是在邻接表表头进行的
        g[i].firstedge=p;
        g[j].indegree=g[j].indegree+1;
    }
}
void Toplogicalorder(VertexNode g[], int n)
{   //AOE 网用邻接表存储，求各顶点事件的最早发生时间 ve(为全局变量数组)
    int i,j,k,dut,count,*x=&j;
    int ve[MAXSIZE],vl[MAXSIZE];
    EdgeNode *p;
    SeqStack *s,*t;
    Init_SeqStack(&s);                  //创建零入度顶点栈 s
    Init_SeqStack(&t);                  //创建拓扑序列顶点栈 t
    count=0;                            //顶点个数计数器，初值为 0
    for(i=0;i<n;i++)                    //初始化数组 ve
        ve[i]=0;
    for(i=0;i<n;i++)                    //初始时入度为零的顶点入栈
        if(g[i].indegree==0)
            Push_SeqStack(s,i);
    while(!Empty_SeqStack(s))           //零入度顶点栈 s 不为空时
```

```
{
    Pop_SeqStack(s,x);              //弹出零入度顶点(暂记为 j)
    Push_SeqStack(t,j);             //将顶点 j 压入拓扑序列顶点栈 t
    count++;                        //对进入栈 t 的顶点计数
    p=g[j].firstedge;
      //根据顶点 j 的 firstedge 指针查其邻接表中的第一个邻接边结点
    while(p!=NULL)                  //删除顶点 j 的所有出边
    {
        k=p->adjvex;
        g[k].indegree--;            //顶点 j 的邻接边结点 k 的入度减 1
        if(g[k].indegree==0)
            Push_SeqStack(s,k);     //顶点 k 入度减 1 后若其值为 0 则压入零入度
                                    //顶点栈 s
        if(ve[j]+p->info>ve[k])
            ve[k]=ve[j]+p->info;    //计算顶点事件的最早发生时间 ve[k]
        p=p->next;                  //查找顶点 j 的下一个邻接边结点
    }
}
if(count<n)                         //拓扑序列顶点个数未达到 n 时则 AOE 网有回路
{
    printf("The AOE network has a cycle!\n");
    goto L1;
}
for(i=0;i<n;i++)                    //初始化数组 vl
    vl[i]=ve[n-1];
while(!Empty_SeqStack(t))           //按拓扑排序的逆序求各顶点的 vl 值
{ Pop_SeqStack(t,x);               //弹出拓扑序列顶点栈 t 中的顶点经由*x 赋给 j
    for(p=g[j].firstedge;p!=NULL;p=p->next)   //计算顶点事件的最迟发生
                                              //时间 vl[j]
    {
        k=p->adjvex;
        dut=p->info;
        if(vl[k]-dut<vl[j])
        vl[j]=vl[k]-dut;
    }
}
print(g,ve,vl,n);
    //输出 AOE 网顶点事件的最早发生时间 ve、最迟发生时间 vl 及关键活动
```

```
    L1:  ;
}
void main()
{   int e,n;
    VertexNode g[MAXSIZE];              //定义顶点表结点类型的数组 g
    printf("Input number of node:\n");  //输入图中结点的个数
    scanf("%d",&n);
    printf("Input number of edge:\n");  //输入图中边的个数
    scanf("%d",&e);
    printf("Make adjlist:\n");
    CreatAdjlist(g,e,n);                //建立无向图的邻接表
    Toplogicalorder(g,n);               //拓扑排序并求出关键路径
    printf("\n");
}
```

【说明】

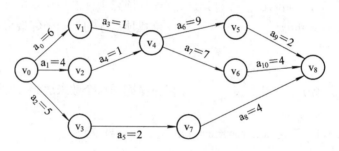

图 6-13   AOE 网示意

对图 6-13 所示的 AOE 网，程序执行如下：

输入：

```
Input number of node:
9↙
Input number of edge:
11↙
Make adjlist:
Input date of vetex(0~n-1):
Input edge of(i,j): 0,1↙
Input weight of (0,1): 6↙
Input edge of(i,j): 0,2↙
Input weight of (0,2): 4↙
Input edge of(i,j): 0,3↙
Input weight of (0,3): 5↙
Input edge of(i,j): 1,4↙
Input weight of (1,4): 1↙
```

Input edge of (i, j): 2, 4✓
Input weight of (2, 4): 1✓
Input edge of (i, j): 3, 7✓
Input weight of (3, 7): 2✓
Input edge of (i, j): 4, 5✓
Input weight of (4, 5): 9✓
Input edge of (i, j): 4, 6✓
Input weight of (4, 6): 7✓
Input edge of (i, j): 7, 8✓
Input weight of (7, 8): 4✓
Input edge of (i, j): 5, 8✓
Input weight of (5, 8): 2✓
Input edge of (i, j): 6, 8✓
Input weight of (6, 8): 4✓

输出:

(vi, vj)	dut	最早开始时间	最晚开始时间	关键活动
(0, 3)	5	0	7	
(0, 2)	4	0	2	
(0, 1)	6	0	0	*
(1, 4)	1	6	6	*
(2, 4)	1	4	6	
(3, 7)	2	5	12	
(4, 6)	7	7	7	*
(4, 5)	9	7	7	*
(5, 8)	2	16	16	*
(6, 8)	4	14	14	*
(7, 8)	4	7	14	

	最早发生时间	最迟发生时间
顶点 0 的最早发生时间和最迟发生时间:	0	0
顶点 1 的最早发生时间和最迟发生时间:	6	6
顶点 2 的最早发生时间和最迟发生时间:	4	6
顶点 3 的最早发生时间和最迟发生时间:	5	12
顶点 4 的最早发生时间和最迟发生时间:	7	7
顶点 5 的最早发生时间和最迟发生时间:	16	16
顶点 6 的最早发生时间和最迟发生时间:	14	14
顶点 7 的最早发生时间和最迟发生时间:	7	14
顶点 8 的最早发生时间和最迟发生时间:	18	18

Press any key to continue

第 7 章　查　　找

7.1　内　容　与　要　点

查找的定义是：给定一个值 k，在含有 n 个记录的表中找出关键字值等于 k 的记录；若找到，则查找成功，返回该记录的信息或该记录在表中的位置；否则查找失败，返回相关的指示信息。

用于查找的表和文件我们统称为查找表，它是以集合为其逻辑结构、以查找为目的的数据结构。由于集合中的记录之间没有任何"关系"，所以查找表的实现也不受"关系"约束，而是根据实际应用中对查找的具体要求来组织查找的，可实现高效率的查找。查找表可分为如下两种类型：

(1) 静态查找表：对查找表的查找仅以查询为目的，不改动查找表中的记录。

(2) 动态查找表：在查找过程中同时伴随着插入不存在的记录或者删除某个已存在的记录这类变更查找表的操作。

7.1.1　顺序查找

顺序查找又称线性查找。顺序查找的方法是：从表的一端开始，向另一端逐个将给定值 k 与表中记录的关键字 key 值进行比较；若找到，则查找成功，并给出记录在表中的位置；若整个表扫描完仍未找到与 k 值相同的记录关键字 key 值，则查找失败，并给出失败的信息。

查找与数据的存储结构有关。我们以顺序表作为存储结构来实现顺序查找。顺序表类型定义如下：

```
typedef struct
{
    KeyType key;            // int 为关键字 key 的数据类型
    InfoType otherdata;     //其它数据
}SeqList;
```

此处，KeyType 为一虚拟的数据类型，在实际实现中可为 int、char 等类型，InfoType 也是其它数据的虚拟类型，而 otherdata 则代表一虚拟的其它数据，在实际实现中它们可根据需要设置为一个或多个真实的类型和真实的数据。

7.1.2　有序表的查找

1. 折半查找

折半查找又称二分查找，它要求查找表必须是顺序存储结构且表中记录按关键字值有序排列(即为有序表)。

折半查找的方法是：在有序表中，取中间记录作为比较对象，若给定值与中间记录的关键字值相等，则查找成功，否则由这个中间记录位置把有序表划分为两个子集(不包括该中间记录)；若给定值小于中间记录的关键字值，则在中间记录左半区的子表去继续查找；若给定值大于中间记录的关键字值，则在中间记录右半区的子表去继续查找……不断重复上述查找过程，直到查找成功，或者所查找的子表区域无记录而查找失败。

2. 分块查找

分块查找又称索引顺序查找，它是将顺序查找与折半查找相结合的一种查找方法，在一定程度上解决了顺序查找速度慢以及折半查找要求数据元素有序排列的问题。

在分块查找中，将表分为若干块且每一块中的关键字不要求有序，但块与块之间的关键字值是有序的，即后一块中所有记录的关键字值均大于前一块中的最大关键字值。此外，还为这些块建立了一个索引表且索引表项按关键字值有序(为递增有序表)，它存放各块记录的起始存放位置以及该块所有记录中的最大关键字值。

7.1.3 二叉排序树与平衡二叉树

二叉排序树(Binary Sort Tree)又称 BST 树或二叉查找树，它或者是一棵空树，或者是具有如下性质的二叉树：

(1) 若其左子树非空，则左子树上所有结点(记录)的值均小于根结点的值；

(2) 若其右子树非空，则右子树上所有结点的值均大于或等于根结点的值；

(3) 左、右子树本身又分别是一棵二叉排序树。

由二叉排序树的性质可知：二叉排序树可以看作是一个有序表。也即，在二叉排序树中左子树上所有结点的关键字值均小于根结点的关键字值，而右子树上所有结点的关键字值均大于或等于根结点的关键字值。所以，二叉排序树上的查找与折半查找类似。

通常采用二叉链表作为二叉排序树的存储结构，且二叉链表结点的类型定义如下：

```
typedef struct node
{
    KeyType key;                    //记录简化为仅含关键字项
    struct node *lchild,*rchild;    //左、右孩子指针
}BSTree;
```

平衡二叉树又称 AVL 树，它或者是一棵空树，或者是具有下列性质的二叉排序树：它的左子树和右子树都是平衡二叉树，且左子树和右子树高度之差的绝对值不超过 1。

7.1.4 哈希表与哈希方法

哈希表查找方法的基本思想是：在记录的关键字(记为 key)和记录的存储位置(记为 address)之间找出关系函数 f，使得每个关键字能够被映射到一个存储位置上，即 address=f(key)。当存储一个记录时，按照记录的关键字 key 通过函数 f 计算出它的存储位置 address，并将该记录存入这个位置。这样，当查找这个记录时，我们就可根据给定值 key 以及函数 f，通过 f(key)计算求得该记录的存储位置，并直接访问这个记录。这种方法避免

了查找中需进行大量的关键字比较操作，因此查找效率要比前面介绍的各种查找方法都高。

上述方法中：函数 f 被称为哈希函数或散列函数，通常记为 Hash(key)；由哈希函数及关键字值计算出来的哈希函数值(即存储地址)称为哈希地址；通过构造哈希函数的过程得到一张关键字与哈希地址之间的关系表，称为哈希表或散列表。因此，哈希表可以用一维数组实现，数组元素用于存储包含关键字的记录；数组元素的下标就是该记录的哈希地址，当需要查找某关键字时，只要它在哈希表中就可以通过哈希函数确定它在表中(数组中)的存储位置。

7.1.5 哈希函数的构造方法

1. 直接定址法

直接定址法即取关键字 key 的某个线性函数值作为哈希地址，即

$$Hash(key) = a \times key + b \quad (a, b\ 为常数)$$

这类函数计算简单且一一对应，因此不会产生冲突。但由于各关键字在其集合中的分布是离散的，所以计算出来的哈希地址也是离散的，这常常造成存储空间的浪费。这种情况只能通过调整 a、b 值使得浪费尽可能减小。

2. 除留余数法

除留余数法取关键字 key 除以 p 后的余数作为哈希地址，即

$$Hash(key) = key\%p \quad (p\ 为整数)$$

该方法用求余运算符"%"实现。使用除留余数法的关键是选取合适的 p，它决定了所生成哈希表的优劣。若哈希表表长为 m，则要求 p≤m 且接近 m 或等于 m。一般选取的 p 为质数，以便尽可能减少冲突的发生。

3. 数字分析法

如果所有关键字都是以 d 为基(即进制)的数，各关键字的位数又较多，且事先知道所有关键字在各位的分布情况，则可通过对这些关键字的分析，选取其中几个数字分布较为均匀的位来构造哈希函数。这种方法称为数字分析法。该方法使用的前提是必须事先知道关键字的集合。

4. 平方取中法

如果事先无法知道所有关键字在各权值位上的分布情况，就不能利用数字分析法来求哈希函数，这时可以采用平方取中法来构造哈希函数。采用该方法构造哈希函数的原则是：先计算关键字值的平方，然后有目的地选取平方结果中的中间若干位来作为哈希地址。具体取几位以及取哪几位要根据实际需要来定。

5. 折叠法

当关键字的位数过长时，采用平方取中法就会花费过多的计算时间，这种情况下可采用折叠法，即根据哈希表地址空间的大小，将关键字分割成相等的几个部分(最后一部分位数可能短些)，然后将这几个部分进行叠加并舍弃最高进位，且叠加的结果就作为该关键字的哈希地址。叠加法又分为移位叠加法和折叠叠加法两种。移位叠加法是把分割后的每一部分进行右对齐，然后相加；折叠叠加法则是把分割后的每一部分像"折纸"一样来回折

叠相加。

7.1.6 处理冲突的方法

1. 闭散列表结构的处理冲突方法

闭散列表是一个一维数组，其解决冲突的基本思想是：对表长为 m 的散列表，在需要时为关键字 key 生成一个散列地址序列 $d_0, d_1, \cdots, d_{m-1}$，其中 $d_0 = \text{Hash(key)}$ 是 key 的散列地址，但所有的 $d_i(0 < i < m)$ 是 key 的后继散列地址。当向散列表中插入关键字为 key 的记录时，若存储位置 d_0 已被具有其它关键字的记录占用，则按 $d_1, d_2, \cdots, d_{m-1}$ 的序列依次探测，并将找到的第一个空闲地址作为关键字 key 的记录存放位置；若 key 的所有后继散列地址都被占用，则表明该散列表已满(溢出)。因此，对闭散列表来说，构造后继散列地址序列的方法也就是处理冲突的方法。常见的构造后继散列地址序列的方法如下：

(1) 开放定址法：

$$H_i = (\text{Hash(key)} + d_i)\%m \qquad (1 \leqslant i < m)$$

其中：Hash(key)为哈希函数；m 为散列表的长度；d_i 为增量序列，它可以有三种取法，即

① $d_i = 1, 2, \cdots, m - 1$，称为线性探测法；

② $d_i = 1^2, -1^2, 2^2, -2^2, \cdots, q^2, -q^2$ 且 $q \leqslant m/2$，称为二次探测法；

③ $d_i = $ 伪随机序列，称为随机探测法。

(2) 再散列(哈希)法：

再散列法的思想很简单，即在发生冲突时用不同的哈希函数再求得新的散列地址，直到不发生冲突为止，即散列地址序列 $d_0, d_1, \cdots, d_i$ 的计算如下：

$$d_i = \text{Hash}_i(\text{key}) \qquad i = 1, 2, \cdots$$

其中，$\text{Hash}_i(\text{key})$表示不同的哈希函数。

2. 开散列表结构的处理冲突方法

开散列表结构处理冲突的方法称为拉链法，即将所有关键字为同义词的记录(结点)链接在同一个单链表中。若散列表长度为 m，则可将散列表定义为一个由 m 个头指针组成的指针数组 ht，其下标为 0~m – 1(若哈希函数采用除留余数法，则指针数组长度为 key%p 中的 p)；凡是散列地址为 i 的结点，均插入到以 ht[i] 为头指针的单链表中，数组 ht 中各数组元素的指针值初始时均为空。

7.2 查 找 实 践

实 验 1 顺 序 查 找

1. 概述

顺序表中的 n 个数据存放于一维数组 R[1]~R[n] 中。在数组 R 中由后向前查找关键字(即 R[i].key)值为 k 的记录，若找到，则返回该记录在数组 R 中的下标；若找不到，则必定查到 R[0] 处，由于原先已将 k 值存于 R[0].key 中，故 R[0].key 必然等于 k，而这是在 R[1]~

R[n] 都找不到关键字值为 k 的结果，也即查找不成功的位置。设置"监视哨"R[0] 的目的是简化算法，即无论成功与否都通过同一个 return 语句返回结果值；此外，也避免了在 while 循环中每次都要判断条件"i > 0"，以防查找中出现数组下标越界的情况。

2. 实验目的

了解顺序查找的概念，掌握顺序查找的方法。

3. 实验内容

在一维数组中实现顺序查找。

4. 参考程序

```
#include<stdio.h>
#define MAXSIZE 30
typedef struct
{
    int key;                // int 为关键字 key 的数据类型
    char data;              //其它数据
}SeqList;                   //顺序表元素类型
int SeqSearch(SeqList R[], int n, int k)
{                           //顺序查找
    int i=n;
    R[0].key=k;             // R[0].key 为查找不成功的"监视哨"
    while(R[i].key!=k)      //由表尾向表头方向查找
        i--;
    return i;               //查找成功则返回找到的位置值，否则返回 0 值
}
void main()
{
    int i=0,j,k,x;
    SeqList R[MAXSIZE];     //建立存放顺序表元素的数组 R
    printf("Input data of list (-1 stop):\n");//生成顺序表中的数据(-1 结束)
    scanf("%d",&x);
    while(x!=-1)
    {
        R[i].key=x;
        scanf("%d",&x);
        i++;
    }
    printf("Input data of list (-1 stop):\n");    //输出顺序表中的数据
    for(j=0;j<i;j++)
        printf("%4d",R[j].key);
```

```
printf("\nSearch data in Seqlist,Input data(-1 stop):\n");//输入要查找的
                                                          //数据(-1 结束)
scanf("%d",&x);
while(x!=-1)
{
    k=SeqSearch(R,i,x);          //在顺序表中顺序查找
    if(i>0)
      printf("Position of %d in Seqlist is %d\n",x,k+1);//找到输出在顺序
                                                        //表中的位置
    else
        printf("NO found %d in Seqlist!:\n",x);   //输出未找到信息
    printf("\nSearch data in Seqlist,Input data(-1 stop):\n");
    scanf("%d",&x);
}
}
```

5．思考题

如果不采用设置"监视哨"的方法，则顺序查找程序又应如何设计？

实验 2　折半(二分)查找

1．概述

　　顺序表中的 n 个记录按关键字值升序的方式存放于一维数组 R[0]～R[n−1]中。整型变量 low、high 和 mid 分别用来标识查找区间最左记录、最右记录和中间记录的位置。折半(二分)查找过程是：取中间记录作为比较对象，若给定值与中间记录的关键字值相等，则查找成功，否则由这个中间记录位置把有序表划分为两个子集(不包括该中间记录)；若给定值小于中间记录的关键字值，则在中间记录左半区的子表去继续查找；若给定值大于中间记录的关键字值，则在中间记录右半区的子表去继续查找…… 不断重复上述查找过程，直到查找成功，或者所查找的子表区域无记录而查找失败。

2．实验目的

　　了解折半(二分)查找的概念及所限制的条件，掌握折半查找的方法。

3．实验内容

　　在一维数组中实现折半查找。

4．参考程序

```
#include<stdio.h>
#define MAXSIZE 30
typedef struct
{
```

```
    int key;              // int 为关键字 key 的数据类型
    char data;            //其它数据
}SeqList;                 //顺序表元素类型
int BinSearch(SeqList R[], int n, int k)
{                         //折半(二分)查找
    int low=0, high=n-1, mid;
    while(low<=high)      //查找区间最左记录的位置 low 小于等于最右记录的
                          //位置 high 时
    {
        mid=(low+high)/2;         // mid 取该查找区间的中间记录位置
        if(R[mid].key==k)         //当中间记录的关键字值与 k 相等时
            return mid;           //查找成功
        else                      //当中间记录的关键字值与 k 不等时
            if(R[mid].key>k)      //当中间记录的关键字值大于 k 时
                high=mid-1;       //继续在 R[low]~R[mid-1]中查找
            else                  //当中间记录的关键字值小于 k 时
                low=mid+1;        //继续在 R[mid+1]~R[high]中查找
    }
    return -1; //当最左记录的位置 low 大于最右记录的位置 high 时，查找失败
}
void main()
{
    int i;
    SeqList R[MAXSIZE];           //建立存放顺序表的数组 R
    for(i=1;i<=12;i++)            //自动生成顺序表中的数据
        R[i].key=i*2;
    printf("Search 20 in Seqlist:\n");
    i=BinSearch(R, 12, 20);       //在顺序表中查找关键字值为 20 的记录
    if(i!=-1)
        printf("Position of 20 in Seqlist is %d\n", i);//找到则输出其位置值
    else
        printf("NO found 20 in Seqlist!:\n");         //输出未找到信息
    printf("Search 21 in Seqlist:\n");
    i=BinSearch(R, 12, 21);       //在顺序表中查找关键字值为 21 的记录
    if(i!=-1)
        printf("Position of 21 in Seqlist is %d\n", i);//找到则输出其位置值
    else
        printf("NO found 21 in Seqlist!\n");   //输出未找到信息
}
```

5. 思考题

能否用递归方法实现折半(二分)查找?若可以,则设计一程序实现之。

实验3 分 块 查 找

1. 概述

在折半查找中,由于无论查找是否成功,low 都指向大于或与给定值 k 最接近的那个数组元素位置,这恰好是折半查找索引表时所需要的结果。对索引表进行折半查找无非是两种情况。一种情况是给定的 k 值恰好等于索引表中的某一块最大关键字值,此时 low、mid 都指向索引表中存放该关键字值所对应的块起始地址所指的数组元素。为了算法的简洁,我们并不立即取得这个位置值,而是合并到关键字值大于 k 值一起处理(即算法中的条件变为"I[mid].key>=k";也即继续执行"high=mid−1;"语句;这样,由于此时 high 已小于 low,即不满足 while 循环条件"low<=high"而终止 while 循环,而 low 仍为索引表中存放该块起始位置的数组元素的下标)。另一种情况是查找不成功,此时需要的是与给定值 k 最接近且大于 k 的关键字值所对应块的起始位置,而这时的 low 存放的正是索引表中有该起始位置的那个数组元素的下标。还要考虑给出的 k 值大于索引表中最大关键字值时的情况,在这种情况下,折半查找索引表的结果是 low 定位于并不存在的第 m 个数组元素,这也是判断是否找到所求块的条件"low < m"。当索引表查找到块时,该块第一个记录在数组 R 中的下标即可由 I[low].link 得到,而该块最后一个记录在数组 R 中的下标则可由下一块的起始位置减 1 得到,即由 I[low+1].link−1 得到。

2. 实验目的

了解分块查找的概念及所限制的条件,掌握分块查找的方法。

3. 实验内容

建立一索引表和一顺序表,然后实现分块查找。

4. 参考程序

```c
#include<stdio.h>
#define MAXSIZE 30
typedef struct
{
    int key;            // int 为关键字 key 的数据类型
    char data;          //其它数据
}SeqList;               //顺序表元素类型
typedef struct
{
    int key;            //用于存放块内的最大关键字值
    int link;           //用于指向块的起始位置
}IdxType;               //索引表元素类型
int IdxSearch(IdxType I[],int m,SeqList R[],int k)
```

```
{                          //索引表 I 长度为 m(数组元素分别为 I[0]~I[m-1])
    int low=0,high=m-1,mid,i,j;
    while(low<=high)              //在索引表中折半查找
    {
        mid=(low+high)/2;
        if(I[mid].key>=k)
          high=mid-1;
        else
          low=mid+1;
    }
    if(low<m)//在索引表中找到所求的块，接下来在顺序表(即数组 R)中顺序查找
    {
        i=I[low+1].link-1;        // i 为该块最后一个数组元素下标
        j=I[low].link;            // j 为该块第一个数组元素下标
        while(R[i].key!=k&&i>=j)   //在块内由后向前查找其关键字值等于 k 的
                                   //数组元素下标
            i--;
        if(i>=j)
          return i;               //当 i>=j 时，查找成功，返回 i 值
    }
    return -1;                    //当 i<j 时，已查完整个块，即查找失败
}
void main()
{
    int i;
    IdxType I[4]={18,0,38,4,71,9,90,11};          //建立索引表 I
    SeqList R[16]={18,' ',6,' ',10,' ',11,' ',21,' ',31,' ',20,' ',38,' ',
       19,' ',60,' ',71,' ',75,' ',88,' ',73,' ',79,' ',90,' '};//建立顺序表 R
    i=IdxSearch(I,4,R,38); //查找关键字值为 38 的记录在顺序表中的存放位置
    if(i>-1)
        printf("Site of 38 is %d\n",i);        //输出存放位置
    else
        printf("Not find 38!\n");              //没有找到
    i=IdxSearch(I,4,R,26);//查找关键字值为 26 的记录在顺序表中的存放位置
    if(i>-1)
        printf("Site of 26 is %d\n",i);        //输出存放位置
    else
        printf("Not find 26!\n");              //没有找到
}
```

【说明】

图 7-1 给出了一个分块查找存储结构示意。

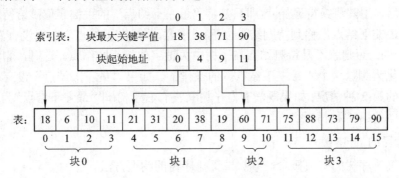

图 7-1　分块查找存储结构示意

对图 7-1，主函数 main 给出了要查找的关键字值 38 和 26，程序执行如下：

输出：

```
Site of 38 is 7
Not find 26!
Press any key to continue
```

实验 4　二叉排序树

1. 概述

二叉排序树的查找过程是：若二叉排序树非空，则将给定的 k 值与根结点关键字值进行比较；若相等则查找成功；若不等，则当 k 值小于根结点关键字值时到根的左子树去继续查找，否则到根的右子树去继续查找。二叉排序树的这种查找过程显然是一个递归过程。

在二叉排序树中，删除一个结点要比插入一个结点困难，因为不能把以该结点为根的这棵子树全都删去，即只能删除该结点并仍保持二叉排序树的特性；按中序遍历删除结点之后的二叉排序树时，所得到的结点序列仍然有序。也就是说，删除二叉排序树中的一个结点相当于删除有序序列中的一个结点。

假定待删结点由指针 q 指示，待删结点的双亲结点由指针 p 指示，则删除指针 q 所指向的待删结点可分为如下四种情况：

(1) 若待删结点为叶结点，则可直接删除，即只需将其双亲结点指向待删结点的指针置为空即可。

(2) 若待删结点有右子树但无左子树，则可用该右子树的根结点取代待删结点的位置。这是因为在二叉排序树中序遍历的序列中，无左子树的待删结点的直接后继即为待删结点的右子树根结点。用待删结点右子树根结点取代待删结点，相当于在该有序序列中直接删去了待删结点，而序列中的其它结点排列次序并没有改变。

(3) 若待删结点有左子树但无右子树，则可用该左子树的根结点取代待删结点的位置。这种删除同样没有改变其它结点在该二叉排序树中序遍历中的排列次序。

(4) 若待删结点左、右子树均存在，则需用待删结点在二叉排序树中序遍历序列中的直接后继结点来取代该待删结点。这个直接后继结点即待删结点右子树中的"最左下结点"(即右子树中关键字值最小的结点,并假定找到的"最左下结点"由指针 r 指示)。找到"最左下结点"后,用其替换待删结点(即只是将"最左下结点"的关键字值赋给待删结点,这相当于将"最左下结点"移到待删结点位置)。注意,"最左下结点"必然没有左子树(也可能没有右子树),否则就不是待删结点右子树中关键字值最小的结点。这时,删除待删结点的操作就转化为删除这个"最左下结点"的操作了。如果"最左下结点"没有左子树,则转化为上面的第(2)种情况;如果既没有左子树又没有右子树(即"最左下结点"为叶子结点),则转化为上面的第(1)种情况。

2. 实验目的

了解二叉排序树的有关概念,掌握二叉排序树的构造方法。

3. 实验内容

建立一棵二叉排序树,并实现二叉排序树的插入、查找和删除功能。

4. 参考程序

```c
#include<stdio.h>
#include<stdlib.h>
typedef struct node
{
    int key;                       //记录简化为仅含关键字项
    struct node *lchild,*rchild;   //左、右孩子指针
}BSTree;                           //二叉树结点类型
void BSTCreat(BSTree *t,int k)
{                                  //非空二叉排序树中插入一个结点
    BSTree *p,*q;
    q=t;
    while (q!=NULL)                //二叉排序树非空时
        if(k==q->key)
            goto L1;               //查找成功,不插入新结点
        else
    if(k<q->key)    //若 k 值小于结点 *q 的关键字值,则到 t 的左子树查找
    {
        p=q;
        q=q->lchild;
    }
    else            //若 k 大于结点 *q 的关键字值,则到 t 的右子树查找
    {
        p=q;
        q=p->rchild;
    }
```

```
    q=(BSTree *)malloc(sizeof(BSTree));    //查找不成功时创建一个新结点
    q->key=k;
    q->lchild=NULL;             //因作为叶子结点插入，故左、右指针均为空
    q->rchild=NULL;
    if(p->key>k)
        p->lchild=q;            //作为原叶子结点 *p 的左孩子插入
    else
        p->rchild=q;            //作为原叶子结点 *p 的右孩子插入
    L1: ;
}
BSTree *BSTSearch(BSTree *t,int k)    //二叉排序树中查找结点
{           //在指针 t 所指的二叉排序树中查找关键字值为 k 的结点
    while(t!=NULL)
    if(k==t->key)
        return t; //若 k 等于根结点*t 的关键字值，则查找成功，返回指针 t 值
    else
        if(k<t->key )
            t=t->lchild; //若 k 小于根结点 *t 的关键字值，则到 t 的左子树查找
        else
            t=t->rchild; //若 k 大于根结点 *t 的关键字值，则到 t 的右子树查找
    return NULL;            //查找失败，返回空指针值
}
void Inorder(BSTree *p)
{                   //中序遍历二叉树
    if(p!=NULL)
    {
        Inorder(p->lchild);         //中序遍历左子树
        printf("%4d",p->key);       //访问根结点
        Inorder(p->rchild);         //中序遍历右子树
    }
}
void BSTDelete(BSTree **t,int key)
{                   //在二叉排序树中删去结点
    BSTree *p,*q,*r;
    q=*t; p=*t;
    if(q==NULL)
        goto L2;                //树 t 为空
    if(q->lchild==NULL&&q->rchild==NULL&&q->key==key)
    {                   //树 t 中仅有一个待删结点 **t(即*q)
```

```
        *t=NULL; goto L2;
    }
    while(q!=NULL)                //查找待删结点 *q
      if(key==q->key)
        goto L1;                  //找到待删结点 *q
      else
        if(key<q->key)
        {  p=q;  q=q->lchild; }
        else
        {  p=q;  q=q->rchild; }
    if(q==NULL)  goto L2;        //树中无此待删结点 *q
L1: if(q->lchild==NULL&&q->rchild==NULL)//待删结点 *q 为叶子结点，即
                                        //第(1)种情况
        if(p->lchild==q)          //删去待删结点*q
          p->lchild=NULL;
        else
          p->rchild=NULL;
    else
      if(q->lchild==NULL)         //待删结点 *q 无左子树，即第(2)种情况
        if(q==*t)                 //用待删结点 *q 为根结点的处理
          *t= q->rchild;
        else
          if(p->lchild==q) //用待删结点 *q 的右子树根结点来取代待删结点 *q
            p->lchild=q->rchild;
          else
            p->rchild=q->rchild;
      else
        if(q->rchild==NULL)       //待删结点 *q 无右子树，即第(3)种情况
          if(q==*t)               //待删结点 *q 为根结点的处理
            *t= q->lchild;
          else
            if(p->lchild==q)//用待删结点 *q 的左子树根结点来取代待删结点*q
              p->lchild=q->lchild;
            else
              p->rchild=q->lchild;
        else                      //待删结点 *q 有左、右子树，即第(4)种情况
        {
          r=q->rchild;
```

```
        if(r->lchild==NULL&&r->rchild==NULL)
        {                        //待删结点 *q 的右子树仅有一个根结点
            q->key=r->key;       //将右子树这个根结点取代待删结点 *q
            q->rchild=NULL;
        }
        else
        {
            p=q;                 //用 p 指向"最左下结点"的双亲结点
            while(r->lchild!=NULL)    //查找"最左下结点"
            {  p=r; r=r->lchild; }
            q->key=r->key; //"最左下结点"的关键字值送待删结点 *q 的
                           //关键字值
            if(p->lchild==r)        //删去"最左下结点"
                p->lchild=r->rchild;
            else
                p->rchild=r->rchild;
        }
    }
    L2:  ;
}
void main()
{
    BSTree *p,*root;
    int i,n,x;
    printf("Input number of BSTree keys\n");//输入待生成的二叉排序树结点个数
    scanf("%d",&n);
    printf("Input key of BSTree :\n");    //输入二叉排序树各结点的关键字值
    for(i=0;i<n;i++)
    {
        scanf("%d",&x);
        if(i==0)                //生成二叉排序树的根结点
        {
            root=(BSTree *)malloc(sizeof(BSTree));
            root->lchild=NULL;
            root->rchild=NULL;
            root->key=x;
        }
        else
```

```
    BSTCreat(root,x);              //非空二叉排序树中插入一个结点
}
printf("Output keys of BSTree by inorder:\n");
Inorder(root);                     //中序遍历输出二叉排序树
printf("\nInput key for search:\n");
scanf("%d",&x);                    //输入要查找的关键字值
p=BSTSearch(root,x);               //在二叉排序树中进行查找
if(p!=NULL)
  printf("found,key is %d!\n",p->key);  //找到则输出树中的关键字值
else
    printf("No found!\n");         //输出未找到信息
do{
    printf("Input key for delete(-1 stop):\n");
    scanf("%d",&x);                //输入要删除的关键字值
    BSTDelete(&root,x);            //在二叉排序树中删除该关键字值的记录
    printf("\nOutput keys of BSTree by deleted:\n");
    Inorder(root);                 //中序遍历输出删除后的二叉排序树
    printf("\n");
}while(x!=-1);
}
```

5. 思考题

(1) 二叉排序树能否用递归方法构造？

(2) 在任意一棵非空二叉排序树中，删除某结点后又将其插入，则所得到的二叉排序树与删除之前的原二叉排序树相同吗？

实验 5　平衡二叉树

1. 概述

假定在二叉排序树中因插入新结点而失去平衡的最小子树的根结点指针为 p，则失去平衡后进行调整的规律如下：

(1) LL 型平衡旋转：由于在结点 *p 的左孩子的左子树上插入新结点，使得结点 *p 的平衡因子由 1 变为 2 而失去平衡，故需进行平衡旋转操作(如图 7-2(a)所示)。

(2) LR 型平衡旋转：由于在结点 *p 的右孩子的右子树上插入新结点，使得结点 *p 的平衡因子由 −1 变为 −2 而失去平衡，故需进行平衡旋转操作(如图 7-2(b)所示)。

(3) RR 型平衡旋转：由于在结点 *p 的左孩子的右子树上插入新结点，使得结点 *p 的平衡因子由 1 变为 2 而失去平衡，故需进行平衡旋转操作(如图 7-2(c)所示)。

(4) RL 型平衡旋转：由于在结点 *p 的右孩子的左子树上插入新结点，使得结点 *p 的平衡因子由 −1 变为 −2 而失去平衡，故需进行平衡旋转操作(如图 7-2(d)所示)。

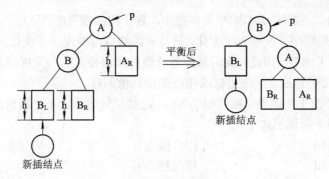

(a) LL 型平衡旋转

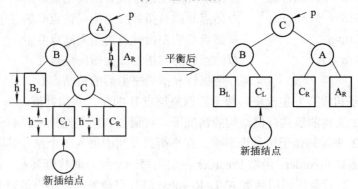

(b) LR 型平衡旋转

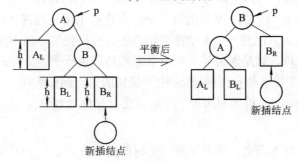

(c) RR 型平衡旋转

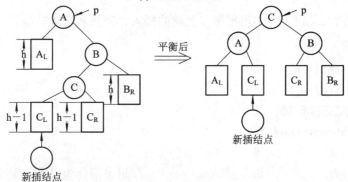

(d) RL 型平衡旋转

图 7-2 二叉排序树的四种平衡旋转

由图 7-2 可知，在四种类型的平衡调整中，各子树(如果有的话)A_L、A_R、B_L、B_R、C_L、C_R 从左到右的排列顺序并没有发生变化，只是双亲结点可能发生了变化，即可能对结点 A、B、C 的位置进行了调整。因此，我们只参考调整前和调整后的二叉树形态并以调整后的二叉树为标准，由底层开始逐层向上修改相应的指针值即可。

例如对 LR 型的平衡调整，根据图 7-2(b)，已知指针 p 指向不平衡树的根结点 A，增设两指针 q 和 r，则平衡调整如下：

```
q=p->lchild;            //q 指向结点 B
r=q->rchild;            //r 指向结点 C
p->lchild=r->rchild;    //结点 A 的左指针改为指向结点 C 的右子树 CR
q->rchild=r->lchild;    //结点 B 的右指针改为指向结点 C 的左子树 CL
r->lchild=q;            //结点 C 的左指针改为指向结点 B
r->rchild=p;            //结点 C 的右指针改为指向结点 A
p=r;                    //使指针 p 指向平衡后的根结点 C
```

由于结点 B 的子树没有发生改变，故无需调整结点 B 的左、右指针值。

在不改变二叉树的链式存储结构的情况下，可通过判断某结点左、右子树的深度差值是否为 2 或 −2 来得知该子树是否平衡。在平衡二叉树中插入一个结点时即调用先序遍历二叉树非递归函数 Preorder，函数 Preorder 在遍历每一个结点时检查其左、右子树的深度差值是否为 2 或 −2，若是则调用函数 AVL_Revolve 进行平衡处理后结束函数 Preorder 的执行并返回 1 值，而只要返回 1 值则函数 Preorder 就继续遍历(即函数 AVL_TreeCreat 中的"while(Preorder_AVL(t));"语句)二叉树的每一个结点进行平衡处理直至返回 0 值为止。也即，每调用一次 Preorder 只能对一个不平衡的结点进行平衡处理，而不能对树中所有的不平衡的结点进行平衡处理。这是因为对一个不平衡的结点进行平衡处理后，其树的形态已发生了变化，即不同于变化前暂存在栈 stack 中二叉树的结点指针顺序，故只能对变化后的二叉树重新调用函数 Preorder 继续遍历每一个结点进行平衡处理。

2．实验目的

了解平衡二叉树的有关概念，掌握平衡二叉树的构造方法。

3．实验内容

建立一棵平衡二叉树，并实现平衡二叉树的插入、查找和删除功能。

4．参考程序

```c
#include<stdio.h>
#include<stdlib.h>
#define MAXSIZE 30
typedef struct node
{
    int key;                        //记录简化为仅含关键字项
    struct node *lchild,*rchild;    //左、右孩子指针
}BSTree;                            //二叉树结点类型
int Depth(BSTree *p)
```

```
{                                    //求二叉树深度(后序遍历)
    int lchild, rchild;
    if(p==NULL)
        return 0;                    //树的深度为 0
    else
    {
        lchild=Depth(p->lchild);     //求左子树高度
        rchild=Depth(p->rchild);     //求右子树高度
        return lchild>rchild ? (lchild+1) : (rchild+1);
    }
}
void AVL_Revolve(BSTree **p, int k)
{                                    //对结点 **p 为根的二叉树进行平衡处理
    BSTree *q,*r;
    switch(k)
    {
        case 1: r=(*p)->lchild;
                (*p)->lchild=r->rchild;
                r->rchild=*p;
                break;               // LL 型旋转处理
        case 2: q=(*p)->lchild;
                r=q->rchild;
                (*p)->lchild=r->rchild;
                q->rchild=r->lchild;
                r->lchild=q;
                r->rchild=*p;
                break;               // LR 型旋转处理
        case 3: q=(*p)->rchild;
                r=q->lchild;
                (*p)->rchild=r->lchild;
                q->lchild=r->rchild;
                r->rchild=q;
                r->lchild=*p;
                break;               // RL 型旋转处理
        case 4: r=(*p)->rchild;
                (*p)->rchild=r->lchild;
                r->lchild=*p;        // RR 型旋转处理
    }
    *p=r;                            //保存旋转处理后的子树根结点指针
```

```
}
int Preorder_AVL(BSTree **t)
{                                      //先序遍历二叉树进行平衡处理
   BSTree *stack[MAXSIZE],*p=*t,*r=p;
   int i=0,k,m=0,b=0;
   stack[0]=NULL;                      //栈初始化
   while(p!=NULL||i>0)                 //当指针 p 非空或栈 stack 非空(i>0)时
     if(p!=NULL)                       //当指针 p 非空时
   {
      k=0;
      if(Depth(p->lchild)-Depth(p->rchild)==2)//左、右子树深度差值为 2 时
         if(Depth(p->lchild->lchild)>Depth(p->lchild->rchild))
           k=1;                        // LL 型
         else
           k=2;                        // LR 型
      if(Depth(p->lchild)-Depth(p->rchild)==-2)//左、右子树深度差值为-2 时
         if(Depth(p->rchild->lchild)>Depth(p->rchild->rchild))
           k=3;                        // RL 型
         else
           k=4;                        // RR 型
      if(k>0)                          //进行旋转处理
      {
         if(*t==p) m=1;      //待平衡处理的子树根结点是平衡二叉树的
                             //根结点时，置 m=1
         AVL_Revolve(&p,k);           //对子树 p 进行平衡处理
         if(m) *t=p;// m=1 应将平衡后的子树根结点作为平衡二叉树的根结点
         if(b&&p!=*t)
            r->rchild=p;//子树根结点不为根结点时，将其作为父结点的右孩子
         if(!b&&p!=*t)
            r->lchild=p;//子树根结点不为根结点时，将其作为父结点的左孩子
         return 1;                     //有平衡处理发生
      }
      else
      {
         stack[++i]=p;                 //将该结点指针 p 压栈
         p=p->lchild;                  //沿左子树向下遍历
      }
   }
   else                                //当指针 p 为空时
```

```
    {
        p=stack[i--];            //将这个无左子树的结点由栈中弹出
        r=p;b=1;                 // r 指向 *p 的父结点，b=1 表示 *p 是 *r 的右孩子
        p=p->rchild;             //从该结点右子树的根开始继续沿左子树向下遍历
    }
    return 0;                    //无平衡处理发生
}
void AVL_TreeCreat(BSTree **t,int key)
{                                //平衡二叉树中插入一个结点
    BSTree *p,*q;
    q=*t;
    while(q!=NULL)
        if(key==q->key)
            goto L1;             //查找成功，不插入新结点
        else
    if(key<q->key)               //若 k 小于结点 *q 的关键字值，则到 t 的左子树查找
    {
        p=q;
        q=q->lchild;
    }
    else                         //若 k 大于结点 *q 的关键字值，则到 t 的右子树查找
    {
        p=q;
        q=p->rchild;
    }
    q=(BSTree *)malloc(sizeof(BSTree));   //查找不成功时创建一个新结点
    q->key=key;
    q->lchild=NULL;              //因作为叶子结点插入，故左、右指针均为空
    q->rchild=NULL;
    if(p->key>key)
        p->lchild=q;             //作为原叶子结点 *p 的左孩子插入
    else
        p->rchild=q;             //作为原叶子结点 *p 的右孩子插入
    while(Preorder_AVL(t));      //对插入结点后的二叉树进行平衡处理
    L1: ;
}
BSTree *BSTSearch(BSTree *t,int k)       //二叉排序树查找
{                //在指针 t 所指的二叉排序树中查找关键字值为 k 的结点
    while(t!=NULL)
```

```
    if(k==t->key)
        return t;   //若 k 等于根结点 *t 的关键字值，则查找成功，返回指针 t 值
    else
        if(k<t->key )
            t=t->lchild;    //若 k 小于根结点 *t 的关键字值，则到 t 的左子树查找
        else
            t=t->rchild;    //若 k 大于根结点 *t 的关键字值，则到 t 的右子树查找
    return NULL;            //查找失败，返回空指针值
}
void Preorder(BSTree *p)
{                       //先序遍历二叉树
    if(p!=NULL)
    {
        printf("%4d",p->key);       //访问根结点
        Preorder(p->lchild);        //先序遍历左子树
        Preorder(p->rchild);        //先序遍历右子树
    }
}
void Inorder(BSTree *p)
{                       //中序遍历二叉树
    if(p!=NULL)
    {
        Inorder(p->lchild);         //中序遍历左子树
        printf("%4d",p->key);       //访问根结点
        Inorder(p->rchild);         //中序遍历右子树
    }
}
void BSTDelete(BSTree **t,int key)
{                       //在平衡二叉树中删去结点
    BSTree *p,*q,*r;
    q=*t; p=*t;
    if(q==NULL)
        goto L2;                    //树 t 为空
    if(q->lchild==NULL&&q->rchild==NULL&&q->key==key)
    {                   //树 t 中仅有一个待删结点 **t(即 *q)
        *t=NULL; goto L2;
    }
    while(q!=NULL)                  //查找待删结点 *q
        if(key==q->key)
```

```
        goto L1;                          //找到待删结点 *q
    else
      if(key<q->key)
      {  p=q; q=q->lchild; }
      else
      {  p=q; q=q->rchild; }          .
    if(q==NULL)  goto L2;             //树中无此待删结点 *q
L1: if(q->lchild==NULL&&q->rchild==NULL) //待删结点 *q 为叶子结点,
                                //即第(1)种情况
      if(p->lchild==q)                //删去待删结点 *q
        p->lchild=NULL;
      else
        p->rchild=NULL;
    else
      if(q->lchild==NULL)             //待删结点 *q 无左子树,即第(2)种情况
        if(q==*t)                     //待删结点 *q 为根结点的处理
          *t= q->rchild;
        else
          if(p->lchild==q)  //用待删结点 *q 的右子树根结点取代待删结点*q
            p->lchild=q->rchild;
          else
            p->rchild=q->rchild;
      else
        if(q->rchild==NULL)     //待删结点 *q 无右子树,即第(3)种情况
          if(q==*t)             //待删结点 *q 为根结点的处理
            *t= q->lchild;
          else
            if(p->lchild==q)//用待删结点 *q 的左子树根结点取代待删结点 *q
              p->lchild=q->lchild;
            else
              p->rchild=q->lchild;
        else                    //待删结点 *q 有左、右子树,即第(4)种情况
        {
          r=q->rchild;
          if(r->lchild==NULL&&r->rchild==NULL)
          {                     //待删结点 *q 的右子树仅有一个根结点
            q->key=r->key;//将右子树这个根结点取代待删结点 *q
            q->rchild=NULL;
          }
```

```
                else
                {
                    p=q;                      //用 p 指向"最左下结点"的双亲结点
                    while(r->lchild!=NULL)    //查找"最左下结点"
                    {  p=r;  r=r->lchild;  }
                    q->key=r->key;  .         //"最左下结点"的关键字值送待删
                                              //结点 *q 的关键字值
                    if(p->lchild==r)          //删去"最左下结点"
                        p->lchild=r->rchild;
                    else
                        p->rchild=r->rchild;
                }
            }
        while(Preorder_AVL(t));      //对删除结点后的二叉树进行平衡处理
    L2:  ;
}
void main()
{
    BSTree *p,*root;
    int i,n,x;
    printf("Input number of BSTree keys\n");//输入待生成的二叉排序树结点个数
    scanf("%d",&n);
    printf("Input key of BSTree :\n");       //输入二叉排序树各结点的关键字值
    for(i=0;i<n;i++)
    {
        scanf("%d",&x);
        if(i==0)                             //生成平衡二叉树的根结点
        {
            root=(BSTree *)malloc(sizeof(BSTree));
            root->lchild=NULL;
            root->rchild=NULL;
            root->key=x;
        }
        else
            AVL_TreeCreat(&root,x);          //非空平衡二叉树中插入一个结点
    }
    printf("Output keys of BSTree by Preorder:\n");
    Preorder(root);                          //先序遍历输出平衡二叉树
    printf("\nOutput keys of BSTree by inorder:\n");
    Inorder(root);                           //中序遍历输出平衡二叉树
```

```
        printf("\nDepth=%d\n",Depth(root));    //输出平衡二叉树的深度
        printf("Input key for search:\n");
        scanf("%d",&x);                         //输入要查找的关键字
        p=BSTSearch(root,x);                    //在平衡二叉树中进行查找
        if(p!=NULL)
            printf("found,key is %d!\n",p->key);   //找到则输出树中的关键字
        else
            printf("No found!\n");              //输出未找到信息
        do{
            printf("Input key for delete(-1 stop):\n");
            scanf("%d",&x);                     //输入要删除的关键字
            if(x==-1)  break;
            BSTDelete(&root,x);             //在平衡二叉树中删除该关键字的记录
            printf("Output keys of BSTree by Preorder:\n");
            Preorder(root);             //先序遍历输出删除后的平衡二叉树
            printf("\nOutput keys of BSTree by deleted:\n");
            Inorder(root);              //中序遍历输出删除后的平衡二叉树
            printf("\nDepth=%d\n",Depth(root));     //输出平衡二叉树的深度
        }while(x!=-1);
    }
```

【说明】

程序执行如下：

```
 Input number of BSTree keys
 4↙
 Input key of BSTree :
 1 2 3 4↙
 Output keys of BSTree by Preorder:
    2   1   3   4
 Output keys of BSTree by inorder:
    1   2   3   4
 Depth=3
 Input key for search:
 2↙
 found,key is 2!
 Input key for delete(-1 stop):
 1↙
 Output keys of BSTree by Preorder:
    3   2   4
 Output keys of BSTree by deleted:
```

```
    2   3   4
Depth=2
Input keys for delete(-1 stop):
Press any key to continue
```

程序执行中首先输入的关键字为 1、2、3、4、5、6、7，即建立的二叉排序树是一棵单枝树，经平衡处理后由先序序列可以看出其已变成根结点关键字为 3 的平衡二叉树，其树的深度为 4。在删除了关键字为 3 的根结点后，经平衡处理后由先序序列可以看出其已变成根结点关键字为 4 的平衡二叉树，其树的深度变为 3。其余操作不再赘述。

5．思考题

(1) 先序遍历二叉树进行平衡处理的函数 Preorder_AVL 能否用递归方法实现？

(2) 进行平衡处理的函数 Preorder_AVL 能否用中序或后序遍历实现？

(3) 当插入一个结点使二叉树失去平衡后，该二叉树中是否会有多个不平衡的结点？

实验 6 哈希(Hash)查找

1．概述

哈希表的查找过程与构造哈希表的过程基本一致，即给定关键字 key 值并根据构造哈希表时设定的哈希函数求得其存储地址。若哈希表的此存储地址中没有记录，则查找失败；否则将该地址中的关键字值与 key 进行比较，若相等则查找成功；否则根据构造哈希表时设定的解决冲突方法寻找下一个哈希地址，直到查找成功或查找到的哈希地址中无记录(即查找失败)为止。

我们约定，对哈希表 Hash 中未存放记录的数组元素 Hash[i]，其标志是 Hash[i] 值为 −1；并且，对冲突的处理采用线性探测法；Hash[i]值为 −2 表示存放于 Hash[i]的关键字值已被删除，但查找到该项时不应终止查找。下面以长度为 11 的闭散列(哈希)表为例给出在哈希表上的插入、查找和删除算法。初始时哈希表中的关键字值全部置为 −1，表示该哈希表为空。

2．实验目的

了解哈希函数和哈希表的有关概念，掌握哈希表的建立与查找方法。

3．实验内容

用除留余数法建立一个哈希表，然后在哈希表中实现查找和删除功能。

4．参考程序

```c
#include<stdio.h>
#define MAXSIZE 11          //哈希表的长度
#define key 11              //哈希查找采用除留余数法(x%key)
void Hash_Insert(int Hash[],int x)
{                           //哈希表的插入
    int i=0,t;              // i 为哈希表中已存放的关键字个数计数器
    t=x%key;                //求哈希地址
```

```
    while(i<MAXSIZE)
    {
        if(Hash[t]<=-1)        //若该哈希地址 t 无关键字存放(-1 为空,-2 为已删除,
                               //即也为空)
        {
            Hash[t]=x;         //将关键字 x 放入该哈希地址 t
            break;
        }
        else                   //该哈希地址 t 已被占用,则继续探查下一个存放位置
            t=(t+1)%key;       //在线性探测中形成后继探测地址
        i++;                   //哈希表中已存放的关键字个数计数加 1
    }
    if(i==MAXSIZE)             //关键字个数计数 i 达到哈希表长度时,哈希表已满
        printf("Hashlist is full!\n");
}
void Hash_search(int Hash[],int x)
{                              //哈希表的查找
    int i=0,t;
    t=x%key;                   //根据关键字 x 映射出哈希地址 t
    while(Hash[t]!=-1&&i<MAXSIZE)
    {      //该哈希地址 t 不为空且关键字个数计数 i 未达到哈希表长度时
        if(Hash[t]==x)         //该哈希地址 t 存放的关键字就是 x
        {
            printf("Hash position of %d is %d\n",x,t);
                               //找到则输出该关键字及其存放位置
            break;
        }
        else                   //该哈希地址 t 存放的关键字不是 x
            t=(t+1)%key;       //用开放定址法确定下一个要查找的位置
        i++;                   //哈希表中已存放的关键字个数计数加 1
    }
    if(Hash[t]==-1||i==MAXSIZE)       //查到空位置标记-1 或哈希表已满
        printf("No found!\n");        //在哈希表中找不到关键字 x
}
void Hash_Delete(int Hash[],int x)
{                              //哈希表的删除
    int i=0,t;
    t=x%key;
    while(Hash[t]!=-1&&i<MAXSIZE)//当查找的位置标记不为-1 或未到表的最大值时
```

```
   {
       if(Hash[t]==x)          //该哈希地址 t 存放的关键字就是 x
       {
          Hash[t]=-2;          //在找到的删除位置上用-2 作删除标记
          printf("%d in Hashlist is deleteded!\n",x);   //输出已删除信息
          break;               //终止查找
       }
       else                    //该哈希地址 t 存放的关键字不是 x
          t=(t+1)%key;         //未找到则用开放定址法查找下一个位置
       i++;
   }
   if(i==MAXSIZE)   //关键字个数计数 i 达到哈希表长度时已查找完整个哈希表
       printf("Delete fail!\n");  //未找到待删除记录的位置，删除操作失败
}
void main()
{   int i,x,Hash[MAXSIZE];
    for(i=0;i<MAXSIZE-1;i++)          //将哈希表初始化为空表
        Hash[i]=-1;
    i=0;
    printf("Make Hashlist, Input data(-1 stop):\n");    //生成哈希表
    scanf("%d",&x);
    while(x!=-1&&i<MAXSIZE)
    {   Hash_Insert(Hash,x);
        scanf("%d",&x);
    }
    printf("Output Hashlist:\n");          //输出哈希表
    for(i=0;i<MAXSIZE;i++)
        printf("%4d",Hash[i]);
    printf("\nInput search data:\n");       //输入要查找的记录关键字
    scanf("%d",&x);
    Hash_search(Hash,x);                    //在哈希表中查找
    printf("\nDelete record in Hashlist,Input key:\n");//输入待删记录的
                                                        //关键字
    scanf("%d",&x);
    Hash_Delete(Hash,x);                    //在哈希表中删除
    printf("Output Hashlist after record deleted:\n"); //输出删除记录后的
                                                        //哈希表
    for(i=0;i<MAXSIZE;i++)
        printf("%4d",Hash[i]);
```

```
            printf("\nInsert key of record in Hashlist,:\n");//输入要插入的
                                                         //记录关键字
            scanf("%d",&x);
            Hash_Insert(Hash,x);            //在哈希表中插入该关键字的记录
            printf("Output Hashlist after record inserted:\n");//输出插入记录后的
                                                         //哈希表
            for(i=0;i<MAXSIZE;i++)
                printf("%4d",Hash[i]);
            printf("\n");
        }
```

【说明】

程序执行如下:

```
 Make Hashlist, Input data(-1 stop):
   24 20 36 22 48 12 32 38 -1✓
 Output Hashlist:
   22  12  24  36  48  38  -1  -1  -1  20  32
 Input search data:
 36✓
 Hash position of 36 is 3


 Delete data in Hashlist,Input data:
 48✓
 48 in Hashlist is deleteded!
 Input Hashlist after Delete:
   22  12  24  36  -2  38  -1  -1  -1  20
 Insert a data in Hashlist,:
 56✓
 Input Hashlist after Delete:
   22  12  24  36  56  38  -1  -1  -1  20  32
 Press any key to continue
```

程序执行后首先建立如表 7.1 所示的哈希表,然后分别查找、删除和插入关键字为 36、48 和 56 的记录。

表 7.1 散列表(哈希表)

地址	0	1	2	3	4	5	6	7	8	9	10
关键字	22	12	24	36	48	38				20	32

5. 思考题

如何用拉链法建立一个哈希表并实现在哈希表中的查找和删除功能?

第8章 排　序

8.1　内容与要点

排序是计算机程序设计中的一种重要操作，其功能是按照记录集合中每个记录的关键字之间所存在的递增或递减关系，将该集合中的记录次序重新排列。在介绍排序方法之前，我们先定义记录的存储结构及类型如下：

```
typedef struct
{
    KeyType key;           //关键字项
    OtherType data;        //其它数据项
}RecordType;               //记录类型
```

8.1.1　插入排序

插入排序的基本思想是：将记录集合分为有序和无序两个序列。从无序序列中任取一个记录，然后根据该记录的关键字大小在有序序列中查找一个合适的位置，使得该记录放入这个位置后，这个有序序列仍然保持有序。每插入一个记录称为一趟插入排序，经过多趟插入排序，使得无序序列中的记录全部插入到有序序列中，则排序完成。

1. 直接插入排序

直接插入排序是一种最简单的排序方法，其做法是：在插入第 i 个记录 R[i] 时，R[1]，R[2]，…，R[i−1] 已经排好序；这时将待插入记录 R[i] 的关键字 R[i].key 由后向前依次与关键字 R[i−1].key，R[i−2] .key，…，R[1].key 进行比较，从而找到 R[i]应该插入的位置 j，并且由后向前依次将 R[i−1]，R[i−2]，…，R[j+1]，R[j] 顺序后移一个位置(这样移动可保证每个被移动的记录信息不被破坏)，然后将 R[i] 放入到刚刚让出其位置的原 R[j] 处；这种插入使得前 i 个位置上的所有记录 R[1]，R[2]，…，R[i] 继续保持有序。

2. 折半插入排序

在直接插入排序中，记录集合被分为有序序列集合{R[1]，R[2]，…，R[i−1]}和无序序列{R[i]，R[i+1]，…，R[n]}；并且，排序的基本操作是向有序列 R[1]～R[i−1] 中插入一个 R[i]。由于是在有序序列中插入，我们当然可以采用折半查找来确定 R[i] 在有序序列 R[1]～R[i−1] 中应插入的位置，从而减少查找的次数。实现这种方法的排序称为折半插入排序。

3. 希尔(Shell)排序

希尔排序又称"缩小增量排序"，它是根据直接插入排序的特点而改进的分组插入方法。也即，先将整个待排序列中的记录按给定的下标增量进行分组，并对每个组内的记录采用直接插入法排序(由于初始时组内记录较少而排序效率高)；然后减少下标增量，即使每组包含的记录增多，再继续对每组组内的记录采用直接插入法排序；依次类推，当下标增量减少到 1 时，整个待排序记录序列已成为一组；这时，对全体待排序记录再进行一次直接插入排序即完成排序工作。

8.1.2　交换排序

交换排序是通过交换记录在表中的位置来实现排序的。交换排序的思想是：两两比较待排记录的关键字，一旦发现两个记录的次序与排序要求相逆则交换这两个记录的位置，直到表中没有逆序的记录存在为止。

1. 冒泡排序

对 R[1]～R[n] 这 n 个记录的冒泡排序的排序过程是：第一趟从第 1 个记录 R[1] 开始到第 n 个记录 R[n] 为止，对 n－1 对相邻的两个记录进行两两比较，若与排序要求相逆则交换两者的位置；这样，经过一趟的比较、交换后，具有最大关键值的记录就被交换到 R[n] 位置。第二趟从第 1 个记录 R[1] 开始到 n－1 个记录 R[n－1] 为止继续重复上述的比较与交换；这样，具有次大关键字的记录就被交换到 R[n－1] 位置……如此重复，在经过 n－1 趟这样的比较和交换后，R[1]～R[n] 这 n 个记录已按关键字有序。这个排序过程就像一个个往上(往右)冒泡的气泡，最轻的气泡先冒上来(到达 R[n] 位置)，较重的气泡后冒上来；因此，形象地称之为冒泡排序。冒泡排序最多进行 n－1 趟，在某趟的两两记录关键字的比较过程中，如果一次交换都未发生，则表明 R[1]～R[n] 中的记录已经有序，这时可结束排序过程。

2. 快速排序

快速排序是基于交换思想对冒泡排序的一种改进，又称为分区交换排序。快速排序的基本思想是：在待排序记录序列中，任取其中一个记录(通常是第一个记录)并以该记录的关键字作为基准，经过一趟交换之后，所有关键字比它小的记录都交换到它的左边，而所有关键字比它大的记录都交换到它的右边(注意只是交换而并不排序)；此时，该基准记录在有序序列中的最终位置就已确定。然后，再分别对划分到基准记录左右两部分区间的记录序列重复上述过程，直到每一部分最终划分为一个记录时为止，即最终确定了所有记录各自在有序序列中应该放置的位置，这也意味着排序的完成。因此，快速排序的核心操作是划分。

8.1.3　选择排序

选择排序的基本思想：每一趟从待排序记录中选出关键字最小的记录，并顺序放在已排好序的记录序列的最后，直至全部记录排序完成为止。

1. 直接选择排序

直接选择排序又称简单选择排序，其实现方法是：第一趟从 n 个无序记录中找出关键字最小的记录与第 1 个记录交换(此时第 1 个记录为有序)；第二趟从第 2 个记录开始的 n－1 个无序记录中再选出关键字最小的记录与第 2 个记录交换(此时第 1 和第 2 个记录为有序)……如此下去，第 i 趟则从第 i 个记录开始的 n－i+1 个无序记录中选出关键字最小的记录与第 i 个记录交换(此时前 i 个记录已有序)。这样 n－1 趟后，前 n－1 个记录已有序，无序记录只剩一个即第 n 个记录，因关键字小的前 n－1 个记录已进入有序序列，这第 n 个记录必为关键字最大的记录,所以无需交换即 n 个记录已全部有序。

2. 堆排序

堆的定义是:对 n 个关键字序列 k_1,k_2,k_3,$\cdots$,k_n,当且仅当满足下述关系之一时就称为堆。

$$k_i \leq \begin{cases} k_{2i} \\ k_{2i+1} \end{cases} \quad \text{或者} \quad k_i \geq \begin{cases} k_{2i} \\ k_{2i+1} \end{cases} \quad \text{其中,} i = 1, 2, \ldots, \lfloor n/2 \rfloor$$

若将此序列对应的一维数组(即以一维数组作为此序列的存储结构)看成一棵完全二叉树,则堆的含义表明:完全二叉树中所有非终端结点(非树叶结点)的关键字均不大于(或不小于)其左、右孩子结点的关键字。因此在一个堆中,堆顶关键字(即完全二叉树的根结点)必是 n 个关键字序列中的最小值(或最大值),并且堆中任意一棵子树也同样是堆。我们将堆顶关键字为最小值的堆称为小根堆,将堆顶关键字为最大值的堆称为大根堆。

堆排序是一种树形选择排序,更确切地说是二叉树形选择排序。以小根堆为例,堆排序的思想是:对 n 个待排序的记录,首先根据各记录的关键字按堆的定义排成一个序列(即建立初始堆),从而由堆顶得到最小关键字的记录,然后将剩余的 n − 1 个记录再调整成一个新堆,即又由堆顶得到这 n − 1 个记录中最小关键字的记录,如此反复进行出堆和将剩余记录调整为堆的过程,当堆仅剩下一个记录出堆时,则 n 个记录已按出堆次序排成有序序列。因此,堆排序的过程分为以下两步(以小根堆为例,大根堆可类似处理)。

1) 建立初始堆

为了简单起见,我们以记录的关键字来代表记录。首先将待排序的 n 个关键字分放到一棵完全二叉树(用一维数组存储)的各个结点中(此时完全二叉树中各个结点并不一定具备堆的性质)。由二叉树性质可知,所有序号大于 $\lfloor n/2 \rfloor$ 的树叶结点已经是堆(因其无子结点),故初始建堆是以序号为 $\lfloor n/2 \rfloor$ 的最后一个非终端结点开始的,通过调整,逐步使序号为 $\lfloor n/2 \rfloor$,$\lfloor n/2 \rfloor - 1$,$\lfloor n/2 \rfloor - 2$,$\cdots$为根结点的子树满足堆的定义,直到序号为 1 的根结点排成堆为止,则 n 个关键字已构成了一个堆。在对根结点序号为 i 的子树建堆的过程中,可能要对结点的位置进行调整以满足堆的定义(必须与关键字小的子结点进行位置调整,否则不满足堆的定义);但是这种调整可能会出现原先是堆的下一层子树不再满足堆的定义的情况,这就需要再对下一层进行调整;如此一层一层调整下去,也可能这种调整会持续到叶子结点。这种建堆方法就像过筛子一样,把最小关键字向上逐层筛选出来直至到达完全二叉树的根结点(序号为 1)为止,此时即可输出堆顶结点(即根结点)的关键字值。

2) 调整成新堆

堆顶结点的关键字输出后,如何将堆中剩余的 n − 1 个结点调整为堆呢?首先,将堆中序号为 n 的最后一个结点与待出堆的序号为 1 的堆顶结点(即完全二叉树的根结点)交换(序号为 n 的结点此时用来保存出堆的结点),这时只需要使序号从 1 至 n − 1 的结点满足堆的定义即可由这剩余的 n − 1 个结点构成堆。相对于原来的堆,此时仅堆顶结点发生了改变,而其余 n − 2 个结点的存放位置仍是原来堆中的位置,即这 n − 2 个结点仍满足堆的定义。我们只需对这个新的堆顶结点(显然不满足堆的定义)进行调整;也就是说,在完全二叉树中只对根结点进行自上而下的调整。调整的方法是：将根结点与左、右孩子结点中关键字值较小的那个结点进行交换(否则交换后仍不满足堆的定义)；若与左孩子进行交换，则左子树堆被破坏，且仅左子树的根结点不满足堆的定义；若与右子树交换，则右子树的堆被破坏，且仅右子树的根结点不满足堆的定义。继续对不满足堆的定义的子树进行上述交换操作，这种调整需持续到叶子结点或者到某结点已满足堆的定义时为止。

8.1.4　归并排序

归并排序是将两个或两个以上的有序序列合并成一个有序序列的过程。将两个有序序列合并(归并)成一个有序序列称为二路归并排序。二路归并的思想是：只有一个记录的表总是有序的，故初始时将 n 个待排序记录看成是 n 个有序表(每个有序表的长度为 1，即仅有一个记录)，然后开始第 1 趟两路归并，即将第 1 个表同第 2 个表归并，第 3 个表同第 4 个表归并……若最后仅剩一个表，则不参加归并；这样得到 $\lceil n/2 \rceil$ 个长度为 2(最后一个表的长度可能为 1)的有序表。然后进行第 2 趟归并，即将第 1 趟得到的有序表继续进行两两归并，从而得到 $\lceil n/4 \rceil$ 个长度为 4(最后一个表的长度可能小于 4)的有序表……依此类推，直到第 $\lceil \text{lb } n \rceil$ 趟归并就得到了长度为 n 的有序表。

8.1.5　基数排序

基数排序是一种借助于多关键字排序的思想，将单关键字按各权值位(基数)分成"多关键字"后进行排序的方法，它是分配排序中的一种。

1. 多关键字排序

前面讨论的排序中每个记录都只有一个关键字；而在有些情况下，排序过程中会用到一个记录里的多个关键字，这种排序称为多关键字排序。假定在 n 个记录的排序表中，每个记录包含 d 个关键字 $\{k^1, k^2, k^3, \cdots, k^d\}$，则称记录序列对关键字 $\{k^1, k^2, k^3, \cdots, k^d\}$ 有序是指：对于记录序列中的任意两个记录 R[i] 和 R[j]($1 \leq i < j \leq n$)都满足下列有序关系：

$$(k_i^1, k_i^2, k_i^3, \cdots, k_i^d) \leq (k_j^1, k_j^2, k_j^3, \cdots, k_j^d)$$

其中 k^1 称为最主位关键字，k^d 称为最次位关键字。

多关键字排序按照从最次位关键字到最主位关键字或从最主位关键字到最次位关键字的顺序逐次排序，即分为如下两种方法：

(1) 最次位优先(LSD)法：先从 k^d 开始排序，再对 k^{d-1} 进行排序，依次重复直到对 k^1 排序后便得到一个有序序列。扑克牌按面值、花色的第一种排序方法即为 LSD 法。

(2) 最主位优先(MSD)法：先按 k^1 排序分组，同一组中的记录其关键字都为 k^1，再对各组按 k^2 排列分成子组；此后，对后面的关键字继续这样的排序分组，直到按最次关键字码 k^d 对各子组排序后，再将各组连接起来，这样就得到一个有序序列。扑克牌按花色、面值的第二种排序方法即为 MSD 法。

2. 链式基数排序

如果将关键字拆分为若干项，每项作为一个"关键字"，则对单关键字的排序可按多关键字排序方法进行。基数排序的思想是：根据基 r 的大小设立 r 个队列，队列的编号分别为 0、1、2、⋯、r−1。对于无序的 n 个记录，首先从最低位关键字开始，将这 n 个记录"分配"到 r 个队列中，然后由小到大将各队列中的记录再依次"收集"起来，这称为一趟排序；第一趟排序后，n 个记录已按最低位关键字有序，然后再按次最低关键字把刚收集起来的 n 个记录再"分配"到 r 个队列中……重复上述"分配"与"收集"过程，直到对最高位关键字再进行一趟"分配"和"收集"后，则 n 个记录已按关键字有序。

为了减少记录移动的次数，基数排序中的队列可以采用链表作为存储结构，并用 r 个链队列作为分配队列。链队列设有两个指针，分别指向链队列的队头和队尾；关键字相同的记录放入到同一个链队列中，而收集则总是将各链队列按关键字大小顺序链接起来。这种结构下的排序称为链式基数排序。

8.2 排序实践

实验 1 插 入 排 序

1. 概述

直接插入排序是一种最简单的排序方法，其做法是：在插入第 i 个记录 R[i] 时，R[1]，R[2]，⋯，R[i−1] 已经排好序，这时将待插入记录 R[i] 的关键字 R[i].key 由后向前依次与关键字 R[i−1].key，R[i−2].key，⋯，R[1].key 进行比较，从而找到 R[i] 应该插入的位置 j，并且由后向前依次将 R[i−1]，R[i−2]，⋯，R[j+1]，R[j] 顺序后移一个位置(这样移动可保证每个被移动的记录信息不被破坏)，然后将 R[i] 放入到刚刚让出其位置的原 R[j] 处。这种插入使得前 i 个位置上的所有记录 R[1]，R[2]，⋯，R[i] 继续保持有序。

程序中 i 从 2 变化到 n 是因为仅有一个记录的表是有序的，因此，对 n 个记录的表(数组)，可从第 2 个记录开始直到第 n 个记录逐个向有序表中进行插入操作，从而得到 n 个记录按关键字有序的表。引入 R[0] 的作用有两个：一是保存了记录 R[i] 的值，即不至于在记录后移的操作中失去待插记录 R[i] 的值；二是在 while 循环中取代检查 j 是否小于 1 的功能，即防止下标越界，也即当 j 为 0 时，while 循环的判断条件就变成了"R[0].key > R[0].key"，即终止 while 循环，因此，R[0] 起到了"监视哨"的作用。图 8-1 给出了直接插入排序的排序过程。

	监视哨 R[0]	R[1]	R[2]	R[3]	R[4]	R[5]	R[6]	R[7]	R[8]
初始关键字		[48]	33	61	96	72	11	25	48
i＝2		[33	48]	61	96	72	11	25	48
i＝3		[33	48	61]	96	72	11	25	48
i＝4		[33	48	61	96]	72	11	25	48
i＝5		[33	48	61	72	96]	11	25	48
i＝6		[11	33	48	61	72	96]	25	48
i＝7		[11	25	33	48	61	72	96]	48
i＝8		[11	25	33	48	48	61	72	96]

图 8-1　直接插入排序过程示意

在图 8-1 中，i 从 2 变化到 n(n＝8)；同时 i−1 也表示插入的次数(即排序的趟数)，方括号"[ ]"中的记录为有序序列。由图 8-1 也可看出：排序前 <u>48</u> 在 48 之后，排序后 <u>48</u> 仍在 48 之后，故直接插入排序为稳定的排序方法。

2. 实验目的

了解插入排序的基本思想，掌握插入排序的实现方法。

3. 实验内容

用一维数组存储待排序记录，然后实现插入排序。

4. 参考程序

```
#include<stdio.h>
#define MAXSIZE 30
typedef struct
{  int key;                 //关键字项
   char data;               //其它数据项
}RecordType;                //记录类型
void D_Insert(RecordType R[],int n)
{                           //对 n 个记录序列 R[1]～R[n]进行直接插入排序
    int i,j;
    for(i=2;i<=n;i++)   //进行 n-1 趟排序
      if(R[i].key<R[i-1].key)
      { //R[i].key 小于 R[i-1].key 时，需将 R[i]插入到有序序列 R[1]～R[i-1]中
         R[0]=R[i];         //设置查找监视哨 R[0]并保存待插入记录 R[i]值
         j=i-1;             // j 定位于有序序列的最后一个记录 R[i-1]处
         while(R[j].key>R[0].key)    //在有序序列中寻找 R[i]的插入位置
         {    /*将有序序列中关键字值大于 R[i].key(即此时的 R[0].key)的
                  所有 R[j](j=i-1,i-2,…)由后向前顺序后移一个记录位置*/
            R[j+1]=R[j];
            j--;
         }
         R[j+1]=R[0];    //将 R[i](现为 R[0])插入到有序序列中应插位置上
      }
}
void main()
{  int i=1,j,x;
   RecordType R[MAXSIZE];        //定义记录类型数组 R
   printf("Input data of list (-1 stop):\n");    //给每一记录输入关键字
                                                  //直至-1 结束
   scanf("%d",&x);
   while(x!=-1)
   {  R[i].key=x;
```

```
    scanf("%d",&x);
    i++;
    }
    printf("Output data in list:\n");    //输出表中各记录的关键字
    for(j=1;j<i;j++)
        printf("%4d",R[j].key);
    printf("\nSort:\n");
    D_Insert(R,i-1);                      //进行直接插入排序
    printf("\nOutput data in list after Sort:\n");//输出直接插入排序后的结果
    for(j=1;j<i;j++)
        printf("%4d",R[j].key);
    printf("\n");
}
```

5．思考题

插入排序是否是稳定的排序方法？

实验 2　折半插入排序

1．概述

在直接插入排序中，记录集合被分为有序序列集合{R[1], R[2], …, R[i-1]}和无序序列集合{R[i], R[i+1], …, R[n]}，排序的基本操作是向有序序列 R[1]～R[i-1] 中插入一个 R[i]。由于在有序序列中插入，我们当然可以采用折半查找来确定 R[i] 在有序序列 R[1]～R[i-1] 中应插入的位置，从而减少查找的次数。

2．实验目的

了解折半插入排序的基本思想，掌握折半插入排序的实现方法。

3．实验内容

用一维数组存储待排序记录，然后实现折半插入排序。

4．参考程序

```
#include<stdio.h>
#define MAXSIZE 30
typedef struct
{   int key;                    //关键字项
    char data;                  //其它数据项
}RecordType;                    //记录类型
void B_InsertSort(RecordType R[],int n)
{                               //对 n 个记录序列 R[1]～R[n]进行折半插入排序
    int i,j,low,high,mid;
```

```
    for(i=2;i<=n;i++)        //进行 n-1 趟排序
    {  R[0]=R[i];            //设置查找监视哨 R[0]并保存待插入记录 R[i]值
       low=1,high=i-1;       //设置初始查找区间
       while(low<=high)      //寻找插入位置
       {  mid=(low+high)/2;
          if(R[0].key>R[mid].key)
             low=mid+1;      //插入位置在右半区
          else
             high=mid-1;     //插入位置在左半区
       }
       for(j=i-1;j>=high+1;j--)
       //high+1 为插入位置，将 R[i-1],R[i-2],…,R[high+1]顺序后移一个
          位置 R[j+1]=R[j];
       R[high+1]=R[0];       //将 R[i](现为 R[0])放入应插入的位置 high+1
    }
}
void main()
{   int i=1,j,x;
    RecordType R[MAXSIZE]; //定义记录类型数组 R
    printf("Input data of list (-1 stop):\n");     //给每一记录输入关键字
                                                    //直至-1 结束

    scanf("%d",&x);
    while(x!=-1)
    {  R[i].key=x;
       scanf("%d",&x);
       i++;
    }
    printf("Output data in list:\n");    //输出表中各记录的关键字
    for(j=1;j<i;j++)
       printf("%4d",R[j].key);
    printf("\nSort:\n");
    B_InsertSort(R,i-1);                 //进行折半插入排序
    printf("\nOutput data in list after Sort:\n");//输出折半插入排序后的结果
    for(j=1;j<i;j++)
       printf("%4d",R[j].key);
    printf("\n");
}
```

5. 思考题
折半插入排序与插入排序有何异同点？

实验 3　希尔(Shell)排序

1. 概述

希尔(Shell)排序中，先将整个待排序列中的记录按给定的下标增量进行分组，并对每个组内的记录采用直接插入法排序；然后减少下标增量，即使每组包含的记录增多，再继续对每组组内的记录采用直接插入法排序；依此类推，当下标增量减少到 1 时，对全体待排序记录再进行一次直接插入排序即完成排序工作。

在函数 ShellInsert 中，实现希尔排序的次序稍微做了一点改动，即并不是先将同一增量步长的一组记录全部排好后再进行下一组记录的排序，而是由 R[d] 开始依次扫描到 R[n] 为止，即对每一个扫描到的 R[i]，先将其与位于其前面的 R[i−d] 进行关键字比较，如果 R[i].key 小于 R[i−d].key，则将 R[i]暂存与 R[0]，然后执行内层的 for 循环。内层的 for 循环将 R[i].key(即现在的 R[0].key)依次与相差一个增量步长的 R[i−d].key，R[i−2d].key，…逐一进行比较；若 R[i].key 小，则依次将 R[i−d]，R[i−2d]，…顺序后移一个增量步长位置；若 R[i].key 大，则此时的 j+d 位置即为待插入记录 R[i] (此时的 R[0])的插入位置，这时通过语句"R[j+d] = R[0];"将待插记录 R[i]值放入这个位置。图 8-2 给出了希尔排序过程的示意，所取增量顺序依次为 d = 5、d = 3 和 d = 1。

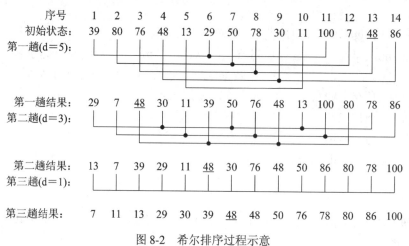

图 8-2　希尔排序过程示意

2. 实验目的

了解希尔(Shell)排序的基本思想，掌握希尔排序的实现方法。

3. 实验内容

用一维数组存储待排序记录，然后实现希尔排序。

4. 参考程序

```c
#include<stdio.h>
#define MAXSIZE 30
typedef struct
{
```

```
    int key;                  //关键字项
    char data;                //其它数据项
}RecordType;                  //记录类型
void ShellInsert(RecordType R[], int n, int d)//按指定的增量 d 进行一趟希尔排序
{        //对 R[1]～R[n] 中的记录进行希尔排序，d 为增量(步长)因子
    int i, j;
    for(i=d+1;i<=n;i++)
        if(R[i].key<R[i-d].key)
    {   //当 R[i].key 小于前一步长 d 的 R[i-d].key 时，应向前找寻其插入位置
        R[0]=R[i];            //暂存待插入记录 R[i] 的值于 R[0]
        for(j=i-d;j>0&&R[0].key<R[j].key;j=j-d)
            R[j+d]=R[j];/*将位于 R[i] 之前下标差值为增量步长的倍数且关键字
                        大于 R[0].key(即原 R[i].key)的所有 R[j] 都顺序后移
                        一个增量步长位置*/
        R[j+d]= R[0];         //将原 R[i](现为 R[0])插入到应插位置上
    }
}
void ShellSort(RecordType R[], int n)
{   //按递增序列 d[0]、d[1]、…、d[t-1] 对顺序表 R[1]～R[n] 做希尔排序
    int d[10], t, k;
    printf("\n 输入增量因子的个数:\n");
    scanf("%d",&t);           //输入增量因子的个数
    printf("由大到小输入每一个增量因子:\n");
    for(k=0;k<t;k++)
        scanf("%d",&d[k]);    //由大到小输入每一个增量因子
    for(k=0;k<t;k++)     //按递增序列 d[0]、d[1]、…、d[t-1] 做 t 趟希尔排序
        ShellInsert(R,n,d[k]); //按增量因子 d[k] 对顺序表 R 进行一趟希尔排序
}
void main()
{
    int i=1, j, x;
    RecordType R[MAXSIZE];    //定义记录类型数组 R
    printf("Input data of list (-1 stop):\n");   //给每一记录输入关键字
                                                 //直至-1 结束
    scanf("%d",&x);
    while(x!=-1)
    {
        R[i].key=x;
        scanf("%d",&x);
```

```
        i++;
    }
    printf("Output data in list:\n");    //输出表中各记录的关键字
    for(j=1;j<i;j++)
        printf("%4d",R[j].key);
    ShellSort(R,i-1);                     //进行希尔排序
    printf("\nOutput data in list after Sort:\n");  //输出希尔排序后的结果
    for(j=1;j<i;j++)
        printf("%4d",R[j].key);
    printf("\n");
}
```

【说明】

顺序表中的记录关键字排列为：39 80 76 48 13 29 50 78 30 11 100 7 48 86，程序执行如下：

输入：

```
Input data of list (-1 stop):
39 80 76 48 13 29 50 78 30 11 100 7 48 86 -1↙
Output data in list:
   39  80  76  48  13  29  50  78  30  11 100   7  48  86
```

输入增量因子的个数：

```
3↙
```

由大到小输入每一个增量因子：

```
5 3 1↙
```

输出：

```
Output data in list after Sort:
    7  11  13  29  30  39  48  48  50  76  78  80  86 100
Press any key to continue
```

5. 思考题

增量步长对希尔排序有何影响？

实验 4 冒 泡 排 序

1. 概述

冒泡排序的排序过程是：第一趟从第 1 个记录 R[1] 开始到第 n 个记录 R[n] 为止，对 n－1 对相邻的两个记录进行两两比较，若与排序要求相逆则交换两者的位置；经过一趟的比较、交换后，具有最大关键值的记录就被交换到 R[n] 位置。第二趟从第 1 个记录 R[1] 开始到 n－1 个记录 R[n-1] 为止继续重复上述的比较与交换；这样，具有次大关键字的记录就被交换到 R[n-1]位置……如此重复，在经过 n－1 趟这样的比较和交换后，R[1]～R[n] 这 n 个记录已按关键字有序。图 8-3 给出了冒泡排序过程示意。

初始序列	48	33	61	82	72	11	25	<u>48</u>
第1趟	33	48	61	72	11	25	<u>48</u>	82
第2趟	33	48	61	11	25	<u>48</u>	72	82
第3趟	33	48	11	25	<u>48</u>	61	72	82
第4趟	33	11	25	48	<u>48</u>	61	72	82
第5趟	11	25	33	48	<u>48</u>	61	72	82
第6趟	11	25	33	48	<u>48</u>	61	72	82

图 8-3　冒泡排序过程示意

2. 实验目的

了解冒泡排序的基本思想，掌握冒泡排序的实现方法。

3. 实验内容

用一维数组存储待排序记录，然后实现冒泡排序。

4. 参考程序

```
#include<stdio.h>
#define MAXSIZE 30
typedef struct
{
    int key;                //关键字项
    char data;              //其它数据项
}RecordType;                //记录类型
void BubbleSort(RecordType R[], int n)
{                           //对 R[1]～R[n]这 n 个记录进行冒泡排序
    int i,j,swap;
    for(i=1;i<n;i++)        //进行 n-1 趟排序
    {
        swap=0;            //设置未发生交换标志
        for(j=1;j<=n-i;j++) //对 R[1]～R[n-i] 记录进行两两比较
            if(R[j].key>R[j+1].key)   //如果 R[j].key 大于 R[j+1].key，则
                                      //交换 R[j]和 R[j+1]
            {
                R[0]=R[j];
                R[j]=R[j+1];
                R[j+1]=R[0];
                swap=1;            //有交换发生
            }
        if(swap==0)
        break;                  //本趟比较中未出现交换，则结束排序(序已排好)
    }
```

```
    }
    void main()
    {
        int i=1,j,x;
        RecordType R[MAXSIZE];          //定义记录类型数组 R
        printf("Input data of list (-1 stop):\n");//给每一记录输入关键字
                                              //直至-1 结束
        scanf("%d",&x);
        while(x!=-1)
        {
            R[i].key=x;
            scanf("%d",&x);
            i++;
        }
        printf("Output data in list:\n");    //输出表中各记录的关键字
        for(j=1;j<i;j++)
            printf("%4d",R[j].key);
        BubbleSort(R,i-1);                    //进行冒泡排序
        printf("\nOutput data in list after Sort:\n");  //输出冒泡排序后的结果
        for(j=1;j<i;j++)
            printf("%4d",R[j].key);
        printf("\n");
    }
```

5. 思考题

冒泡排序执行的趟数和待排序记录的初始排列有何关系?

实验 5 快 速 排 序

1. 概述

程序中，函数 Partition 完成在给定区间 R[i]～R[j] 中一趟快速排序的划分。具体做法是：设置两个搜索指针 i 和 j 来指向给定区间的头一个记录和最后一个记录，并将头一个记录作为基准记录。首先从 j 指针开始自右向左搜索关键字比基准记录关键字小的记录(即该记录应位于基准记录的左侧)，找到后将其交换到 i 指针处(此时已位于基准记录的左侧)；然后 i 指针右移一个位置并由此开始自左向右搜索关键字比基准记录关键字大的记录(即该记录应位于基准记录的右侧)，找到后将其交换到 j 指针处(此时已位于基准记录的右侧)；然后 j 指针左移一个位置并继续上述自右向左搜索、交换的过程。如此由两端交替向中间搜索、交换，直到 i 与 j 相等，这表明位置 i 左侧的记录其关键字都比基准记录的关键字小，而 j 右侧的记录其关键字都比基准记录的关键字大，而 i 和 j 所指向的这同一个位置就是基准记录最终要放置的位置。在实际搜索中，为了减少数据的移动，应先将基准记录暂存于

R[0]，待最后确定了基准记录的放置位置后，再将暂存于 R[0] 的基准记录放置于此。图 8-4 给出了一趟快速排序划分的示意，方框表示基准记录的关键字，它只是示意应交换的位置，实际中，只有当一趟划分完成时才真正将基准记录放入最终确定的位置。

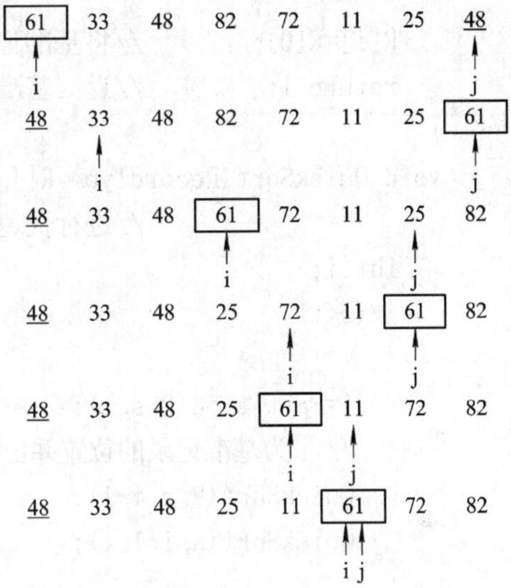

2. 实验目的

了解快速排序的基本思想，掌握快速排序的实现方法。

3. 实验内容

用一维数组存储待排序记录，然后实现快速排序。

4. 参考程序

(1) 快速排序的递归程序。

```
#include<stdio.h>
#define MAXSIZE 30
typedef struct
{
    int key;            //关键字项
    char data;          //其它数据项
}RecordType;            //记录类型
int Partition(RecordType R[],int i,int j)      //划分算法
{   //对 R[i]～R[j]，以 R[i] 为基准记录进行划分并返回划分后 R[i] 的正确位置
    R[0]=R[i];          //暂存基准记录 R[i] 于 R[0]
    while(i< j)         //从表(即序列 R[i]～R[j])的两端交替向中间扫描
    {
        while(i<j&&R[j].key>=R[0].key)
                    //从右向左扫描查找第一个关键字小于 R[0].key 的记录 R[j]
            j--;
        if(i< j)    //当 i<j 且 R[j].key 小于 R[0].key 时将 R[j]交换到表的左端
        {
            R[i]=R[j];
            i++;
        }
        while(i<j&&R[i].key<=R[0].key)
                    //从左到右扫描查找第一个关键字大于 R[0].key 的记录 R[i]
            i++;
        if(i<j)     //当 i<j 且 R[i].key 大于 R[0].key 时将 R[i]交换到表的右端
        {
            R[j]=R[i];
```

图 8-4 一趟快速排序示意

```
[61]  33   48   82   72   11   25   48
  i                                    j

 48   33   48   82   72   11   25  [61]
  i                                    j

 48   33   48  [61]  72   11   25   82
            i                   j

 48   33   48   25   72   11  [61]  82
            i                   j

 48   33   48   25  [61]  11   72   82
                 i         j

 48   33   48   25   11  [61]  72   82
                      i j
```

```
        j--;
      }
    }
    R[i]=R[0];            //将基准记录 R[0]送入最终(指排好序时)应放置的位置
    return i;             //返回基准记录 R[0]最终放置的位置
}
void QuickSort(RecordType R[],int s,int t)
{                        //进行快速排序
    int i;
    if(s<t)
    {
      i=Partition(R,s,t);
      // i 为基准记录的位置并由此将表分为 R[s]～R[i-1]和 R[i+1]～R[t]两部分
      QuickSort(R,s,i-1);       //对表 R[s]～R[i-1]进行快速排序
      QuickSort(R,i+1,t);       //对表 R[i+1]～R[t]进行快速排序
    }
}
void main()
{
    int i=1,j,x;
    RecordType R[MAXSIZE];       //定义记录类型数组 R
    printf("Input data of list (-1 stop):\n");   //给每一记录输入关键字
                                                 //直至-1 结束
    scanf("%d",&x);
    while(x!=-1)
    {
      R[i].key=x;
      scanf("%d",&x);
      i++;
    }
    printf("Output data in list:\n");    //输出表中各记录的关键字
    for(j=1;j<i;j++)
      printf("%4d",R[j].key);
    QuickSort(R,1,i-1);               //进行快速排序
    printf("\nOutput data in list after Sort:\n");//输出快速排序后的结果
    for(j=1;j<i;j++)
      printf("%4d",R[j].key);
    printf("\n");
}
```

(2) 快速排序的非递归程序。用栈实现的快速排序的非递归程序如下：

```c
#include<stdio.h>
#include<stdlib.h>
#define MAXSIZE 30
typedef struct
{
    int key;                   //关键字项
    char data;                 //其它数据项
}RecordType;                   //记录类型
typedef struct
{
    int left;                  //用于保存待排序区间的左边界
    int right;                 //用于保存待排序区间的右边界
}Stacknode;                    //栈结点类型
typedef struct
{
    Stacknode data[MAXSIZE];
    int top;
}SeqStack;                     //顺序栈类型
void Init_SeqStack(SeqStack **s)
{                              //初始化顺序栈
    *s=(SeqStack*)malloc(sizeof(SeqStack));   //在主调函数中申请栈空间
    (*s)->top=-1;              //置栈空标志
}
int Empty_SeqStack(SeqStack *s)
{                              //判栈空
    if(s->top==-1)
        return 1;              //栈为空时返回 1 值
    else
        return 0;              //栈不空时返回 0 值
}
void Push_SeqStack(SeqStack *s,Stacknode x)
{                              //入栈
    if(s->top==MAXSIZE-1)
        printf("Stack is full!\n");           //栈已满
    else
    {
        s->top++;
        s->data[s->top]=x;     //元素 x 压入栈*s 中
```

```
        }
    }
    void Pop_SeqStack(SeqStack *s,Stacknode *x)        //出栈
    {                    //将栈*s 中的栈顶元素出栈并通过参数 x 返回给主调函数
        if(s->top==-1)
            printf("Stack is empty!\n");                //栈为空
        else
        {
            *x=s->data[s->top];                        //栈顶元素出栈
            s->top--;
        }
    }
    void QuickSort(RecordType R[],int left,int right)
    {                            //快速排序
        int i,j;
        SeqStack *s;
        Stacknode node,*x=&node;
        RecordType temp,pivot;
        Init_SeqStack(&s);            //栈 s 初始化
        node.left=left;              //结点 node 的 left 保存区间的左边界值
        node.right=right;            //结点 node 的 right 保存区间的右边界值
        Push_SeqStack(s,node);       //将结点 node 压栈
        while(!Empty_SeqStack(s))    //栈 s 非空
        {
            Pop_SeqStack(s,x);        //出栈值经指针 x 赋给结点 node
            left=node.left;          //结点 node 的 left 值传给 left
            right=node.right;        //结点 node 的 right 值传给 right
            while(left<right)    //当待排序区间的左边界 left 小于右边界 right 时
            {
                pivot.key=R[right].key;    //该区间最大位置上的记录为基准记录
                i=left;
                j=right-1;
                while(1)              //寻找基准记录在区间内的最终存放位置
                {
                    while(i<j&&R[i].key<=pivot.key)
                        //从左到右扫描查找第一个关键字大于 pivot.key 的记录 R[i]
                        i++;
                    while(i<j&&R[j].key>=pivot.key)
                        //从右向左扫描查找第一个关键字小于 pivot.key 的记录 R[j]
```

```
            j--;
        if(i<j)           //还未找到基准记录的最终存放位置
        { //将关键字大于基准记录的 R[i]和小于基准记录的 R[j]进行交换
            temp=R[i];
            R[i]=R[j];
            R[j]=temp;
            i++;          // i 指针移至交换后 R[i]的后一个记录位置
            j--;          // j 指针移至交换后 R[j]的前一个记录位置
        }
        else              // i 等于 j 时找到基准记录的最终存放位置
            break;        //结束寻找基准记录最终存放位置的 while 循环
        }
        if(R[i].key>pivot.key)//最终存放位置不是基准记录原先的存放位置时
        {
            temp=R[i];
            R[i]=R[right];
            R[right]=temp;    //基准记录放在最终存放位置上
        }
        else   //最终存放位置仍是基准记录原先存放位置时无须存放
            i++;
            //因 i=j，故 i 应调至基准记录原先存放位置(即此时的 j+1 位置)
        node.left=i+1;     // node 的 left 保存新划分的右区间左边界值
        node.right=right;  // node 的 right 保存新划分的右区间右边界值
        Push_SeqStack(s,node);  //将新划分的右区间边界值入栈
        right=i-1;    //将 right 改为新划分的左区间右边界值，而左边界值
                      //仍为 left
        }
    }
}
void main()
{
    int i=0,j,x;
    RecordType R[MAXSIZE];         //定义记录类型数组 R
    printf("Input data of list (-1 stop):\n");   //输入数据至-1 结束
    scanf("%d",&x);
    while(x!=-1)
    {
        R[i].key=x;
        scanf("%d",&x);
```

```
    i++;
    }
printf("Output data in list:\n");   //输出刚输入的数据
for(j=0;j<i;j++)
    printf("%4d",R[j].key);
printf("\nSort:\n");
QuickSort(R,0,i-1);                 //进行快速排序
printf("\nOutput data in list after Sort:\n");   //输出排序后的数据
for(j=0;j<i;j++)
    printf("%4d",R[j].key);
printf("\n");
    }
```

5．思考题

为何待排序记录基本有序时快速排序的效率反而降底了？

实验6 选择排序

1．概述

程序中，第一趟从 n 个无序记录中找出关键字最小的记录与记录 R[1] 交换(此时记录 R[1] 为有序)；第二趟从记录 R[2] 开始的 n−1 个无序记录中再选出关键字最小的记录与记录 R[2] 交换(此时 R[1] 和 R[2] 为有序)……如此下去，第 i 趟则从第 i 个记录开始的 n−i+1 个无序记录中选出关键字最小的记录与记录 R[i] 交换(此时记录 R[1]～R[i] 已有序)。这样 n−1 趟后记录 R[1]～R[n−1] 已有序，无序记录只剩一个，即记录 R[n]。因关键字小的前 n−1 个记录已进入有序序列，记录 R[n] 必为关键字最大的记录，所以无需再交换，即 n 个记录已全部有序。图 8-5 给出了直接选择排序过程示意，方括号 "[ ]" 括起来的序列为无序序列。

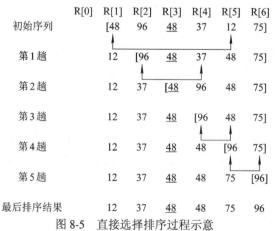

图 8-5　直接选择排序过程示意

2．实验目的

了解选择排序的基本思想，掌握选择排序的实现方法。

3. 实验内容

用一维数组存储待排序记录，然后实现选择排序。

4. 参考程序

```c
#include<stdio.h>
#define MAXSIZE 30
typedef struct
{
    int key;                    //关键字项
    char data;                  //其它数据项
}RecordType;                    //记录类型
void SelectSort(RecordType R[],int n)
{                               //对 R[1]~R[n]这 n 个记录进行选择排序
    int i,j,k;
    for(i=1;i<n;i++)            //进行 n-1 趟选择
    {
        k=i;                    //假设关键字最小的记录为第 i 个记录
        for(j=i+1;j<=n;j++)     //从第 i 个记录开始的 n-i+1 个无序记录中选出
                                //关键字最小的记录
            if(R[j].key<R[k].key)
                k=j;            //保存最小关键字记录的存放位置
        if(i!=k)               //将找到的最小关键字记录与第 i 个记录交换
        {
            R[0]=R[k];
            R[k]=R[i];
            R[i]=R[0];
        }
    }
}
void main()
{
    int i=1,j,x;
    RecordType R[MAXSIZE];      //定义记录类型数组 R
    printf("Input data of list (-1 stop):\n");   //给每一记录输入关键字
                                                 //直至-1 结束
    scanf("%d",&x);
    while(x!=-1)
    {
        R[i].key=x;
```

```
    scanf("%d",&x);
    i++;
  }
  printf("Output data in list:\n");        //输出表中各记录的关键字
  for(j=1;j<i;j++)
    printf("%4d",R[j].key);
  printf("\nSort:\n");
  SelectSort(R, i-1);                      //进行选择排序
  printf("\nOutput data in list after Sort:\n");   //输出选择排序后的结果
  for(j=1;j<i;j++)
    printf("%4d",R[j].key);
  printf("\n");
}
```

5. 思考题

通常简单的排序方法都是稳定的，如插入排序和冒泡排序；而选择排序虽然也是简单的排序方法，但却是不稳定的，这是为什么？

实验 7 堆 排 序

1. 概述

堆排序的过程是：对 n 个关键字序列先将其建成堆(初始堆)，然后执行 n − 1 趟堆排序。第一趟先将序号为 1 的根结点与序号为 n 的结点交换(此时第 n 个结点用于存储出堆结点)，并调整此时的前 n − 1 个结点为堆；第二趟先将序号为 1 的根结点与序号为 n − 1 的结点交换(此时第 n − 1 个结点用于存储出堆结点)，并调整此时的前 n − 2 个结点为堆……第 n − 1 趟将序号为 1 的根结点与序号为 2 的根结点交换(此时第 2 个结点用于存储出堆结点)；由于此时待调整的堆仅为序号为 1 的根结点，故无需调整，整个堆排序过程结束。至此，在一维数组中的关键字已全部有序。我们以关键字 47, 33, 25, 82, 72, 11 为例，通过图 8-6 和图 8-7 给出堆排序示意。

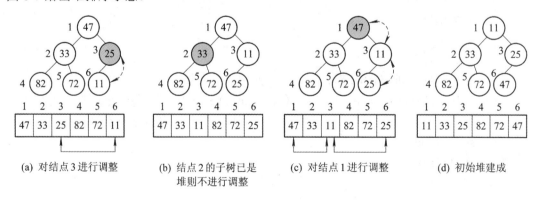

(a) 对结点 3 进行调整　　(b) 结点 2 的子树已是　　(c) 对结点 1 进行调整　　(d) 初始堆建成
　　　　　　　　　　　　　　堆则不进行调整

图 8-6　初始堆建立过程示意

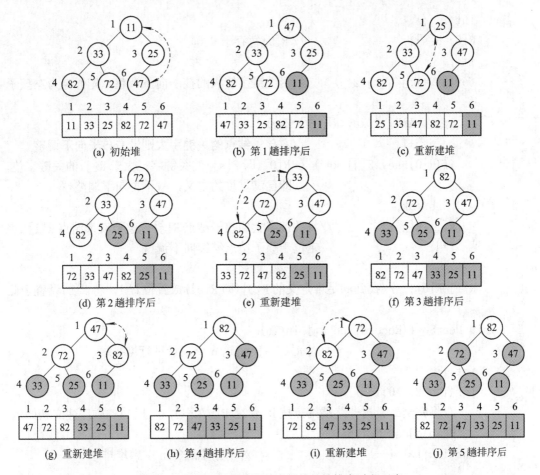

图 8–7　将图 8-6 的堆调整为新堆及堆排序过程示意

2. 实验目的

了解堆排序的基本思想，掌握堆排序的实现方法。

3. 实验内容

用一维数组存储待排序记录，然后实现堆排序。

4. 参考程序

```
#include<stdio.h>
#define MAXSIZE 30
typedef struct
{   int key;                    //关键字项
    char data;                  //其它数据项
}RecordType;                    //记录类型
void HeapAdjust(RecordType R[],int s,int t)    //基于大根堆的堆排序
{       /*对 R[s]~R[t]除 R[s]外均满足堆的定义，即只对 R[s]进行调整,
        使 R[s]为根的完全二叉树成为一个堆*/
```

```
    int i,j;
    R[0]=R[s];                    //R[s]暂存于 R[0]
    i=s;
    for(j=2*i;j<=t;j=2*j)         //沿关键字较大的孩子向下调整，先假定为左孩子
    {
        if(j<t&&R[j].key<R[j+1].key)
            j=j+1;                //右孩子结点的关键字大则沿右孩子向下调整
        if(R[0].key>R[j].key)    /*R[0](即 R[s])的关键字已大于 R[j]的关键字值，
                                    即已满足堆的定义，故不再向下调整*/
            break;
        R[i]=R[j];                //将关键字大的孩子结点 R[j]调整至双亲结点 R[i]
        i=j;                      //定位于孩子结点继续向下调整
    }
    R[i]=R[0];    //找到满足堆定义的 R[0](即 R[s])放置位置 i，将 R[s]调整于此
}
void HeapSort(RecordType R[],int n)
{                                //对 R[1]~R[n]这 n 个记录进行堆排序
    int i;
    for(i=n/2;i>0;i--)
        //将完全二叉树非终端结点按 R[n/2],R[n/2-1],…,R[1]的顺序建立初始堆
        HeapAdjust(R,i,n);
    for(i=n;i>1;i--)              //对初始堆进行 n-1 趟堆排序
    {
        R[0]=R[1];               //堆顶的 R[1]与堆底的 R[i]交换
        R[1]=R[i];
        R[i]=R[0];
        HeapAdjust(R,1,i-1);     //将未排序的前 i-1 个结点重新调整为堆
    }
}
void main()
{   int i=1,j,x;
    RecordType R[MAXSIZE];       //定义记录类型数组 R
    printf("Input data of list (-1 stop):\n");    //给每一记录输入关键字
                                                  //直至-1 结束
    scanf("%d",&x);
    while(x!=-1)
    {   R[i].key=x;
        scanf("%d",&x);
        i++;
```

```
}
printf("Output data in list:\n");        //输出表中各记录的关键字
for(j=1;j<i;j++)
    printf("%4d",R[j].key);
printf("\nSort:\n");
HeapSort(R,i-1);                          //进行堆排序
printf("\nOutput data in list after Sort:\n");  //输出堆排序后的结果
for(j=1;j<i;j++)
    printf("%4d",R[j].key);
printf("\n");
}
```

5. 思考题

由于堆本身是一棵完全二叉树，试用二叉树的链式存储结构实现堆排序。

实验 8　归 并 排 序

1. 概述

二路归并排序递归算法实现的过程是：像一棵二叉树一样，首先将无序表 R[1]～R[n] 通过函数 MSort 中的两条 MSort 语句对半分为第二层的两个部分；由于是递归调用，在没有执行将两个有序子表归并为一个有序子表的函数调用语句 Merge 之前，又递归调用 MSort 函数再次将第二层的每一部分继续对半拆分，依此类推。这种递归调用拆分的过程持续到每一部分只有一个记录时为止，然后逐层返回执行每一层还未执行的 Merge 函数调用语句，而该语句则是将两个部分合二为一，并且在合并(归并)中使其成为有序表(每一部分只有一个记录时即为有序，因此是将两个有序表合并为一个有序表的过程)。由于每一次将一个表对半分为两个子表操作的语句(即两个 MSort 函数调用语句)其后面都有一个将两个有序子表合并为一个有序子表的语句(即 Merge 函数调用语句)，所以将两个表合二为一的归并恰好与前面的一分为二对应，也即最终正好归并为一个长度为 n 的有序表。二路归并排序算法递归调用中将表一分为二的示意见图 8-8。

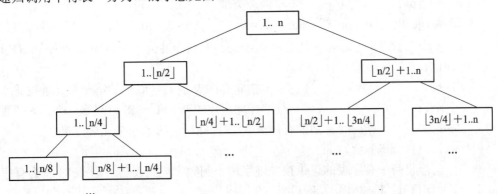

图 8-8　二路归并排序递归调用中进行对半拆分的示意

在二路归并排序的递归过程中，当一分为二到每个部分只有一个记录(可看成叶结点)时，一分为二过程结束而合二为一的排序过程开始，故合二为一的过程是由叶结点开始逐层返回并进行两两归并，一直持续到根结点为止的，即最终归并为一个有 n 个记录的有序表。这个合二为一的过程恰好是前面一分为二的逆过程。因此拆分与合并工作均可以在一个递归函数里完成。即在递归的逐层调用中完成将一个子表拆分成两个子表的工作，而在递归的逐层返回中完成将两个有序子表合并成一个有序子表的工作。图 8-9 给出了二路归并排序递归过程中合二为一的示意，方括号"[ ]"表示其间的记录是一个有序表。

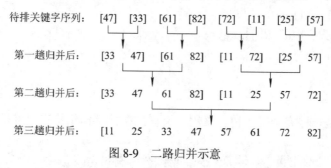

图 8-9　二路归并示意

2．实验目的

了解归并排序的基本思想，掌握归并排序的实现方法。

3．实验内容

用一维数组存储待排序记录，然后实现归并排序。

4．参考程序

(1) 归并排序的递归程序。

```
#include<stdio.h>
#define MAXSIZE 30
typedef struct
{
    int key;                    //关键字项
    char data;                  //其它数据项
}RecordType;                    //记录类型
void Merge(RecordType R[],RecordType R1[],int s,int m,int t)//一趟二路归并
{       //将有序表R[s]~R[m]及R[m+1]~R[t]合并为一个有序表R1[s]~R1[t]
    int i,j,k;
    i=s;                        //i 指向有序表R[s]~R[m]的第一个元素位置
    j=m+1;                      //j 指向有序表R[m+1]~R[t]的第一个元素位置
    k=s;       //k 指向合并后的有序表R1[s]~R1[t]的第一个元素位置
    while(i<=m&&j<=t)
        //将两个有序表的记录按关键字由小到大收集到表R1中使表R1也为有序表
        if(R[i].key<=R[j].key)
            R1[k++]=R[i++];
```

```
    else
        R1[k++]=R[j++];
    while(i<=m)              //将第一个有序表未收集完的记录收集到有序表 R1
        R1[k++]=R[i++];
    while(j<=t)              //将第二个有序表未收集完的记录收集到有序表 R1
        R1[k++]=R[j++];
}
void MSort(RecordType R[],RecordType R1[],int s,int t)//递归方式的归并排序
{                           //将无序表 R[s]～R[t]归并为一个有序表 R1[s]～R1[t]
    int m;
    RecordType R2[MAXSIZE];
    if(s==t)
        R1[s]=R[s];
    else
    {   m=(s+t)/2;           //找到无序表 R[s]～R[t]的中间位置
        MSort(R,R2,s,m);
            //递归地将无序表的前半个表 R[s]～R[m]归并为有序表 R2[s]～R2[m]
        MSort(R,R2,m+1,t);
            //递归地将无序表后半个表 R[m+1]～R[t]归并为有序表 R2[m+1]～R2[t]
        Merge(R2,R1,s,m,t); /*进行一趟将有序表 R2[s]～R2[m]和 R2[m+1]～R2[t]
                             归并到有序表 R1[s]～R1[t]的操作*/
    }
}
void main()
{
    int i=1,j,x;
    RecordType R[MAXSIZE],R1[MAXSIZE];   //定义记录类型数组 R 和 R1
    printf("Input data of list (-1 stop):\n");        //给每一记录输入关键字
                                                      //直至-1 结束
    scanf("%d",&x);
    while(x!=-1)
    {
        R[i].key=x;
        scanf("%d",&x);
        i++;
    }
    printf("Output data in list:\n");        //输出表中各记录的关键字
    for(j=1;j<i;j++)
        printf("%4d",R[j].key);
```

```
        printf("\nSort:\n");
        MSort(R,R1,1,i-1);                    //进行归并排序
        printf("\nOutput data in list after Sort:\n");//输出归并排序后的结果
        for(j=1;j<i;j++)
            printf("%4d",R1[j].key);
        printf("\n");
    }
```

(2) 归并排序的非递归程序。

```
    #include<stdio.h>
    #define MAXSIZE 30
    typedef struct
    {   int key;                      //关键字项
        char data;                    //其它数据项
    }RecordType;                      //记录类型
    void Merge(RecordType R[],RecordType R1[],int k,int n)    //一趟二路归并
    {                                 // R1 为归并中使用的暂存数组
        int i,j,l1,u1,l2,u2,m;        // l1、l2 和 u1、u2 分别为进行归并的两个有序
                                      //子表的上、下界
        l1=0;                         //初始时 l1 为第一个有序子表的下界值 0
        m=0;                          // m 为数组 R1 的存放指针
        while(l1+k<n)                 //归并中的两个子表其第一个子表长度为 k 时
        {   l2=l1+k;                  // l2 指向归并中第二个子表的开始处
            u1=l2-1;                  // u1 指向归并中第一个子表的末端(与第二个子表相邻)
            if(l2+k-1<n)
                u2=l2+k-1;            // u2 指向归并中第二个子表的末端
            else
                u2=n-1;              //归并中第二个子表为最后一个子表且长度小于 k
            for(i=l1,j=l2;i<=u1&&j<=u2;m++)      //两有序子表归并为一个有序子表
                                                 //且暂存于 R1
                if(R[i].key<=R[j].key)
                    R1[m]=R[i++];
                else
                    R1[m]=R[j++];
            while(i<=u1)   //第二个子表已归并完,将第一个子表的剩余记录复制到 R1
                R1[m++]=R[i++];
            while(j<=u2)   //第一个子表已归并完,将第二个子表的剩余记录复制到 R1
                R1[m++]=R[j++];
            l1=u2+1;                 //将 l1 调整到下两个未归并子表的开始处继续进行归并
        }
    }
```

```
    for(i=ll;i<n;i++,m++)  //归并到仅剩一个子表且长度又小于 k 时
        R1[i]=R[i];         //直接复制该子表中的记录到 R1
}
void MergeSort(RecordType R[],int n)      //非递归方式的归并排序
{                       //将无序表 R[s]~R[t]归并为一个有序表 R1[s]~R1[t]
    int i,k;
    RecordType R1[MAXSIZE];
    k=1;               //初始时待归并的有序子表长度均为 1
    while(k<n)        //整个表未归并为一个有序表时(子表长度 k 小于 n)继续归并
    {
        Merge(R,R1,k,n);     //对所有子表进行一趟二路归并
        for(i=0;i<n;i++)      //将暂存于 R1 的一趟归并结果复制到 R 中
            R[i]=R1[i];
            k=2*k;            //一趟归并后有序子表长度是原子表长度的 2 倍
    }
}
void main()
{   int i=1,j,x;
    RecordType R[MAXSIZE]; //定义记录类型数组 R
    printf("Input data of list (-1 stop):\n");    //给每一记录输入关键字
                                                  //直至-1 结束
    scanf("%d",&x);
    while(x!=-1)
    {   R[i].key=x;
        scanf("%d",&x);
        i++;
    }
    printf("Output data in list:\n");    //输出表中各记录的关键字
    for(j=1;j<i;j++)
        printf("%4d",R[j].key);
    printf("\nSort:\n");
    MergeSort(R,i-1);                    //进行归并排序
    printf("\nOutput data in list after Sort:\n");  //输出归并排序后的结果
    for(j=1;j<i;j++)
        printf("%4d",R[j].key);
    printf("\n");
}
```

5. 思考题

试比较归并的递归程序和非递归程序两者的空间复杂度。

实验 9 基 数 排 序

1. 概述

在程序中，用静态链表(即一维数组)存放待排序的 n 个记录。根据基 r 的大小(在此为 10)设立 r 个链队列，链队列的编号分别为 0、1、2、…、r－1；链队列设有两个指针，分别指向链队列的队头和队尾；关键字相同的记录放入到同一个链队列中，而收集则总是将各链队列按关键字大小顺序链接起来。对于无序的 n 个记录，首先从最低位关键字开始，将这 n 个记录"分配"到 r 个链队列中，然后由小到大将各队列中的记录再依次"收集"起来，这称为一趟排序。第一趟排序后，n 个记录已按最低位关键字有序，然后再按次最低位关键字把刚收集起来的 n 个记录再"分配"到 r 个队列中。重复上述"分配"与"收集"过程，直到对最高位关键字再进行一趟"分配"和"收集"后，n 个记录已按关键字有序。当记录的关键字为三位十进制数时，采用上述基数排序算法对关键字序列 288, 371, 260, 531, 287, 235, 056, 699, 018, 023 的基数排序示意如图 8-10 所示。

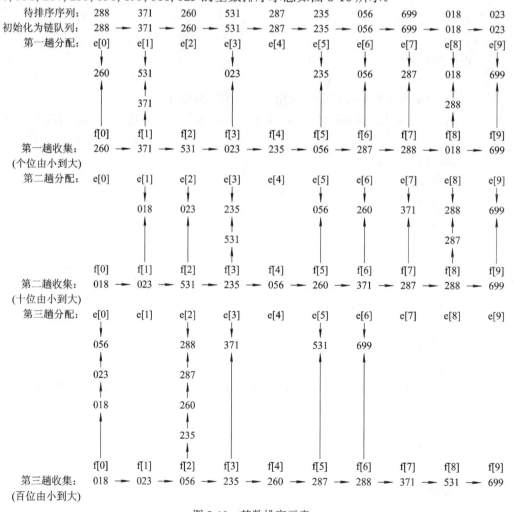

图 8-10 基数排序示意

2. 实验目的

了解基数排序基于"分配"的排序思想，掌握基数排序 "分配-收集"的排序实现方法。

3. 实验内容

用一维数组的静态链表存储待排序记录，然后实现基数排序。

4. 参考程序

```c
#include<stdio.h>
#define MAXSIZE 30
#define Radix_MAX 10
#define d_MAX 3
typedef struct
{
    int key;                //单关键字
    int keys[d_MAX];        //存放拆分后的各关键字项，d_MAX 为关键字项的最大长度值
    int next;               //指向下一记录的指针
    char data;
}RecType;                   //基数排序下的记录类型
void RadixSort(RecType R[], int d, int c1, int ct)
{ //对 R[1]～R[n]进行基数排序，d 为关键字项数，c1～ct 为基数(即权值)的范围
    int i, j, k, m, p, t, f[Radix_MAX], e[Radix_MAX];//Radix_MAX 为基数的最大长度值
    p=1;                         //由 R[1]开始
    for(i=0;i<d;i++)             //进行 d 趟分配与收集
    {
        for(j=c1;j<=ct;j++)      //分配前清空队头指针
            f[j]=0;
        while(p!=0)     //未分配到最后一个记录 R[n]，其标记为 R[n].next 等于 0
        {
            k=R[p].keys[i];      // k 为 R[p]中第 i 项关键字值
            if(f[k]==0)          //第 k 个队列是否为空
                f[k]=p;          // R[p]作为第 k 个队列的队头结点插入
            else
                R[e[k]].next=p;  //将 R[p]链到第 k 个队列的队尾结点
            e[k]=p;              //第 k 个队列的队尾指针 e[k]指向新的队尾结点
            p=R[p].next;         //取出排在 R[p]之后的记录继续分配
        }
        j=c1;                    //收集 c1～ct 个队列上的记录
        while(f[j]==0)           // j 队列为空时继续查找下一个非空队列
            j++;
```

```
        p=f[j];t=e[j];        //找到第一个非空队列使 p 指向队头，t 指向队尾
        while(j<ct)           //未收集完最后一个队列时则继续收集
        {
            j++;              //使 j 指向后一个队列
            if(f[j]!=0)       //后一个队列不为空时
            {
                R[t].next=f[j]; //将后一个队列的队头链到前一个队列的队尾
                t=e[j];       //使 t 指向这后一个队列的队尾继续进行下一个队列的收集
            }
            R[t].next=0;      //收集完毕置最后一个记录 R[t]为收集队列的队尾标志
        }
        m=p;                  //m 指向链队列的队头
        printf("%5d",R[m].key); //先输出队头记录的关键字
        do                    //继续输出队列上其余记录的关键字
        {
            m=R[m].next;
            printf("%5d",R[m].key);
        }while(R[m].next!=0);
        printf("\n");
    }
}
void DistKeys(RecType R[],int n,int d,int c1,int ct)
{                             //将单关键字分离为多关键字的基数排序
    int i,j,k;
    for(i=1;i<=n;i++)
    {
        R[i].next=i+1;        //将记录 R[1]~R[n]先链成一个链队列
        k=R[i].key;           //取出 R[i]的单关键字
        for(j=0;j<d;j++)
        {
            R[i].keys[j]=k%(ct+1);
            //将 R[i]的单关键字 key 分离为多关键字存于 R[i].keys[0]~
            //R[i].keys[d]
            k=k/(ct+1);
        }
    }
    R[n].next=0;              //置最后一个记录 R[n]的队尾标志
    RadixSort(R,d,c1,ct);     //进行基数排序
}
```

```
void main()
{
    int i=1, j, x;
    RecType R[MAXSIZE];              //定义记录类型数组 R
    printf("Input data of list (-1 stop):\n");    //给每一记录输入关键字
                                                   //直至-1 结束
    scanf("%d",&x);
    while(x!=-1)
    {
        R[i].key=x;
        scanf("%d",&x);
        i++;
    }
    printf("Output data in list:\n");       //输出表中各记录的关键字
    for(j=1;j<i;j++)
        printf("%4d",R[j].key);
    printf("\nSort,Output data in list after Sort:\n");
    DistKeys(R, i-1, d_MAX, 0, 9);              //进行基数排序
}
```

【说明】

当记录的关键字为三位十进制数时，对关键字序列：288,371,260,531,287,235,56,699,18,23 进行基数排序时，程序运行如下：

输入：

Input data of list (-1 stop):

288 371 260 531 287 235 56 699 18 23 -1✓

输出：

Output data in list:

288 371 260 531 287 235 56 699 18 23

Sort,Output data in list after Sort:

260	371	531	23	235	56	287	288	18	699
18	23	531	235	56	260	371	287	288	699
18	23	56	235	260	287	288	371	531	699

Press any key to continue

5. 思考题

如何在单链表存储结构下实现基数排序？

第 9 章　数据结构实践应用

9.1　顺序表的应用

9.1.1　顺序表的逆置

已知顺序表 A 长度为 n，实现顺序表逆置的程序如下：

```
#include<stdio.h>
#include<stdlib.h>
#define MAXSIZE 20
typedef struct
{
    int data[MAXSIZE];          //存储顺序表中的元素
    int len;                    //顺序表的表长
}SeqList ;                      //顺序表类型
SeqList *Init_SeqList()
{                               //顺序表初始化
    SeqList *L;
    L=(SeqList*)malloc(sizeof(SeqList));
    L->len=0;
    return L;                   //返回指向顺序表的指针 L
}
void CreatList(SeqList **L)
{                               //生成顺序表
    int i,n;
    printf("Input length of List:");
    scanf("%d",&n);
    printf("Input elements of List:\n");
    for(i=1;i<=n;i++)
        scanf("%d",&(*L)->data[i]);
    (*L)->len=n;
}
void Coverts(SeqList *A)
```

```
{                                    //将顺序表中的元素逆置
    int i , n;
    int x;
    n=A->len;                        // n 为线性表 *A 的长度
    for(i=1;i<n/2;i++)               //实现逆置
    {
        x=A->data[i];
        A->data[i]=A->data[n-i+1] ;
        A->data[n-i+1]=x ;
    }
}
void print(SeqList *L)
{                                    //输出顺序表
    int i;
    for(i=1;i<=L->len;i++)
      printf("%4d",L->data[i]);
    printf("\n");
}
void main()
{
    SeqList *A;
    A=Init_SeqList();                //顺序表初始化
    printf("Creat List A:\n");
    CreatList(&A);                   //生成顺序表
    printf("Output list A:\n");
    print(A);                        //输出顺序表
    printf("Covert list A:\n");
    Coverts(A);                      //将顺序表中的元素逆置
    printf("Output list A:\n");
    print(A);                        //输出逆置后的顺序表
}
```

9.1.2　将两个升序的顺序表 A 和 B 合并为一个升序的顺序表 C

实现程序如下：

```
#include<stdio.h>
#include<stdlib.h>
#define MAXSIZE 20
typedef struct
{
```

```
    int data[MAXSIZE];              //存储顺序表中的元素
    int len;                        //顺序表的表长
}SeqList ;                          //顺序表类型
SeqList *Init_SeqList()
{                                   //顺序表初始化
    SeqList *L;
    L=(SeqList*)malloc(sizeof(SeqList));
    L->len=0;
    return L;                       //返回指向顺序表的指针 L
}
void CreatList(SeqList **L)
{                                   //生成顺序表
    int i,n;
    printf("Input length of List:");
    scanf("%d",&n);
    printf("Input elements of List:\n");
    for(i=1;i<=n;i++)
        scanf("%d",&(*L)->data[i]);
    (*L)->len=n;
}
void Merge(SeqList *A,SeqList *B,SeqList **C)
{               //将两个升序的顺序表 A 和 B 合并为一个升序的顺序表 C
    int i=1,j=1,k=1;
    if(A->len+B->len>=MAXSIZE)
        printf("Error ! \n");
    else
    {
        *C=(SeqList *)malloc(sizeof(SeqList));    //申请表 C 的存储空间
        while (i<=A->len&&j<=B->len)    //按升序复制表 A 和表 B 的元素到表 C
            if(A->data[i]<B->data[j])
                (*C)->data[k++]=A->data[i++];
            else
                (*C)->data[k++]=B->data[j++];
        while(i<=A->len)                    //当表 A 未复制完
            (*C)->data[k++]=A->data[i++];
        while(j<=B->len)                    //当表 B 未复制完
            (*C)->data[k++]=B->data[j++] ;
        (*C)->len=k-1 ;                     //存储表长
    }
```

```
}
void print(SeqList *L)
{                                      //输出顺序表
    int i;
    for(i=1;i<=L->len;i++)
      printf("%4d",L->data[i]);
    printf("\n");
}
void main()
{
    SeqList *A,*B,*C;
    A=Init_SeqList();                  //顺序表 A 初始化
    printf("Creat List A:\n");
    CreatList(&A);                     //生成顺序表 A
    printf("Output list A:\n");
    print(A);                          //输出顺序表 A
    B=Init_SeqList();                  //顺序表 B 初始化
    printf("Creat List B:\n");
    CreatList(&B);                     //生成顺序表 B
    printf("Output list B:\n");
    print(B);                          //输出顺序表 B
    C=Init_SeqList();                  //顺序表 C 初始化
    printf("Merge list A and B TO C:\n");
    Merge(A,B,&C);                     //将两升序表 A 和 B 合并为一个升序表 C
    printf("Output list C:\n");
    print(C);                          //输出合并后的顺序表 C
}
```

9.1.3　单链表的逆置

单链表逆置的程序如下：

```
#include<stdio.h>
#include<stdlib.h>
typedef struct node
{
    char data;                         // data 为结点的数据信息
    struct node *next;                 // next 为指向后继结点的指针
}LNode;                                //单链表结点类型
LNode *CreateLinkList()
{                                      //生成单链表
```

```
    LNode *head,*p,*q;
    char x ;
    head=(LNode*)malloc(sizeof(LNode));   //生成头结点
    head->next=NULL ;
    p=head;
    q=p;                       //指针 q 始终指向链尾结点
    printf("Input any char string : \n") ;
    scanf("%c",&x) ;
    while(x!='\n')             //生成链表的其它结点
    {
        p=(LNode*)malloc(sizeof(LNode));
        p->data=x;
        p->next=NULL;
        q->next=p;             //在链尾插入
        q=p;
        scanf("%c",&x);
    }
    return head;               //返回指向单链表的头指针 head
}
void Convert(LNode *H)
{                              //单链表逆置
    LNode *p,*q;
    p=H->next;                 // p 指向剩余结点链表的第一个数据结点
    H->next=NULL;              //新链表 H 初始为空
    while(p!=NULL)
    {
        q=p;                   //从剩余结点链表中取出第一个结点
        p=p->next;             // p 继续指向剩余结点链表新的第一个数据结点
        q->next=H->next;       //将取出的结点*q 插入到新链表 H 的链首
        H->next=q;
    }
}
void main()
{
    LNode *A,*p;
    A=CreateLinkList();        //生成单链表 A
    Convert(A);                //单链表 A 逆置
    p=A->next;                 //输出逆置后的单链表 A
    while(p!=NULL)
```

```
    {
        printf("%c,",p->data);
        p=p->next;
    }
    printf("\n");
}
```

9.1.4　将递增有序的单链表 A 和 B 合并成递减有序的单链表 C

实现程序如下：

```
#include<stdio.h>
#include<stdlib.h>
typedef struct node
{
    char data;                  // data 为结点的数据信息
    struct node *next;          // next 为指向后继结点的指针
}LNode;                         //单链表结点类型
LNode *CreateLinkList()
{                               //生成单链表
    LNode *head,*p,*q;
    int i,n;
    head=(LNode*)malloc(sizeof(LNode));     //生成头结点
    head->next=NULL ;
    p=head;
    q=p;                        //指针 q 始终指向链尾结点
    printf("Input length of list: \n");
    scanf("%d", &n);            //读入结点数据
    printf("Input data of list: \n");
    for(i=1;i<=n;i++)           //生成链表的数据结点
    {
        p=(LNode *)malloc(sizeof(LNode));   //申请一个结点空间
        scanf("%d",&p->data);
        p->next=NULL;
        q->next=p;              //在链尾插入
        q=p;
    }
    return head;                //返回指向单链表的头指针 head
}
void Merge(LNode *A,LNode *B,LNode **C)
{                               //将升序链表 A、B 合并成降序链表 *C
```

```
        LNode *p,*q,*s;
        p=A->next;                  // p 始终指向链表 A 的第一个未比较的数据结点
        q=B->next;                  // q 始终指向链表 B 的第一个未比较的数据结点
        *C=A;                       //生成链表的 *C 的头结点
        (*C)->next=NULL;
        free(B);                    //回收链表 B 的头结点空间
        while(p!=NULL&&q!=NULL)//将 A、B 两链表中当前比较结点中值小者赋给 *s
        {
            if(p->data<q->data)
            {
                s=p;
                p=p->next;
            }
            else
            {
                s=q;
                q=q->next;
            }
            s->next=(*C)->next;   //用头插法将结点 *s 插到链表 *C 的头结点之后
            (*C)->next=s;
        }
        if(p==NULL)         //如果指向链表 A 的指针 *p 为空,则使 *p 指向链表 B
            p=q;
        while(p!=NULL)      //将 *p 所指链表中的剩余结点依次摘下插入的链表 C 的链首
        {
            s=p;
            p=p->next;
            s->next=(*C)->next;
            (*C)->next=s;
        }
    }
    void print(LNode *p)
    {                                   //输出单链表
        p=p->next;
        while(p!=NULL)
        {
            printf("%d,",p->data);
            p=p->next;
        }
```

```
    printf("\n");
}
void main()
{
    LNode *A, *B, *C;
    printf("Input data of list A:\n");
    A=CreateLinkList();                //生成单链表 A
    printf("Output list A:\n");
    print(A);                          //输出单链表 A
    printf("Input data of list B:\n");
    B=CreateLinkList();                //生成单链表 B
    printf("Output list B:\n");
    print(B);                          //输出单链表 B
    printf("Make list C:\n");
    Merge(A, B, &C);                   //将升序链表 A、B 合并成降序链表 C
    printf("Output list C:\n");
    print(C);                          //输出单链表 C
}
```

9.1.5　删除单链表中值相同的结点

对有头结点的单链表 L，在表 L 中任一值只保留一个结点，删除其余值相同的结点。
实现程序如下：

```
#include<stdio.h>
#include<stdlib.h>
typedef struct node
{
    char data;                 // data 为结点的数据信息
    struct node *next;         //next 为指向后继结点的指针
}LNode;                        //单链表结点类型
void CreateLinkList(LNode **head)
{   //将主调函数中指向待生成单链表的指针地址(如 &p)，并传给 **head
    char x;
    LNode *p;
    *head=(LNode *)malloc(sizeof(LNode));       //生成链表头结点
    (*head)->next=NULL ;                        // *head 为链表头指针
    printf("Input any char string : \n");
    scanf("%c", &x);           //结点的数据域为 char 型，读入结点数据
    while(x!=' \n')            //生成链表的其它结点
    {
```

```
        p=(LNode *)malloc(sizeof(LNode)); //申请一个结点空间
        p->data=x ;
        p->next=(*head)->next;        //将头结点的 next 值赋给新结点 *p 的 next
        (*head)->next=p;  //头结点的 next 指针指向新结点 *p，实现在表头插入
        scanf("%c",&x);             //继续生成下一个新结点
    }
}
void Del_Element(LNode *L)
{                              //删除链表中值相同的结点
    LNode *p,*t,*pre;
    p=L->next;                      // p 指向链表中第一个数据结点
    t=p;                            // t 指向链表中第一个数据结点
    while(p!=NULL)   //由指针 p 开始搜索整个链表，寻找值相同的结点并删除之
    {
        pre=t;                     //指针 pre 指向 t 所指结点的前驱结点
        t=t->next;                  //t 从 *p 的后继结点开始扫描链表
        do{
            while(t!=NULL&&t->data!=p->data)
            {  //用指针 t 搜索整个链表以寻找值与 *p 相同的结点直至链尾
                pre=t;
                t=t->next;
            }
            if(t!=NULL)              //找到与 *p 相同的结点
            {
                pre->next=t->next;    //删除 t 所指的结点
                free(t);
                t=pre->next;
            }
        }while(t!=NULL);            //未扫描到链尾
        p=p->next;                 // p 指向下一数据结点继续扫描链表
        t=p;
    }
}
void print(LNode *p)
{                              //输出单链表中的结点数据
    p=p->next;
    while(p!=NULL)
    {
        printf("%c,",p->data);
```

```
        p=p->next;
    }
    printf("\n");
}
void main()
{
    LNode *h;
    CreateLinkList(&h);                   //生成一个单链表
    print(h);                             //输出单链表中的数据
    Del_Element(h);                       //删除单链表中值相同的结点
    printf("After delete element:\n");    //输出删除后单链表中的结点数据
    print(h);
}
```

9.1.6　按递增次序输出单链表中各结点的数据值

给定(已生成)一个带头结点的单链表，设 head 为头指针，链表结点的 data 域为整型数据，next 域为指向后继结点的指针。在程序中，按递增次序输出单链表中各结点的数据值并释放结点所占用的存储空间。实现程序如下：

```
#include<stdio.h>
#include<stdlib.h>
typedef struct node
{
    int data;               // data 为结点的数据信息
    struct node *next;      // next 为指向后继结点的指针
}LNode;                     //单链表结点类型
void CreateLinkList(LNode **head)
{       //将主调函数中指向待生成单链表的指针地址(如&p)传给**head
    char x;
    LNode *p;
    *head=(LNode *)malloc(sizeof(LNode));     //生成链表头结点
    (*head)->next=NULL ;      // *head 为链表头指针
    printf("Input any char string : \n");
    scanf("%d", &x);          //结点的数据域为 char 型，读入结点数据
    while(x!=-1)              //生成链表的其它结点
    {
        p=(LNode *)malloc(sizeof(LNode));     //申请一个结点空间
        p->data=x ;
        p->next=(*head)->next ; //将头结点的 next 值赋给新结点 *p 的 next
        (*head)->next=p;    //头结点的 next 指针指向新结点 *p，实现在表头插入
```

```
        scanf("%d",&x);              //继续生成下一个新结点
    }
}
void Out_Crease(LNode *head)
{                                    //按升序输出单链表中的结点数据
    LNode *p,*q,*r;
    int min;
    p=head->next;                    //p 指向链表中第一个数据结点
    while(p!=NULL)                   //未到链尾时
    {
        q=NULL;                      //初始时置 q 为空
        min=p->data;                 //将 *p 的 data 值先假定为最小值，并赋给 min
        r=p;                         //指针 r 由结点 *p 开始查找具有最小值的结点
        while(r->next!=NULL)
        {
            if(r->next->data<min)
            {
                q=r;                 // q 指向最小值结点的直接前驱
                min=r->next->data;   //将新找到的最小值赋给 min
            }
            r=r->next;               //继续查找下一个结点
        }
        printf("%4d",min);           //输出最小值
        if(q==NULL)                  // q 为空则表示 *p 为最小值结点
        {
            r=p;                     // r 指向最小值结点 *p
            p=p->next;               // p 指向 *p 的后继结点(即删去 *p 结点)
        }
        else
        {
            r=q->next;               // r 指向最小值结点 *(q->next)
            q->next=q->next->next;      //删去最小值结点 *(q->next)
        }
        free(r);                     //释放最小值结点所占空间
    }
}
void print(LNode *p)
{                                    //输出单链表中的结点数据
    p=p->next;
```

```
    while(p!=NULL)
    {
        printf("%d,",p->data);
        p=p->next;
    }
    printf("\n");
}
void main()
{
    LNode *h;
    CreateLinkList(&h);            //生成单链表
    print(h);                      //输出单链表中的结点数据
    printf("OutCrease:\n");
    Out_Crease(h);                 //按升序输出单链表中的结点数据
    printf("\n");
}
```

9.2　栈和队列应用

9.2.1　用栈判断给定的字符序列是否为回文

回文是指正读和反读均相同的字符序列，如"abba"和"abcba"均是回文，但"aabc"不是回文。用栈实现判断给定的字符序列是否为回文的程序如下：

```
#include<stdio.h>
#include<string.h>
#include<stdlib.h>
#define MAXSIZE 30
typedef struct
{
    char data[MAXSIZE];
    int top;
}SeqStack;                 //顺序栈类型
void Init_SeqStack(SeqStack **s)
{                          //顺序栈初始化
    *s=(SeqStack*)malloc(sizeof(SeqStack));   //在主调函数中申请栈空间
    (*s)->top=-1;          //置栈空标志
}
void Push_SeqStack(SeqStack *s,char x)
{                          //入栈
```

```
    if(s->top==MAXSIZE-1)
        printf("Stack is full!\n");        //栈已满
    else
    {
        s->top++;
        s->data[s->top]=x;                 //元素 x 压入栈 *s 中
    }
}
void Pop_SeqStack(SeqStack *s,char *x)
{       //将栈*s 中的栈顶元素出栈并通过参数 x 返回给主调函数
    if(s->top==-1)
        printf("Stack is empty!\n");       //栈为空
    else
    {
        *x=s->data[s->top];                //栈顶元素出栈
        s->top--;
    }
}
int Repent_Char(char a[])
{                                          //回文字符判定
    SeqStack *p;
    char x,*ch=&x;
    int i=0,n;
    Init_SeqStack(&p);                     //顺序栈 p 初始化为空栈
    n=strlen(a);                           //将字符串 a 的长度赋给 n
    while(i<n/2)                           //将字符串 a 的前一半字符入栈
    {
        Push_SeqStack(p,a[i]);
        i++;
    }
    if(n%2!=0)      //若 n 为奇数则 i 加 1(即跳过字符串中间位置上的字符)
        i++;
    while(i<n)
    {
        Pop_SeqStack(p,ch);                //将栈顶字符弹出并由指针 ch 赋给 x
        if(a[i]==x)
            i++;                           //比较的字符相等则继续下一次比较
        else
            return 0;                      //不是回文则返回 0
```

```
    }
    return 1;                              //是回文则返回 1
}
void main()
{
    char a[40];
    printf("Input any string to Stack:\n");
    gets(a);                               //给顺序栈输入数据
    printf("Output elements of Stack:\n");
    puts(a);                               //输出顺序栈中的数据
    if(Repent_Char(a))                     //对栈中的数据进行回文判断
        printf("Yes!\n");
    else
        printf("No!\n");
}
```

9.2.2 循环链表中只有队尾指针的入队和出队算法

假设用带头结点的循环链表表示队列，并且只设一个指向队尾结点的指针，但不设头指针(如图 9-1 所示)。相应的入队和出队实现程序如下。

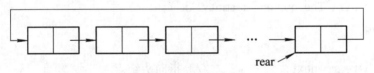

rear

图 9-1 循环队列示意

```
#include<stdio.h>
#include<stdlib.h>
#define MAXSIZE 30
typedef struct node
{
    char data;
    struct node *next;
}QNode;                    //链队列结点类型
typedef struct
{
    QNode *rear;           //尾指针纳入到一个结构体的链队列
}LQueue;                   //链队列类型
void Init_LQueue(LQueue **q)
{                          //创建一个带头结点的空循环队列
    QNode *p;
```

```
    *q=(LQueue *)malloc(sizeof(LQueue));        //申请带头、尾指针的结点
    p=(QNode*)malloc(sizeof(QNode));            //申请链队列的头结点
    p->next=p;                                  //头结点的 next 指针置为空
    (*q)->rear=p;                               //队尾指针指向头结点
}
void In_Lqueue(QNode **rear,char x)
{                       //入队
    QNode *h,*s;
    s=(QNode *)malloc(sizeof(QNode));           //生成一个新结点空间
    s->data=x;
    h=(*rear)->next;        //将链尾结点 *rear 中指向头结点的指针 next 值赋给 h
    (*rear)->next=s;        //将 *s 结点插入到 *rear 结点之后
    (*rear)=s;              // rear 指向新的链尾结点
    (*rear)->next=h;        // *rear 中的指针 next 继续指向头结点 *h
}
void Del_Lqueue(QNode *rear,char *x)
{                       //出队
    QNode *h,*p;
    if(rear->next==rear)
      printf("The queue is empty!\n");
    else
    {
        h=rear->next;           //h 指向头结点
        p=h->next;              // p 指向第一个数据结点
        *x=h->next->data;       //将待删结点中的数据读到 *x 中
        h->next=h->next->next;  //删去队首的待删结点
        free(p);                //释放被删结点所占的空间
        if(h->next==h)          //删除后队已为空(仅剩头结点)
            rear=h;             //使队尾指针 rear 指向头结点
    }
}
void print(QNode *q)
{           //输出循环队列中的结点数据
    QNode *p;
    p=q->next;
    while(p!=q)
    {
        printf("%4c",p->data);
        p=p->next;
```

```
    }
    printf("\n");
}
void main()
{
    LQueue *q;
    char x,*y=&x;                    //出栈结点数据经指针 y 传给 x
    Init_LQueue(&q);                 //循环队列初始化
    printf("Input any string:\n");   //建立循环队列
    scanf("%c",&x);
    while(x!='\n')
    {
        In_Lqueue(&(q->rear),x);
        scanf("%c",&x);
    }
    printf("Output elements of Queue:\n");        //输出循环队列中的结点数据
    print(q->rear->next);
    printf("Output Queue:\n");             //循环队列中的队头结点出队
    Del_Lqueue(q->rear,y);
    printf("Element of Output Queue is %c\n",*y);  //输出出队的结点数据
        printf("Output elements of Queue:\n");    //输出循环队列中的结点数据
    print(q->rear->next);
}
```

9.2.3　算术表达式中的括号匹配

算术表达式保存于字符数组 ex 中。我们用顺序栈实现对算术表达式中括号是否配对的检查。首先对字符数组 ex 中的算术表达式进行扫描,当遇到 "("、"["、或 "{" 时将其入栈。当遇到 ")"、"]" 或 "}" 时则检查顺序栈的栈顶数据是否是对应的 "("、"[" 或 "{";若是则出栈,否则表示不配对,给出出错信息。当整个算术表达式扫描完毕时,若栈为空则表示括号配对正确,否则不配对。程序实现如下:

```
#include<stdio.h>
#include<stdlib.h>
#define MAXSIZE 20
typedef struct
{
    char data[MAXSIZE];        //顺序栈存储空间
    int top;                   //栈顶指针
}SeqStack;                     //顺序栈类型
```

```
void Init_SeqStack(SeqStack **s)
{                                                   //顺序栈初始化
    *s=(SeqStack*)malloc(sizeof(SeqStack));         //在主调函数中申请栈空间
    (*s)->top=-1;                                   //置栈空标志
}
int Empty_SeqStack(SeqStack *s)
{                                                   //判栈空
    if(s->top==-1)                                  //栈为空时
        return 1;
    else
        return 0;
}
void Push_SeqStack(SeqStack *s,char x)
{                                                   //元素入栈
    if(s->top==MAXSIZE-1)
        printf("Stack is full!\n");                 //栈已满
    else
    {
        s->top++;
        s->data[s->top]=x;                          //元素 x 压入栈 *s 中
    }
}

void Pop_SeqStack(SeqStack *s,char *x)
{       //将栈*s 中的栈顶元素出栈并通过参数 x 返回给主调函数
    if(s->top==-1)
        printf("Error!\n");                         //栈为空
    else
    {
        *x=s->data[s->top];                         //栈顶元素出栈
        s->top--;
    }
}
void Top_SeqStack(SeqStack *s,char *x)
{                                                   //取栈顶元素
    if(s->top==-1)
        printf("Stack is empty!\n");                //栈为空
    else
        *x=s->data[s->top];                         //取栈顶元素值
}
```

```
void Correct(char ex[])
{                    //检查算术表达式中的括号是否匹配
    SeqStack *p;
    char x,*ch=&x;
    int i=0;
    Init_SeqStack(&p);                //顺序栈 P 初始化为空栈
    while(ex[i]!='\0')                //扫描算术表达式未结束时
    {
        if(ex[i]=='('||ex[i]=='['||ex[i]=='{')//扫描字符为'('、'['、'{'
                                            //则入栈
            Push_SeqStack(p,ex[i]);
        if(ex[i]==')'||ex[i]==']'||ex[i]=='}')
        {
            Top_SeqStack(p,ch);        //读出栈顶字符
            if(ex[i]==')'&&*ch=='(')//栈顶字符'('与当前扫描字符')'配对则出栈
            {
                Pop_SeqStack(p,ch);
                goto ll;
            }
            if(ex[i]==']'&&*ch=='[')//栈顶字符'['与当前扫描字符']'配对则出栈
            {
                Pop_SeqStack(p,ch);
                goto ll;
            }
            if(ex[i]=='}'&&*ch=='{')//栈顶字符'{'与当前扫描字符'}'配对则出栈
            {
                Pop_SeqStack(p,ch);
                goto ll;
            }
            else
                break;            //不配对时则终止扫描
        }
        ll:    i++;               //继续扫描下一个字符
    }
    if(!Empty_SeqStack(p))//算术表达式扫描结束或非正常结束时若栈不为空
                        //则不配对
        printf("Error!\n");
    else
        printf("Right!\n");
```

```
}
void main()
{
    char x[30];
    printf("Input exp:\n");              //输入一算术表达式
    scanf("%s", x);
    Correct(x);                          //检查算术表达式中的括号是否匹配
}
```

9.2.4 将队列中所有元素逆置

逆置的方法是：顺序取出队列中的元素并压入栈中，当所有元素均入栈时，再从栈中逐个弹出元素进入队列；由于栈的后进先出特性，此时进入队中的元素已经实现了逆置。算法中采用顺序栈和顺序队列(循环队列)来实现逆置。程序实现如下：

```
#include<stdio.h>
#include<stdlib.h>
#define MAXSIZE 30
typedef struct
{
    char data[MAXSIZE];                //顺序栈存储空间
    int top;                           //栈顶指针
}SeqStack;                             //顺序栈类型
void Init_SeqStack(SeqStack **s)
{                                      //顺序栈初始化
    *s=(SeqStack*)malloc(sizeof(SeqStack));    //在主调函数中申请栈空间
    (*s)->top=-1;                      //置栈空标志
}
int Empty_SeqStack(SeqStack *s)
{                                      //判栈空
    if(s->top==-1)                     //栈为空时
        return 1;
    else
        return 0;
}
void Push_SeqStack(SeqStack *s, char x)
{                                      //元素入栈
    if(s->top==MAXSIZE-1)
        printf("Stack is full!\n");    //栈已满
    else
```

```
    {
        s->top++;
        s->data[s->top]=x;                    //元素 x 压入栈 *s 中
    }
}
void Pop_SeqStack(SeqStack *s, char *x)
{               //将栈 *s 中的栈顶元素出栈并通过参数 x 返回给主调函数
    if(s->top==-1)
        printf("Stack is empty!\n");          //栈为空
    else
    {
        *x=s->data[s->top];                   //栈顶元素出栈
        s->top--;
    }
}
typedef struct
{
    char data[MAXSIZE];                       //队中元素存储空间
    int rear,front;                           //队尾和队头指针
}SeQueue;                                     //顺序队类型
void Init_SeQueue(SeQueue **q)
{                                             //循环队列初始化
    *q=(SeQueue*)malloc(sizeof(SeQueue));
    (*q)->front=0;
    (*q)->rear=0;
}
int Empty_SeQueue(SeQueue *q)
{                                             //判队空
    if(q->front==q->rear)
        return 1;
    else
        return 0;
}
void In_SeQueue(SeQueue *q, char x)
{                                             //元素入队
    if((q->rear+1)%MAXSIZE==q->front)
        printf("Queue is full!\n");           //队满，入队失败
    else
    {
```

```
            q->rear=(q->rear+1)%MAXSIZE;                    //队尾指针加 1
            q->data[q->rear]=x;                             //将元素 x 入队
        }
    }
    void Out_SeQueue(SeQueue *q,char *x)
    {                                                        //元素出队
        if(q->front==q->rear)
            printf("Queue is empty");                        //队空，出队失败
        else
        {   q->front=(q->front+1)%MAXSIZE;                   //队头指针加 1
            *x=q->data[q->front];             //队头元素出队并由 x 返回队头元素值
        }
    }
    void print(SeQueue *q)
    {                                         //循环队列输出
        int i;
        i=(q->front+1)%MAXSIZE;
        while(i!=q->rear)
        {
            printf("%4c",q->data[i]);
            i=(i+1)%MAXSIZE;
        }
        printf("%4c\n",q->data[i]);
    }
    void Revers_Queue(SeQueue *q,SeqStack *s)
    {                                         //用栈 s 逆置队列
        char x,*p=&x;
        Init_SeqStack(&s);                    //栈 s 初始化为空栈
        while(!Empty_SeQueue(q))              //当队列 *q 非空时
        {
            Out_SeQueue(q,p);                 //取出队头元素 *p
            Push_SeqStack(s,*p);              //将队头元素 *p 压入栈 s
        }
        while(!Empty_SeqStack(s))             //当栈 s 非空时
        {
            Pop_SeqStack(s,p);                //栈顶元素 *p 出栈
            In_SeQueue(q,*p);                 //将栈顶元素 *p 入队
        }
    }
```

```
void main()
{
    SeqStack *s;
    SeQueue *q;
    char x,*y=&x;
    Init_SeqStack(&s);                      //顺序栈初始化
    Init_SeQueue(&q);                       //循环队列初始化
    if(Empty_SeQueue(q))                    //判队空
        printf("Queue is empty!\n");
    printf("Input any string:\n");          //给队列输入元素
    scanf("%c",&x);
    while(x!='\n')
    {   In_SeQueue(q,x);                     //元素入队
        scanf("%c",&x);
    }
    printf("Output elements of Queue:\n");
    print(q);                               //输出队列中的元素
    printf("Convert Queue:\n");
    Revers_Queue(q,s);                      //将队列中的元素逆置
    printf("Output elements of Queue:\n");
    print(q);                               //输出逆置后队列中的元素
}
```

9.2.5　用两个栈模拟一个队列

　　由于队列是先进先出，而栈是后进先出(先进后出)的，所以只有经过两个栈，即先在第一个栈里先进后出，再经过第二个栈后进先出来实现队列的先进先出。

　　因此，用两个栈模拟一个队列运算就是用一个栈作为队的输入，而再经过另一个栈来实现队的输出。当数据入队时，总是将数据压入到作为输入的栈中；当数据出队时，如果作为输出的栈已空，则将已输入到输入栈的所有数据全部压入到输出栈中，然后再由输出栈输出数据。

　　我们用栈 s1 来实现元素的入队操作，而用栈 s2 来实现元素的出队操作，出队前应先将栈 s1 中的所有元素弹出并全部压入栈 s2 中，然后再由栈 s2 弹出栈顶元素即实现了元素的出队。出队后还需将栈 s2 剩余的元素再弹出并重新压回到栈 s1 中，否则下一次出队将产生错误的出队顺序。程序实现如下：

```
#include<stdio.h>
#include<stdlib.h>
#define MAXSIZE 30
typedef struct
```

```
{
    char data[MAXSIZE];                  //顺序栈存储空间
    int top;                             //栈顶指针
}SeqStack;                               //顺序栈类型
void Init_SeqStack(SeqStack **s)
{                                        //栈初始化
    *s=(SeqStack*)malloc(sizeof(SeqStack));  //在主调函数中申请栈空间
    (*s)->top=-1;                        //置栈空标志
}
int Empty_SeqStack(SeqStack *s)
{                                        //判栈空
    if(s->top==-1)                       //栈为空时
        return 1;
    else
        return 0;
}
void Push_SeqStack(SeqStack *s,char x)
{                                        //入栈
    if(s->top==MAXSIZE-1)
        printf("Stack is full!\n");      //栈已满
    else
    {
        s->top++;
        s->data[s->top]=x;               //元素 x 压入栈 *s 中
    }
}
void Pop_SeqStack(SeqStack *s,char *x)   //出栈
{   //将栈 *s 中的栈顶元素出栈并通过参数 x 返回给主调函数
    if(s->top==-1)
        printf("Stack is empty!\n");     //栈为空
    else
    {
        *x=s->data[s->top];              //栈顶元素出栈
        s->top--;
    }
}
void print(SeqStack *s)
{                                        //输出栈中元素
    SeqStack *p=s;
```

```
    int i=0,m=p->top;
    while(i<=m)
     printf("%4c",p->data[i++]);
    printf("\n");
}
void In_Queue(SeqStack *s1,char x)
{                                    //入队
    if(s1->top==MAXSIZE-1
        printf("队列上溢!\n");        //队满
    else
        Push_SeqStack(s1,x);         //元素 x 入队
}
void Del_Queue(SeqStack *s1,char *y)
{                                    //出队
    char x,*ch=&x;
    SeqStack *s2;
    Init_SeqStack(&s2);              //栈 s2 初始化为空栈
    while(!Empty_SeqStack(s1))
    {    //当栈 s1 不空时将栈 s1 中所有元素弹出并压入栈 s2
        Pop_SeqStack(s1,ch);         //从栈 s1 中弹出元素并经指针 ch 赋给 x
        Push_SeqStack(s2,x);         //再将 x 压入栈 s2
    }
    Pop_SeqStack(s2,ch);             //从栈 s2 中弹出元素并经指针 ch 赋给 x
    *y=x;                            //出队元素 x 赋给 *y
    while(!Empty_SeqStack(s2))
    {    //当栈 s2 不空时将栈 s2 所有元素弹出并压入栈 s1
        Pop_SeqStack(s2,ch);         //从栈 s2 中弹出元素并经指针 ch 赋给 x
        Push_SeqStack(s1,x);         //再将 x 压入栈 s1
    }
}
void main()
{
    SeqStack *s;
    char x,*y=&x;
    Init_SeqStack(&s);               //栈 s 初始化
    if(Empty_SeqStack(s))            //判栈 s 是否为空
        printf("Stack is empty!\n");
    printf("Input any string to Queue:\n");    //输入任一字符串入队
    scanf("%c",&x);
```

```
    while(x!=' \n')
    {
        Push_SeqStack(s, x);
        scanf("%c", &x);
    }
    printf("Output elements of Queue:\n");      //输出队中的所有元素
    print(s);
    printf("Output Queue:\n");                   //队中元素出队
    Del_Queue(s, y);
    printf("element of Output Queue is: %c\n", *y);   //输出出队的元素
    printf("Output elements of Queue:\n");       //输出出队后的队中的所有元素
    print(s);
    printf("Input element of input Queue:\n");       //输入要入队的元素
    scanf("%c", &x);
    In_Queue(s, x);                              //输入的元素入队
    printf("Output elements of Queue:\n");       //输出入队后的队中的所有元素
    print(s);
}
```

9.3 串 的 应 用

9.3.1 将串 s1 中一字符串用串 s2 替换

实现串的置换操作：将串 s1 中第 i 个字符到第 j 个字符之间的字符串(不包括第 i 个和第 j 个字符)用串 s2 替换。在此采用顺序存储方式来存储串，并且置换操作是将串 s1 中的第 i 到第 j 个字符之间的所有字符(不包括第 i 个和第 j 个字符)用 s2 中的字符串替换。实现方法是：先提取串 s1 中的第 0 到第 i 个字符，然后附加上串 s2 中的全部字符，最后再连接串 s1 中由第 i 个字符开始至结束的全部字符就实现了串的置换。实现程序如下：

```
#include<stdio.h>
#include<stdlib.h>
#define MAXSIZE 30
typedef struct
{
    char data[MAXSIZE];           //存放顺序串串值
    int len;                      //顺序串长度
}SeqString;                       //顺序串类型
void Replace(SeqString *s1, int i, int j, SeqString *s2)
{        //将串 s1 中的第 i 个字符到第 j 个字符之间的字符串用串 s2 替换
```

```
    char s[100];
    int h,k;
    for(h=0,k=j;s1->data[k]!='\0';h++,k++)
        s[h]=s1->data[k];//将串 s1 从第 j 个字符开始到串尾的所有字符复制到串 s
    s[h]='\0';                      //给串 s 添加串结束标志
    for(h=i+1,k=0;s2->data[k]!='\0';h++,k++)
        s1->data[h]=s2->data[k];        //从串 s1 第 i+1 个字符位置开始复制串 s2
    for(k=0;s[k]!='\0';h++,k++)
        s1->data[h]=s[k];               //复制完串 s2 后再接着复制串 s
    s1->data[h]='\0';               //给串 s1 添加串结束标志
    s1->len=h;                      //记录下此时串 s1 的长度
}
void gets1(SeqString *p)
{                                   //输入字符串
    int i=0;
    char ch;
    p->len=0;
    scanf("%c",&ch);
    while(ch!='\n')
    {
        p->data[i++]=ch;
        p->len++;
        scanf("%c",&ch);
    }
    p->data[i++]='\0';
}
void main()
{
    int i,j;
    SeqString *s,*t;                //定义串变量
    s=(SeqString *)malloc(sizeof(SeqString));
    t=(SeqString *)malloc(sizeof(SeqString));
    printf("Input main string S:\n");
    gets1(s);                       //输入字符串给 s
    printf("Output main string S:\n");
    puts(s->data);                  //输出串 s
    printf("Input substring T:\n");
    gets1(t);                       //输入字符串给 t
    printf("Output substring T:\n");
```

```
    puts(t->data);                      //输出串 t
    printf("Input i and j:\n");         //指定串 s 要替换的区间 i 和 j
    scanf("%d%d",&i,&j);
    Replace(s,i,j,t);       //用串 t 替换串 s 从位置 i+1 到 j-1 之间的所有字符
    puts(s->data);                      //输出替换后的串 s
}
```

9.3.2 计算一个子串在字符串中出现的次数

计算一个子串在字符串中出现的次数，如果该子串未出现则次数为 0。本题是 BF 算法的扩展，即找到了子串后不是退出而是继续查找，直到整个字符串查找完毕。实现程序如下：

```
#include<stdio.h>
#include<stdlib.h>
#define MAXSIZE 30
typedef struct
{
    char data[MAXSIZE];         //存放顺序串串值
    int len;                    //顺序串长度
}SeqString;                     //顺序串类型
int Str_Count(SeqString *S, SeqString *T)
{                                   //计算子串 T 在主串 S 中出现的次数
    int i=0, j, k, count=0;
    for(i=0;i<S->len-T->len+1;i++)
    {
        for(j=i,k=0;S->data[j]==T->data[k];j++,k++);//在主串 S 中寻找一个子串 T
        if(k==T->len)               //在主串 S 中找到一个子串 T
            count++;
    }
    return(count);                  //返回子串个数
}
void gets1(SeqString *p)
{                                   //输入字符串
    int i=0;
    char ch;
    p->len=0;
    scanf("%c",&ch);
    while(ch!=' \n')
```

```
    {
        p->data[i++]=ch;
        p->len++;
        scanf("%c",&ch);
    }
    p->data[i++]='\0';
}
void main()
{
    SeqString *s,*t;                        //定义串变量
    s=(SeqString *)malloc(sizeof(SeqString));
    t=(SeqString *)malloc(sizeof(SeqString));
    printf("Input main string S:\n");
    gets1(s);                               //输入字符串给 s
    printf("Output main string S:\n");
    puts(s->data);                          //输出串 s
    printf("Input substring T:\n");
    gets1(t);                               //输入字符串给 t
    printf("Output substring T:\n");
    puts(t->data);                          //输出串 t
    printf("Count of substring: %d\n",Str_Count(s,t)); //输出子串 T 在主串
                                                        //S 中出现的次数
}
```

9.3.3　输出长度最大的等值子串

　　如果字符串的一个子串(其长度大于 1)中的各个字符均相同,则称为等值子串。试设计一算法,输入一字符串到一维数组 s,字符串以 '\0' 作为结束标志。如果串 s 中不存在等值子串则输出"无等值子串"信息,否则输出长度最大的等值子串。例如,若 s="abc123abc123",则输出"无等值子串";若 s= "abceebccaddddddaaadd",则输出"ddddd"。

　　先从键盘上输入字符串并送入字符串数组 s,然后扫描字符串数组 s,并设变量 head 指向当前找到的最长等值子串的串头,max 记录此子串的长度。扫描过程中,若发现新等值子串则用变量 count 记录其长度,如果它的长度大于此前保存于 max 的最长等值子串的长度,则对 head 和 max 进行更新,记录下这个新的最长等值子串的串头和串的长度;重复这一过程直至到达串 s 的末尾。最后,根据扫描的结果输出最长等值子串或者输出不存在等值子串的信息。实现程序如下:

```
#include <stdio.h>
void EquString(char s[])
{                               //求出长度最大的等值子串并输出
```

```
    int i, j, k, head, max, count;
    gets(s);                    //输入字符串
    for(i=0, j=1, head=0, max=1; s[i]!=' \0' &&s[j]!=' \0'; i=j, i++)
    {
        count=0;
        while(s[i]==s[j])       //统计当前等值子串的长度
        {
            j++;
            count++;
        }
        if(count>max)           //出现新的最长等值子串则更新 head 和 max 值
        {
            head=i-1;
            max=count;
        }
    }
    if(max>1)
        for(k=head; k<head+max; k++)      //输出长度最大的等值子串
            printf("%c", s[k]);
    else
        printf("There is no equivaluent substring in s!\n");
    printf("\n");
}
void main()
{
    char s[40];
    EquString(s);                         //求出长度最大的等值子串并输出
}
```

9.3.4　将链串 s 中首次与链串 t 匹配的子串逆置

设 s 与 t 均由带头结点的单链表表示。首先在串 s 中查找首次与串 t 匹配的子串,若未找到则显示相应信息后结束,否则将该子串逆置。在串 s 中出现子串 t 的示意如图 9-2 所示。

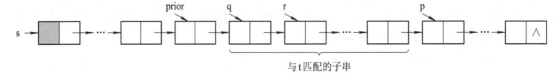

图 9-2　在串 s 中出现子串 t 的示意

实现程序如下：

```c
#include<stdio.h>
#include<stdlib.h>
typedef struct snode
{ char data;
    struct snode *next;
}LiString;
void StrAssingn(LiString **s, char str[])
{                         //生成链串 *s
    LiString *p,*r;
    int i;
    *s=(LiString*)malloc(sizeof(LiString));   //建立链串头结点
    r=*s;                 // r 始终指向链串 s 的尾结点
    for(i=0;str[i]!='\0';i++)//将数组 str 中的字符逐个转化为链串 s 中的结点
    {  p=(LiString *)malloc(sizeof(LiString));
        p->data=str[i];
        r->next=p;
        r=p;
    }
    r->next=NULL;          //将最终生成的链串 s 尾结点的指针域置空
}
void Invert_Substring(LiString *s, LiString *t)
{                         //将链串 s 中首次与链串 t 匹配的子串逆置
    LiString *prior,*p,*q,*r,*t1,*u;
    prior=s;              // prior 指向链表的头结点
    p=prior->next;        // p 指向链表的第一个数据结点
    t1=t->next;           // t1 指向串 t 的第一个数据结点
    if(p==NULL||t1==NULL)
    {  printf("Error!\n");
        goto L1;
    }
    while(p!=NULL&&t1!=NULL)   //在串 s 中寻找首次与串 t 匹配的子串
        if(p->data==t1->data)
        {  p=p->next;
            t1=t1->next;
        }
        else
        {
            prior=prior->next; //匹配不成功时 prior 后移一个结点继续匹配
```

```
            p=prior->next;          // p 指向主串中寻求与子串匹配的第一个数据结点
            t1=t->next;             // t1 重新指向串 t 的第一个数据结点
        }
    if(t1!=NULL)                    //当 t1 不空时则在串 s 中找不到与串 t 匹配的子串
        printf("No match!\n");
    else                            //将找到的子串逆置
    {
        q=prior->next;             // q 指向主串中已与子串匹配的第一个数据结点
        r=q->next;                 // r 指向*q 的后继结点
        while(r!=p)
        {
            u=r->next;             // u 指向 *r 的后继结点以免断链
            r->next=q;             //使*r 的后继指针next 改为指向 *r 的前驱结点 *q
            q=r;                   //指针 q 后移一个结点位置
            r=u;                   //指针 r 后移一个结点位置
        }
        prior->next->next=p;
            // *p 的前驱结点是原子串第一个结点(现为子串最后一个结点)
        prior->next=q;
            // *prior 的后继结点是原子串最后一个结点(现为子串第一个结点)
    }
    L1:  ;
}
void main()
{
    LiString *head1,*head2,*p;
    char c1[20]="aacabccad",c2[10]="abc";
    StrAssingn(&head1,c1);             //生成链串 head1
    StrAssingn(&head2,c2);             //生成链串 head1
    Invert_Substring(head1,head2);
    //将链串 head1 中首次与链串 head2 匹配的子串逆置
    p=head1->next;                     //输出链串 head1
    while(p!=NULL)
    {
        printf("%2c",p->data);
        p=p->next;
    }
    printf("\n");
}
```

9.4　数组与广义表应用

9.4.1　将所有奇数放到数组前半部分，所有偶数放到数组后半部分

设一系列正整数存放在一个数组中，试设计算法将所有奇数存放到数组的前半部分，所有的偶数存放到数组的后半部分。要求尽可能少用临时存储单元并使时间花费最少。

此题可采用快速排序的思想，即使用两个下标变量 i 和 j 分别指向数组的第一个和最后一个元素，并由这两端向数组的中间进行搜索；

(1) 若 A[i] 为偶数、A[j] 为奇数，则 A[i] 与 A[j] 进行交换，然后 i++、j--；

(2) 若 A[i] 为偶数、A[j] 为偶数，则 i 保持不变，j--；

(3) 若 A[i] 为奇数、A[j] 为奇数，则 j 保持不变，i++；

(4) 若 A[i] 为奇数、A[j] 为偶数，则 i++、j--；

(5) 当 i 等于 j 时算法结束。

实现程序如下：

```
#include<stdio.h>
void Charge(int A[], int n)
{                       //将奇数和偶数分别放入数组的前半部分和后半部分
    int i, j, temp;
    i=0;                    // i 指向数组的起始位置
    j=n-1;                  // j 指向数组的最后位置
    while(i<j)
    {
        while(A[i]%2!=0&&i<j)    // A[i]不为偶数时则继续向右扫描
            i++;
        while(A[j]%2==0&&i<j)    // A[j]不为奇数时则继续向左扫描
            j--;
        if(i<j)                  //将 A[i]与 A[j] 交换
        {
            temp=A[i];
            A[i]=A[j];
            A[j]=temp;
            i++;                 //交换后 i 指针加 1
            j--;                 //交换后 j 指针减 1
        }
    }
}
```

```
void main()
{
    int i=0, n=0, x, c[40];
    printf("Input data until -1 stop:\n");   //给数组输入数据直到-1 结束
    scanf("%d", &x);
    while(x!=-1)
    {
        c[i++]=x;
        scanf("%d", &x);
    }
    n=i;
    Charge(c, n);            //将奇数和偶数分别放入数组的前半部分和后半部分
    for(i=0; i<n; i++)       //输出交换后数组数据
        printf("%4d", c[i]);
    printf("\n");
}
```

9.4.2　求出字符数组中连续相同字符构成的子序列长度

定义一个一维字符数组：char b[n](n 为常数)，b 中连续相等元素构成的子序列称为平台。用程序求出 b 中最长平台长度的方法是：若已知 b[0]～b[i−1] 的最长平台长度为 p 且 b[i] 是下一平台的开始位置，即 b[i]! = b[i−1]，则从位置 i 开始计算下一平台的长度；若新长度 q > p，则更新最长平台的长度 p；当 i = n 时 p 即为所找到的最长平台长度。实现程序如下：

```
#include<stdio.h>
int Lengh(char b[], int n)
{                           //求数组中连续相同字符构成的最长子序列长度
    int i, p, q;
    i=0;
    p=0;
    while(i<n)
    {
        q=1;                        //初始时平台长度为 1
        i++;
        while(i<n&&b[i-1]==b[i])     //寻找最长平台
        {
            q++;
            i++;
```

```
        }
        if(q>p)                        //找到更长的平台
            p=q;
    }
    return p;
}
void main()
{
    int i=0,n=0;
    char x,c[40];
    printf("Input data :\n");         //给数组输入数据
    scanf("%c",&x);
    while(x!='\n')
    {
        c[i++]=x;
        scanf("%c",&x);
    }
    n=i;
    printf("Lengh=%d\n",Lengh(c,n));   //输出数组中最长连续相同字符的长度
}
```

9.4.3　求广义表的表头和表尾

　　广义表用孩子兄弟表示法存储。求广义表的表头过程如下：空表不能求表头；若表头元素为单元素，则输出该元素；若表头元素为子表，则由于其 next 不一定为 NULL，所以复制该表头元素产生 *t，并置 t->next=NULL。在此，*t 称为虚表头元素。如图 9-3 是广义表 "((a),(b))" 在求表头时所设置的虚表头结点 *t 的情况。使用输出函数 DispcB 输出由 t 指向的广义表即可得到原广义表的表头。

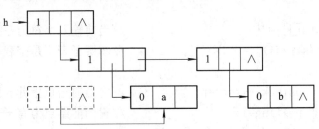

图 9-3　求表头示意

　　广义表用孩子兄弟表示法存储，则求广义表的表尾过程如下：空表不能求表尾；若不为空表，则创建一个虚表头结点 *t，并置 t->childlist=h->childlist。如图 9-4 是广义表 "((a),(b))" 求表尾时设置的虚拟表头结点 *t 的情况。使用输出函数 DispCB 输出由 t 指向的广义表即可得到原广义表的表尾。

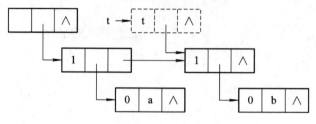

图 9-4　求表尾示意

实现程序如下:

```
#include<stdio.h>
#include<stdlib.h>
#define SIZE 100                    //定义输入广义表表达式字符串的最大长度
typedef struct node                 //定义广义表的结点类型
{
    int flag;                       //本结点为元素或子表标志
    union                           //单元素和子表共用内存
    {
        char data;                  //本结点为单元素时的值
        struct node *childlist;     //本结点指向下一层子表的指针
    }val;
    struct node *next;              //本结点指向相邻后继结点的指针
}lsnode,*plsnode;                   //广义表结点类型
plsnode Creatlist(char str[],plsnode head)       //生成广义表
{
    plsnode pstack[SIZE],newnode,p=head;   //数组 pstack 为存储子表指针的栈
    int top=-1,j=0;
            //置栈 pstack 栈顶指针 top 和扫描输入广义表表达式串指针 j 的初值
    while(str[j]!='\0')             //是否到输入广义表表达式串的串尾
    {
        if(str[j]=='(')                     //当前输入字符为左括号"("时为子表
          if(str[j+1]!=')')                 //本层子表不是空表
          {
                pstack[++top]=p;            //将当前结点指针 p 压栈
                p->flag=1;                  //置当前结点为有子表标志
                newnode=(lsnode *)malloc(sizeof(lsnode));
                                            //生成新一层的广义表结点
                p->val.childlist=newnode;
                            //将结点*p 的子表指针指向这个新结点(子表)
                p->next=NULL;               //结点*p 相邻的后继结点为空
                p=p->val.childlist;         //使指针 p 指向新一层的子表
```

```
            }
            else                          //本层子表是空表
            {
                p->flag=1;                //置当前结点为有子表标志
                p->val.childlist=NULL;    //当前结点指向下一层子表的指针为空
                p->next=NULL;             //当前结点指向后继结点的指针为空
                j++;                      //广义表表达式串的扫描指针值加 1
            }
        else
            if(str[j]==',')              //当前字符为左括号","时有相邻的后继结点
            {
                newnode=(lsnode *)malloc(sizeof(lsnode));
                                         //生成一个新的广义表结点
                p->next=newnode;         //结点*p 的结点指针指向这个新结点
                p=p->next;               //使指针 p 指向这个新结点
            }
            else
            if(str[j]==')')              //当前输入字符为右括号")"时本层子表结束
            {
                p=pstack[top--];         //子表指针 p 返回上一层子表
                if(top==-1) goto 11;     //广义表层次已结束，结束生成广义表过程
            }
            else                          //当前输入字符为广义表元素
            {
                p->flag=0;               //置当前结点为元素标志
                p->val.data=str[j];      //将输入字符送当前结点数据域
                p->next=NULL;            //当前结点指向相邻后继结点的指针为空
            }
            j++;                          //广义表表达式串的扫描指针值加 1
    }
11: return head;                          //返回已生成的广义表表头指针
}
void DispcB(plsnode h)                    //输出广义表
{                                         // *h 为广义表的头结点指针
    if(h!=NULL)                           //表非空
    {
        if(h->flag==1)                    //为表结点时
        {
            printf("(");                  //输出子表开始符号"("
```

```
            if(h->val.childlist==NULL)
                printf("　");                       //输出空子表
            else
                DispcB(h->val.childlist);      //递归输出子表
        }
        else
            printf("%c", h->val.data);          //为单元素时输出元素值
        if(h->flag==1)
            printf(")");                            //输出子表结束符号
        if(h->next!=NULL)                          //有后继结点时
        {
            printf(",");                            //输出元素之间的分隔符","
            DispcB(h->next);                       //递归调用输出后继元素的结点信息
        }
    }
}
void Head(plsnode h)                    //求广义表表头
{            //h 为广义表头结点指针
    plsnode q, t, p=h->val.childlist;
    if(p==NULL)                              //为空表时
    {
        printf("空表不能求表头!\n");
        goto L1;
    }
    if(p->flag==0)                           //表头元素为单元素时
    {
        q=(lsnode *)malloc(sizeof(lsnode));    //生成 q 的存储空间
        q->flag=0;                           //设置单元素标志
        q->val.data=p->val.data;             //复制表头元素数据信息
        q->next=NULL;                        //去掉和其它兄弟的联系
        printf("%3c\n", q->val.data);
    }
    else                                //表头元素为子表时生成一个虚子表*t
    {
        t=(lsnode *)malloc(sizeof(lsnode));    //生成虚表 t 的存储空间
        t->flag=1;
        t->val.childlist=p->val.childlist;
        t->next=NULL;
        DispcB(t);                          //输出由 t 指向的广义表(即表头)信息
```

```
        free(t);                                  //释放虚子表*t 的存放空间
    }
L1: ;
}
void Tail(plsnode h)                              //求广义表表尾
{              //h 为广义表头结点指针
    plsnode t,p=h->val.childlist;
    if(p==NULL)                                   //为空表时
    {
        printf("空表不能求表尾!\n");
        goto L1;
    }
    p=p->next;                                    //使 p 指向表头元素的下一个兄弟
    t=(lsnode *)malloc(sizeof(lsnode));           //生成虚表 t 的存储空间
    t->flag=1;                                    //设置子表标志
    t->next=NULL;                                 //没有其它兄弟
    t->val.childlist=p;           // *p 结点作为孩子结点链接到指针 t 上
    DispcB(t);                                    //输出由 t 指向的广义表(此时即为表尾)信息
    free(t);                                      //释放虚子表*t 的存放空间
L1:  ;
}
void main()
{
    plsnode head=(lsnode *)malloc(sizeof(lsnode));   //生成广义表表头指针
    char str[SIZE];
    printf("Please input List:\n");
    gets(str);                                    //输入广义表表达式字符串
    head=Creatlist(str,head);                     //生成广义表
    DispcB(head);                                 //输出广义表
    printf("\nHead of lists is :  ");
    Head(head);                                   //输出广义表的表头
    printf("\nTail of lists is :   ");
    Tail(head);                                   //输出广义表的表尾
    printf("\n");
}
```

9.4.4　另一种广义表生成方法

在此，我们采用另一种广义表的孩子兄弟表示法存储结构如图 9-5 所示。

tag	data
childlist	next

图 9-5 孩子兄弟表示法的结点结构

孩子兄弟表示法的结点类型定义如下：

```
typedef struct node                    //定义广义表的结点类型
{
    char data;                         //本结点为单元素时的值
    struct node *next;                 //本结点指向相邻后继结点的指针
    struct node *childlist;            //本结点指向下一层子表的指针
    int tag;                           //本结点为元素或子表标志
}lsnode,*plsnode;
```

在这种广义表的存储结构中，指针 next 指向本层的后继结点，而指针 childlist 则指向下一层子表结点。前面使用过的递归输出广义表函数也可以用下面非递归的输出广义表函数取代。生成广义表程序如下：

```
#include<stdio.h>
#include<stdlib.h>
#define SIZE 100                //定义输入广义表表达式字符串的最大长度
typedef struct node             //定义广义表的结点类型
{
    char data;                  //本结点为单元素时的值
    struct node *next;          //本结点指向相邻后继结点的指针
    struct node *childlist;     //本结点指向下一层子表的指针
    int tag;                    //本结点为元素或子表标志
}lsnode,*plsnode;
plsnode Creatlist(char str[],plsnode head)        //生成广义表
{
    plsnode pstack[SIZE],newnode,p=head; //数组 pstack 为存储子表指针的栈
    int top=-1,j=0;
        //置栈 pstack 栈顶指针 top 和扫描输入广义表表达式串指针 j 的初值
    while(str[j]!='\0')         //是否到输入广义表表达式串的串尾
    {
        if(str[j]=='(')         //当前输入字符为左括号"("时为子表
          if(str[j+1]!=')')     //本层子表不是空表
          {
            pstack[++top]=p;    //将当前结点指针 p 压栈
            p->tag=1;           //置当前结点为有子表标志
            newnode=(lsnode *)malloc(sizeof(lsnode));
                                //生成新一层的广义表结点
```

```
                p->childlist=newnode;
                            //将结点*p的子表指针指向这个新结点(子表)
                p->next=NULL;       //结点*p相邻的后继结点为空
                p=p->childlist;     //使指针p指向新一层的子表
            }
            else                    //本层子表是空表
            {
                p->tag=1;           //置当前结点为有子表标志
                p->childlist=NULL;  //当前结点指向下一层子表的指针为空
                p->next=NULL;       //当前结点指向后继结点的指针为空
                j++;                //广义表表达式串的扫描指针值加1
            }
        else
            if(str[j]==',')         //当前字符为左括号",""时有相邻的后继结点
            {
                newnode=(lsnode *)malloc(sizeof(lsnode));
                                    //生成一个新的广义表结点
                p->next=newnode;    //结点*p的结点指针指向这个新结点
                p=p->next;          //使指针p指向这个新结点
            }
            else
                if(str[j]==')')     //当前输入字符为右括号")"时本层子表结束
                {
                    p=pstack[top--];        //子表指针p返回上一层子表
                    if(top==-1) goto l1;
                                    //广义表层次已结束，结束生成广义表过程
                }

                else                //当前输入字符为广义表元素
                {
                    p->tag=0;           //置当前结点为元素标志
                    p->data=str[j];     //将输入字符送当前结点数据域
                    p->next=NULL;    //当前结点指向相邻后继结点的指针为空
                    p->childlist=NULL; //当前结点指向下一层子表的指针为空
                }
            j++;                    //广义表表达式串的扫描指针值加1
        }
l1:  return head;                   //返回已生成的广义表表头指针
}
```

```
void Display(plsnode head)                //输出生成的广义表
{
    plsnode pstack1[SIZE],p1=head;        //数组 pstack1 为存储子表指针的栈
    int top1=-1;                          //置栈 pstack1 栈顶指针 top1 的初值
    printf("List is:\n");
do{
    while((p1->childlist!=NULL)||(p1->next!=NULL))
    {                                     //当结点*p1 有下一层子表或有相邻的后继结点时
        if(p1->tag==1)                    //结点*p1 有子表
        {
            if((p1->tag==1)&&(p1->childlist==NULL))
            {
                printf("( ),");
                p1=p1->next;
            }
            else
            {
                printf("(");              //输出子表开始符号"("
                pstack1[++top1]=p1;       //将当前结点指针 p1 压栈
                p1=p1->childlist;         //使指针 p1 指向新一层的子表
            }
        }
        else
            if(p1->tag==0)                //结点*p1 为元素
            {
                printf("%c",p1->data);    //输出元素值
                printf(",");              //输出元素分隔符","
                p1=p1->next;              //使指针 p1 指向的相邻后继结点
            }
    }
    if((p1->tag==1)&&(p1->childlist==NULL))
        printf("( )");
    else
    {
        printf("%c",p1->data);            //输出本层子表的最后一个元素值
        printf(")");                      //输出本层子表的结束符号")"
        p1=pstack1[top1--];               //使指针 p1 返回到上一层子表
    }
11:    if(p1->next!=NULL)     //如果指针 p1 指向相邻后继结点的指针不为空
```

```
        {
            printf(",");                        //输出元素分隔符","
            p1=p1->next;                         //使指针 p1 指向的相邻后继结点
        }
        else
        {
            while((top1!=-1)&&(p1->next==NULL))
            {   //当存储子表指针的栈 pstack1 不为空且*p1 相邻的后继结点为空
                p1=pstack1[top1--];              //使指针 p1 返回到上一层子表
                printf(")");                     //输出本层子表的结束符号")"
            }
            if(top1!=-1) goto l1;
        }
    }while(top1!=-1);            //当存储子表指针的栈 pstack1 为空时结束 do 循环
    printf("\n");
}
void main()
{
    plsnode head=(lsnode *)malloc(sizeof(lsnode)); //生成广义表表头指针
    char str[SIZE];
    printf("Please input List:\n");
    gets(str);                                  //输入广义表表达式字符串
    head=Creatlist(str,head);                   //生成广义表
    Display(head);                              //输出生成的广义表
}
```

9.5　树与二叉树应用

9.5.1　交换二叉树的左右子树

若二叉树中结点左孩子的 data 域值大于右孩子的 data 值域,则交换该结点的左右子树。
实现程序如下:

```
#include<stdio.h>
#include<stdlib.h>
#define MAXSIZE 30
typedef struct node
{
    char data;                          //结点数据
```

```
    struct node *lchild,*rchild;        //左、右孩子指针
}BSTree;                                 //二叉树结点类型
void Inorder(BSTree *p)
{                                        //中序遍历二叉树
    if(p!=NULL)
    {  Inorder(p->lchild);              //中序遍历左子树
       printf("%3c",p->data);           //访问根结点
       Inorder(p->rchild);              //中序遍历右子树
    }
}
void Change(BSTree *p)
{                                        //左、右孩子交换
    BSTree *q;
    if(p!=NULL)
    {
      if(p->lchild!=NULL&&p->rchild!=NULL&&p->lchild->data>p->rchild->data)
      {                                  //交换左、右孩子的指针
        q=p->lchild;
        p->lchild=p->rchild;
        p->rchild=q;
      }
      Change(p->lchild);
      Change(p->rchild);
    }
}
void Createb(BSTree **p)
{                           //生成一棵二叉树
    char ch;
    scanf("%c",&ch);        //读入一个字符
    if(ch!='.')             //如果该字符不为 '.'
    {  *p=(BSTree*)malloc(sizeof(BSTree));  //在主调函数空间申请一个结点
       (*p)->data=ch;       //将读入的字符送结点的数据域
       Createb(&(*p)->lchild);  //沿左孩子分支继续生成二叉树
       Createb(&(*p)->rchild);  //沿右孩子分支继续生成二叉树
    }
    else                    //如果读入的字符为 '.' 则置指针域为空
      *p=NULL;
}
```

```
void main()
{  BSTree *root;
   printf("Make a tree:\n");
   Createb(&root);                //生成一棵二叉树
   printf("Inorder output : \n");
   Inorder(root);                 //中序遍历二叉树
   printf("\n");
   Change(root);                  //左、右孩子交换
   printf("Inorder output of change: \n");
   Inorder(root);                 //中序遍历交换后的二叉树
   printf("\n");
}
```

9.5.2　统计二叉树叶子个数的非递归算法实现

可用一个指针栈 stack 实现统计二叉树叶子个数的非递归算法，实现程序如下：

```
#include<stdio.h>
#include<stdlib.h>
#define MAXSIZE 30
typedef struct node
{  char data;                     //结点数据
   struct node *lchild,*rchild;   //左、右子孩子指针
}BSTree;                          //二叉树结点类型
void Inorder(BSTree *p)
{                                 //中序遍历二叉树
   BSTree *stack[20];
   int i=0;
   stack[0]=NULL;                 //栈初始化
   while(i>=0)                    //当指针 p 不空或栈 stack 不空(i>0)
   {
      if(p!=NULL)                 //当指针 p 不空时
      {
         stack[++i]=p;            //将该结点压栈
         p=p->lchild;            //沿左子树向下遍历
      }
      else                       //当指针 p 为空时
      {  p=stack[i--];           //将这个无左子树的结点由栈中弹出
         printf("%3c",p->data);  //输出结点的信息
         p=p->rchild;   //从该结点右子树的根开始继续沿左子树向下遍历
      }
```

```
        if(p==NULL&&i==0)
          goto 11;
    }
    11: ;
}
int Leaf_count(BSTree *p)
{                                  //先序遍历二叉树统计树叶个数
    BSTree *stack[20];
    int i=0,m=0;
    stack[0]=NULL;                 //栈初始化
    while(p!=NULL||i>0)            //当指针 p 不空或栈 stack 不空(i>0)
        if(p!=NULL)               //当指针 p 不空时
        {   stack[++i]=p;         //将该结点压栈
            p=p->lchild;          //沿左子树向下遍历
        }
        else                      //当指针 p 为空时
        {   p=stack[i--];         //将这个无左子树的结点由栈中弹出
            if(p->lchild==NULL&&p->rchild==NULL)
            m++;
            p=p->rchild;         //从该结点右子树的根开始继续沿左子树向下遍历
        }
        return m;                //返回叶结点个数
}
void Createb(BSTree **p)
{                                  //生成一棵二叉树
    char ch;
    scanf("%c",&ch);              //读入一个字符
    if(ch!='.')                  //如果该字符不为 '.'
    {
        *p=(BSTree*)malloc(sizeof(BSTree));  //在主调函数空间申请一个结点
        (*p)->data=ch;            //将读入的字符送结点的数据域
        Createb(&(*p)->lchild);  //沿左孩子分支继续生成二叉树
        Createb(&(*p)->rchild);  //沿右孩子分支继续生成二叉树
    }
    else                          //如果读入的字符为 '.' 则置指针域为空
        *p=NULL;
}
void main()
{
```

```
BSTree *root;
printf("Preorder entet bitree with '. .': \n");
Createb(&root);                    //建立一棵以 root 为根指针的二叉树
printf("Inorder output : \n");
Inorder(root);                     //中序遍历二叉树
printf("\n");
printf("Leaf is : %d\n",Leaf_count(root));   //输出二叉树中的树叶个数
}
```

9.5.3　判定一棵二叉树是否为完全二叉树

根据完全二叉树的定义可知，对完全二叉树按照从上到下、从左到右的次序遍历时应满足：

(1) 若某结点没有左孩子，则一定无右孩子。

(2) 若某结点缺(左或右)孩子，则其所有后继一定无孩子。

因此，可采用按层次遍历二叉树的方法依次对每个结点进行判断。在此，设置一个标志变量 CM 来表示所有已扫描过的结点均有左、右孩子，并将每次局部判断的结果存入 CM 中，也即 CM 表示整个二叉树是否为完全二叉树。另设变量 b 来表示到目前为止所有结点是否均有左、右孩子。实现程序如下：

```
#include<stdio.h>
#include<stdlib.h>
#define MAXSIZE 10
typedef struct node
{
    char data;                    //结点数据
    struct node *lchild,*rchild;  //左、右子孩子指针
}BSTree;                          //二叉树结点类型
typedef struct
{
    BSTree *data[MAXSIZE];        //队中元素存储空间
    int rear,front;               //队尾和队头指针
}SeQueue;                         //顺序队类型
void Init_SeQueue(SeQueue **q)
{                                 //队初始化
    *q=(SeQueue*)malloc(sizeof(SeQueue));
    (*q)->front=0;
    (*q)->rear=0;
}
int Empty_SeQueue(SeQueue *q)
```

```
    {                                   //判队空
        if(q->front==q->rear)
            return 1;                   //队空
        else
            return 0;                   //队不空
    }
    void In_SeQueue(SeQueue *q,BSTree *x)
    {                                   //入队
        if((q->rear+1)%MAXSIZE==q->front)
            printf("Queue is full!\n");     //队满，入队失败
        else
        {
            q->rear=(q->rear+1)%MAXSIZE;    //队尾指针加 1
            q->data[q->rear]=x;             //将元素 x 入队
        }
    }
    void Out_SeQueue(SeQueue *q,BSTree **x)
    {                                   //出队
        if(q->front==q->rear)
            printf("Queue is empty");       //队空，出队失败
        else
        {
            q->front=(q->front+1)%MAXSIZE;      //队头指针加 1
            *x=q->data[q->front];               //队头元素出队并由 x 返回队头元素值
        }
    }
    void Inorder(BSTree *p)
    {                                   //中序遍历二叉树
        if(p!=NULL)
        {
            Inorder(p->lchild);             //中序遍历左子树
            printf("%3c",p->data);          //访问根结点
            Inorder(p->rchild);             //中序遍历右子树
        }
    }
    void Createb(BSTree **p)
    {                                   //生成一棵二叉树
        char ch;
        scanf("%c",&ch);                //读入一个字符
```

```
        if(ch!='.')                         //如果该字符不为 '.'
        {
            *p=(BSTree*)malloc(sizeof(BSTree));   //在主调函数空间申请一个结点
            (*p)->data=ch;                  //将读入的字符送结点的数据域
            Createb(&(*p)->lchild);         //沿左孩子分支继续生成二叉树
            Createb(&(*p)->rchild);         //沿右孩子分支继续生成二叉树
        }
        else                                //如果读入的字符为 '.' 则置指针域为空
            *p=NULL;
}
int CBSTree(BSTree *t)
{                                           //判断二叉树是否为完全二叉树
    SeQueue *Q;
    BSTree *p=t;
    int b,CM;
    Init_SeQueue(&Q);                       //队列 Q 初始化
    b=1;                                    //b 初始化
    CM=1;                                   //CM 初始化
    if(t!=NULL)                             //二叉树 t 非空
    {
        In_SeQueue(Q,t);                    //指针 t 入队
        while(!Empty_SeQueue(Q))            //队 Q 非空
        {
            Out_SeQueue(Q,&p);              //队头结点(即指针值)出队并赋给 p
            if(p->lchild==NULL)             // *p 无左孩子
            {
                b=0;                        //置 b 为无左、右孩子标志
                if(p->rchild!=NULL)         // *p 无左孩子但有右孩子
                    CM=0;                   //置不是完全二叉树标志
            }
            else                            // *p 有左孩子
            {
                CM=b;       //将到目前为止是否仍为完全二叉树的标志送 CM
                In_SeQueue(Q,p->lchild);    // *p 左孩子指针入队
                if(p->rchild==NULL)         // *p 无右孩子
                    b=0;                    //置 b 为无左、右孩子标志
                else
                    In_SeQueue(Q,p->rchild);   // *p 右孩子指针入队
            }
```

```
        }
    }
    return CM;                           //返回是否为完全二叉树的标志
}
void main()
{
    BSTree *root;
    printf("Preorder entet bitree with '. .': \n");
    Createb(&root);                      //建立一棵以 root 为根指针的二叉树
    printf("Inorder output : \n");
    Inorder(root);                       //中序遍历二叉树
    printf("\n");
    if(CBSTree(root))                    //判断二叉树是否为完全二叉树
        printf("Yes!\n");
    else
        printf("No!\n");
}
```

9.5.4 求二叉树中第一条最长的路径并输出此路径上各结点的值

在此，采用非递归后序遍历二叉树。当后序遍历访问到由 p 所指的树叶结点时，栈 s 中的所有结点均为 p 所指结点的祖先。而这些祖先则构成了一条从根结点到此树叶结点的路径。因此，还需另设一 longestpath 数组来保存二叉树中最长路径的结点值且 m 为最长路径的路径长度。实现程序如下：

```
#include<stdio.h>
#include<stdlib.h>
#define MAXSIZE 10
typedef struct node
{
    char data;                           //结点数据
    struct node *lchild,*rchild;         //左、右子孩子指针
}BSTree;                                 //二叉树结点类型
typedef struct
{
    BSTree *data[MAXSIZE];               //栈空间
    int top;                             //栈顶指针
}SeStack;                                //顺序栈类型
void Longest_Path(BSTree *t)
```

```
{                                       //求二叉树中最长路径
    SeStack *s;
    BSTree *p,*longestpath[MAXSIZE];
    int i,m=0,tag[MAXSIZE];
    s=(SeStack *)malloc(sizeof(SeStack));
    s->top=0;                           //栈指针初始化
    p=t;
    while(p!=NULL||s->top!=0)            //二叉树非空或栈非空
    {
        while(p!=NULL)                  //二叉树非空
        {
            s->top++;                   //栈指针加 1
            s->data[s->top]=p;          //指针 p 入栈
            tag[s->top]=0;              //置 *p 右孩子未访问过标志
            p=p->lchild;                //继续沿 *p 的左孩子向下访问
        }
        if(s->top>0)                    //栈非空时
          if(tag[s->top]==1)    //栈顶结点的左、右孩子都访问过即可访问该结点
          {
              if(s->data[s->top]->lchild==NULL&&
                        s->data[s->top]->rchild==NULL&&s->top>m)
              {
                  for(i=1;i<=s->top;i++)        //记录当前所找到的最长路径
                      longestpath[i]=s->data[i];
                  m=s->top;
              }
              s->top--;                 //栈指针减 1 继续后序遍历二叉树
          }
          else                  //栈顶结点的右孩子未访问过则先访问右孩子结点
          {
              p= s->data[s->top];       //取出栈顶结点的指针赋给 p
              if(s->top>0)              //栈非空时
              {
                  p=p->rchild;          //访问 *p 的右孩子
                  tag[s->top]=1;        //置 *p 右孩子已访问过标志
              }
          }
```

```
    }
    for(i=1;i<=m;i++)                    //输出二叉树的最长路径
        printf("%2c",longestpath[i]->data);
    printf("\nlongest=%d",m);
}
void Inorder(BSTree *p)
{                                        //中序遍历二叉树
    if(p!=NULL)
    {
        Inorder(p->lchild);              //中序遍历左子树
        printf("%3c",p->data);           //访问根结点
        Inorder(p->rchild);              //中序遍历右子树
    }
}
void Createb(BSTree **p)
{                                        //生成一棵二叉树
    char ch;
    scanf("%c",&ch);                     //读入一个字符
    if(ch!='.')                          //如果该字符不为 '.'
    {
        *p=(BSTree*)malloc(sizeof(BSTree));   //在主调函数空间申请一个结点
        (*p)->data=ch;                   //将读入的字符送结点的数据域
        Createb(&(*p)->lchild);          //沿左孩子分支继续生成二叉树
        Createb(&(*p)->rchild);          //沿右孩子分支继续生成二叉树
    }
    else                                 //如果读入的字符为 '.' 则置指针域为空
        *p=NULL;
}
void main()
{
    BSTree *root;
    printf("Preorder entet bitree with '. .': \n");
    Createb(&root);                      //建立一棵以 root 为根指针的二叉树
    printf("Inorder output : \n");
    Inorder(root);                       //中序遍历二叉树
    printf("\n");
    Longest_Path(root);                  //求二叉树中最长路径
```

```
    printf("\n");
}
```

9.6　图　的　应　用

9.6.1　邻接矩阵转换为邻接表

程序如下:

```c
#include<stdio.h>
#include<stdlib.h>
#define MAXSIZE 30
typedef struct                        //图在顺序存储结构下的类型定义
{
    char vertex[MAXSIZE];             //顶点为字符型且顶点表的长度小于 MAXSIZE
    int edges[MAXSIZE][MAXSIZE];      //边为整型且 edges 为邻接矩阵
}MGraph;                              // MGraph 为采用邻接矩阵存储的图类型
typedef struct node                   //邻接表结点
{
    int adjvex;                       //邻接点域
    struct node *next;                //指向下一个邻接边结点的指针域
}EdgeNode;                            //邻接表结点类型
typedef struct vnode                  //顶点表结点
{
    int vertex;                       //顶点域
    EdgeNode *firstedge;              //指向邻接表第一个邻接边结点的指针域
}VertexNode;                          //顶点表结点类型
void CreatMGraph(MGraph *g,int e,int n)
{               //建立无向图的邻接矩阵 g->egdes, n 为顶点个数, e 为边数
    int i,j,k;
    printf("Input data of vertexs(0~n-1):\n");
    for(i=0;i<n;i++)
        g->vertex[i]=i;               //读入顶点信息
    for(i=0;i<n;i++)
        for(j=0;j<n;j++)
            g->edges[i][j]=0;         //初始化邻接矩阵
    for(k=1;k<=e;k++)                 //输入 e 条边
    {
        printf("Input edge of(i,j): ");
```

```
            scanf("%d,%d",&i,&j);
            g->edges[i][j]=1;
            g->edges[j][i]=1;
        }
    }
    void Graphlinklist(MGraph *G, int n, VertexNode g[])
    {                               //邻接矩阵转换为邻接表
        EdgeNode *p;
        int i,j;
        for(i=0;i<n;i++)            //建立有 n 个顶点的顶点表
        {
            g[i].vertex=i;          //读入顶点 i 信息
            g[i].firstedge=NULL;    //初始化指向顶点 i 的邻接表表头指针
        }
        for(i=0;i<n;i++)            //由邻接矩阵信息来建立邻接表
            for(j=0;j<n;j++)
                if(G->edges[i][j]!=0)  //邻接矩阵中边(i,j)存在
                {
                    p=(EdgeNode *)malloc(sizeof(EdgeNode));
                    p->adjvex=j;        //在顶点 vᵢ 的邻接表中添加邻接点为 j 的结点
                    p->next=g[i].firstedge;  //插入是在邻接表表头进行的
                    g[i].firstedge=p;
                }
    }
    int visited[MAXSIZE];       // MAXSIZE 为大于或等于无向图顶点个数的常量
    void DFS(VertexNode g[],int i)
    {                               //从指定的顶点 i 开始深度优先搜索
        EdgeNode *p;
        printf("%4d",g[i].vertex);  //输出顶点 i 信息，即访问顶点 i
        visited[i]=1;               //置顶点 i 为访问过标志
        p=g[i].firstedge;           //根据顶点 i 的指针 firstedge 查找其邻接表的
                                    //第一个邻接边结点
        while(p!=NULL)              //当邻接边结点不为空时
        {
            if(!visited[p->adjvex]) //如果邻接的这个边结点未被访问过
            DFS(g,p->adjvex);       //对这个边结点进行深度优先搜索
            p=p->next;              //查找顶点 i 的下一个邻接边结点
        }
    }
```

```
void DFSTraverse(VertexNode g[],int n)
{   //深度优先搜索遍历以邻接表存储的图,其中 g 为顶点表,n 为顶点个数
    int i;
    for(i=0;i<n;i++)
        visited[i]=0;                 //访问标志置 0
    for(i=0;i<n;i++)  //对 n 个顶点的图查找未访问过的顶点并由该顶点开始遍历
        if(!visited[i])               //当 visited[i]等于 0 时即顶点 i 未访问过
            DFS(g,i);                 //从未访问过的顶点 i 开始遍历
}
void main()
{   int i,j,n,e;
    MGraph *g;
    VertexNode g1[MAXSIZE];
    g=(MGraph *)malloc(sizeof(MGraph));   //生成邻接矩阵的存储空间
    printf("Input size of MGraph: ");     //输入邻接矩阵的大小(即图的顶点数)
    scanf("%d",&n);
    printf("Input number of edge: ");     //输入图中边的个数
    scanf("%d",&e);
    CreatMGraph(g,e,n);                   //生成图的邻接矩阵
    printf("Output MGraph:\n");           //输出该图对应的邻接矩阵
    for(i=0;i<n;i++)
    {   for(j=0;j<n;j++)
            printf("%4d",g->edges[i][j]);
        printf("\n");
    }
    Graphlinklist(g,n,g1);                //将邻接矩阵转化为邻接表
    printf("DFSTraverse:\n");
    DFSTraverse(g1,n);                    //深度优先遍历以邻接表存储的无向图
    printf("\n");
}
```

9.6.2　深度优先搜索的非递归算法实现

非递归算法实现的步骤如下:

(1) 先访问图 G 的指定起始顶点 v。

(2) 从 v 出发访问一个与 v 邻接的由指针 p 所指的邻接边结点;再由 p 所指的顶点出发,访问与 p 所指顶点邻接且未被访问过的邻接边结点 *q;然后从 q 所指的顶点出发,重复上述过程,直到找不到未被访问过的邻接边结点为止。

(3) 回退到还有未被访问过其邻接边结点的顶点处,从该顶点出发重复(2)、(3)步,直

到所有被访问过的顶点其邻接边结点都被访问过为止。

为此，设置一个栈 s 来保存被访问过的结点，以便回溯查找已被访问顶点的那些未被访问过的邻接边结点，实现程序如下：

```c
#include<stdio.h>
#include<stdlib.h>
#define MAXSIZE 30
typedef struct node              //邻接表结点
{
    int adjvex;                  //邻接点域
    struct node *next;           //指向下一个邻接边结点的指针域
}EdgeNode;                       //邻接表结点类型
typedef struct vnode             //顶点表结点
{
    int vertex;                  //顶点域
    EdgeNode *firstedge;         //指向邻接表第一个邻接边结点的指针域
}VertexNode;                     //顶点表结点类型
void CreatAdjlist(VertexNode g[],int e,int n)
{       //建立无向图的邻接表，n 为顶点数，e 为边数，g[]存储 n 个顶点表结点
    EdgeNode *p;
    int i,j,k;
    printf("Input date of vetex(0~n-1);\n");
    for(i=0;i<n;i++)             //建立有 n 个顶点的顶点表
    {
        g[i].vertex=i;           //读入顶点 i 信息
        g[i].firstedge=NULL;     //初始化指向顶点 i 的邻接表表头指针
    }
    for(k=1;k<=e;k++)            //输入 e 条边
    {
        printf("Input edge of(i,j): ");
        scanf("%d,%d",&i,&j);
        p=(EdgeNode *)malloc(sizeof(EdgeNode));
        p->adjvex=j;             //在顶点 vi 的邻接表中添加邻接点为 j 的结点
        p->next=g[i].firstedge;  //插入是在邻接表表头进行的
        g[i].firstedge=p;
        p=(EdgeNode *)malloc(sizeof(EdgeNode));
        p->adjvex=i;             //在顶点 vⱼ的邻接表中添加邻接点为 i 的结点
        p->next=g[j].firstedge;  //插入是在邻接表表头进行的
        g[j].firstedge=p;
    }
```

```
}
int visited[MAXSIZE];          // MAXSIZE 为大于或等于无向图顶点个数的常量
void DFS(VertexNode g[],int v,int n)
{                                       //从指定的顶点 v 开始深度优先搜索
    EdgeNode *p,*s[MAXSIZE];
    int i,visited[MAXSIZE],top=0;
    for(i=0;i<n;i++)            //对图中每一个顶点的访问标志初始化
      visited[i]=0;
    printf("%4d",v);            //输出顶点 v 信息
    visited[v]=1;               //给顶点 v 置访问过标志
    p=g[v].firstedge;           // p 指向顶点 v 的第一个邻接边结点
    while(p!=NULL||top>0)       // p 非空或栈 s 非空
    {
        while(p!=NULL)          // p 非空时
            if(visited[p->adjvex]==1)
              p=p->next;        //若该邻接边结点访问过则 p 指向下一个邻接边结点
            else                //该邻接边结点未访问过
            {
                printf("%4d",p->adjvex);     //输出该邻接边结点信息
                visited[p->adjvex]=1;        //置该邻接边结点(顶点)访问过标志
                top++;                       //栈指针加 1
                s[top]=p;                    //指针 p 入栈
                p=g[p->adjvex].firstedge;
                    //以该邻接边结点为顶点,p 指向其邻接表的第一个邻接边结点
            }
            if(top>0)                        //栈 s 非空时
            {
                p=s[top];                    //出栈
                top--;                       //栈指针减 1
                p=p->next;                   //继续查找下一个邻接边结点
            }
    }
}
void main()
{
    int e,n;
    VertexNode g[MAXSIZE];                   //定义顶点表结点类型数组 g
    printf("Input number of node:\n");       //输入图中结点个数
    scanf("%d",&n);
```

```
    printf("Input number of edge:\n");   //输入图中边的个数
    scanf("%d",&e);
    printf("Make adjlist:\n");
    CreatAdjlist(g,e,n);              //建立无向图的邻接表
    printf("DFSTraverse:\n");
    DFS(g,0,n);                       //深度优先遍历以邻接表存储的无向图
    printf("\n");
}
```

9.6.3 求无向连通图中距顶点 v_0 路径长度为 k 的所有结点

程序中必须用广度优先遍历的层次特性来求解,也即要以 v_0 为起点调用 BFS 算法输出第 k+1 层上的所有顶点。因此,在访问顶点时需要知道层数,而每个顶点的层数是由其前驱决定的(起点除外)。所以,可以从第一个顶点开始,每访问到一个顶点就根据其前驱的层次计算该顶点的层次,并将层数值与顶点编号一起入队、出队。实际上可增加一个队列来保存顶点的层数值,并且将层数的相关操作与对应顶点的操作保持同步,即一起置空、出队和入队。实现程序如下:

```
#include<stdio.h>
#include<stdlib.h>
#define MAXSIZE 30
typedef struct node
{
    int data;
    struct node *next;
}QNode;                     //链队列结点类型
typedef struct
{
    QNode *front,*rear;     //将头、尾指针纳入到一个结构体的链队列
}LQueue;                    //链队列类型
void Init_LQueue(LQueue **q)
{                           //创建一个带头结点的空队列
    QNode *p;
    *q=(LQueue *)malloc(sizeof(LQueue));    //申请带头、尾指针的结点
    p=(QNode*)malloc(sizeof(QNode));        //申请链队列的头结点
    p->next=NULL;           //头结点的 next 指针置为空
    (*q)->front=p;          //队头指针指向头结点
    (*q)->rear=p;           //队尾指针指向头结点
}
int Empty_LQueue(LQueue *q)
```

```
{                                    //判队空
    if(q->front==q->rear)            //队为空
        return 1;
    else
        return 0;
}
void In_LQueue(LQueue *q,int x)
{                                    //入队
    QNode *p;
    p=(QNode *)malloc(sizeof(QNode));      //申请新链队列结点
    p->data=x;
    p->next=NULL;                 //新结点作为队尾结点时其 next 域为空
    q->rear->next=p;              //将新结点 *p 链到原队尾结点之后
    q->rear=p;                    //使队尾指针指向新的队尾结点 *p
}
void Out_LQueue(LQueue *q,int *x)
{                                //出队
    QNode *p;
    if(Empty_LQueue(q))
        printf("Queue is empty!\n");       //队空,出队失败
    else
    {
        p=q->front->next;     //指针 p 指向链队列第一个数据结点(即队头结点)
        q->front->next=p->next;
        //头结点的 next 指针指向链队列第二个数据结点(即删除第一个数据结点)
        *x=p->data;                     //将删除的队头结点数据经由 x 返回
        free(p);
        if(q->front->next==NULL)        //出队后队为空,则置为空队列
            q->rear=q->front;
    }
}
typedef struct node1                 //邻接表结点
{
    int adjvex;                      //邻接点域
    struct node1 *next;              //指向下一个邻接边结点的指针域
}EdgeNode;                           //邻接表结点类型
typedef struct vnode                 //顶点表结点
{
    int vertex;                      //顶点域
```

```
    EdgeNode *firstedge;                //指向邻接表第一个邻接边结点的指针域
}VertexNode;                            //顶点表结点类型
void CreatAdjlist(VertexNode g[],int e,int n)
{     //建立无向图的邻接表，n 为顶点数，e 为边数，g[]存储 n 个顶点表结点
    EdgeNode *p;
    int i,j,k;
    printf("Input date of vetex(0~n-1):\n");
    for(i=0;i<n;i++)                    //建立有 n 个顶点的顶点表
    {
        g[i].vertex=i;                  //读入顶点 i 信息
        g[i].firstedge=NULL;            //初始化指向顶点 i 的邻接表表头指针
    }
    for(k=1;k<=e;k++)                   //输入 e 条边
    {
        printf("Input edge of(i,j): ");
        scanf("%d,%d",&i,&j);
        p=(EdgeNode *)malloc(sizeof(EdgeNode));
        p->adjvex=j;                    //在顶点 $v_i$ 的邻接表中添加邻接点为 j 的结点
        p->next=g[i].firstedge;         //插入是在邻接表表头进行的
        g[i].firstedge=p;
        p=(EdgeNode *)malloc(sizeof(EdgeNode));
        p->adjvex=i;                    //在顶点 $v_j$ 的邻接表中添加邻接点为 i 的结点
        p->next=g[j].firstedge;         //插入是在邻接表表头进行的
        g[j].firstedge=p;
    }
}
int visited[MAXSIZE];
void BFS_klevel(VertexNode g[],int v0,int k,int n)
{         //广度优先搜索查找从顶点 $v_0$ 开始路径长度为 k 的所有结点
    int i,j,*x=&j,level,*y=&level;
    EdgeNode *p;
    LQueue *Q,*Q1;
    Init_LQueue(&Q);                    //队列 Q 初始化
    Init_LQueue(&Q1);                   //队列 Q1 初始化
    for(i=0;i<n;i++)                    //对图中每一个顶点的访问标志初始化
        visited[i]=0;
    visited[v0]=1;                      //对起点 v0 置访问过标志
    level=1;                            //置 v0 的层数为 1
    In_LQueue(Q,v0);                    //顶点 v0 进入队列 Q
```

```
        In_LQueue(Q1, level);                //顶点 v0 的层数进入队列 Q1
        while(!Empty_LQueue(Q)&&level<k+1)    //队列 Q 非空且层数小于 k+1
        {
            Out_LQueue(Q, x);                //队头的顶点出队并经 x 赋给 j(暂记为顶点 j)
            Out_LQueue(Q1, y);               //队头顶点的层数出队并经 y 赋给 level
            p=g[j].firstedge;                //p 指向刚出队的顶点 j 的第一个邻接边结点
            while(p!=NULL)                    //p 不为空时
            {
                if(!visited[p->adjvex])      //若该邻接边结点未访问过
                {
                    if(level==k)             //若该邻接边结点层数为 k
                        printf("Node=%d,", g[p->adjvex].vertex);//输出该邻接边
                                                              //结点信息
                    visited[p->adjvex]=1;    //置该邻接边结点已访问过标志
                    In_LQueue(Q, p->adjvex); //该邻接边结点入队 Q
                    In_LQueue(Q1, level+1);  //该邻接边结点的层数入队 Q1
                }
                p=p->next;                   //在顶点 j 的邻接表中查找 j 的下一个邻接边结点
            }
        }
}
void main()
{   int e, k, n;
    VertexNode g[MAXSIZE];
    printf("Input number of node:\n");      //输入图的顶点个数
    scanf("%d", &n);
    printf("Input number of edge:\n");       //输入图的边数
    scanf("%d", &e);
    printf("Make adjlist:\n");               //生成图的邻接表
    CreatAdjlist(g, e, n);
    printf("Input k ofBFS_klevel:\n");       //输入路径长度
    scanf("%d", &k);
    BFS_klevel(g, 0, k, n);                   //查找从顶点 0 开始路径长度为 k 的所有结点
    printf("\n");
}
```

9.6.4　用深度优先搜索对图中所有顶点进行拓扑排序

　　对无向图来说，若深度优先遍历过程中遇到回边则必定存在环；而对有向图来说，这条回边有可能是指向深度优先森林中另一棵生成树上顶点的弧。但是，如果从有向图上某

个顶点 v 出发进行遍历，并在 DFS(v)结束之前出现一条从顶点 u 到顶点 v 的回边，这是因为 u 在生成树上是 v 的子孙，而此时又出现 v 是 u 的子孙，则在有向图中必定存在包含顶点 v 和顶点 u 的环。

实现程序如下：

```c
#include<stdio.h>
#include<stdlib.h>
#define MAXSIZE 30
typedef struct node              //邻接表结点
{   int adjvex;                  //邻接点域
    struct node *next;           //指向下一个邻接边结点的指针域
}EdgeNode;                       //邻接表结点类型
typedef struct vnode             //顶点表结点
{   int indegree;                //顶点入度
    int vertex;                  //顶点域
    EdgeNode *firstedge;         //指向邻接表第一个邻接边结点的指针域
}VertexNode;                     //顶点表结点类型
void CreatAdjlist(VertexNode g[],int e,int n)
{        //建立有向图的邻接表，n 为顶点数，e 为边数，g[]存储 n 个顶点表结点
    EdgeNode *p;
    int i,j,k;
    printf("Input date of vetex(0~n-1);\n");
    for(i=0;i<n;i++)             //建立有 n 个顶点的顶点表
    {   g[i].vertex=i;           //读入顶点 i 信息
        g[i].firstedge=NULL;     //初始化指向顶点 i 的邻接表表头指针
        g[i].indegree=0;
    }
    for(k=1;k<=e;k++)            //输入 e 条边
    {   printf("Input edge of(i,j): ");
        scanf("%d,%d",&i,&j);
        p=(EdgeNode *)malloc(sizeof(EdgeNode));
        p->adjvex=j;             //在顶点 vi 的邻接表中添加邻接点为 j 的结点
        p->next=g[i].firstedge;  //插入是在邻接表表头进行的
        g[i].firstedge=p;
        g[j].indegree=g[j].indegree+1;
    }
}
int flag,visited[MAXSIZE],finished[MAXSIZE];
void DFS(VertexNode g[],int v,int n)
```

```
{                                    //从指定的顶点 v 开始深度优先搜索
    EdgeNode *p;
    printf("%4d,",v);                //输出顶点 v 信息
    visited[v]=1;                    //给顶点 v 置访问过标志
    p=g[v].firstedge;                //p 指向顶点 v 的第一个邻接边结点
    while(p!=NULL)                   //p 非空时
    {
        if(visited[p->adjvex]==1&&finished[p->adjvex]==0)
            flag=0;                  //在 DFS 调用结束前出现回边则置存在环标志
        else
            if(visited[p->adjvex]==0)     //若该邻接边结点未访问过则继续深
                                          //度优先遍历
            {
                DFS(g,p->adjvex,n);
                finished[p->adjvex]=1;    //遍历结束时置该邻接边结点的
                                          //finished 标志为 1
            }
        p=p->next;                   // p 指向顶点 v 的下一个邻接边结点
    }
}
int DFS_Topsort(VertexNode g[],int n)
{                                    //深度优先搜索进行拓扑排序
    int i;
    flag=1;                          //先置无环标志
    for(i=0;i<n;i++)                 //初始化 visited 数组
        visited[i]=0;
    for(i=0;i<n;i++)                 //初始化 finished 数组
        finished[i]=0;
    i=0;
    while(flag==1&&i<n)              //无环标志为真且顶点数小于 n
    {
        if(visited[i]==0)            //若顶点 i 未访问过则对 i 进行深度优先遍历
            DFS(g,i,n);
        finished[i]=1;               //遍历结束时置顶点 i 的 finished 标志为 1
        i++;
    }
    return flag;                     //返回是否有环的标志
}
void main()
```

```
{
    int e,n;
    VertexNode g[MAXSIZE];
    printf("Input number of node:\n");      //输入有向图中顶点的个数
    scanf("%d",&n);
    printf("Input number of edge:\n");      //输入有向图中边的个数
    scanf("%d",&e);
    printf("Make adjlist:\n");
    CreatAdjlist(g,e,n);                     //建立有向图的邻接表
    printf("DFS_Top Sort:\n");
    if(!DFS_Topsort(g,n))                    //判断有向图是否有环
        printf("\n 有环存在!\n");
    else
        printf("\n 无环。\n");
}
```

9.7 查找的应用

9.7.1 判定一棵二叉树是否为二叉排序树

　　判断一棵二叉树是否为二叉排序树的方法是建立在中序遍历二叉树的基础上的，即在遍历中设置指针 pre 始终指向当前访问结点的中序直接前驱结点，每访问一个结点就比较当前访问结点与其中序前驱结点是否有序，若遍历结束后各结点与其中序直接前驱结点均满足有序，则此二叉树即为二叉排序树；否则，如果有一个结点不满足，则此二叉树就不是二叉排序树。实现程序如下：

```
#include<stdio.h>
#include<stdlib.h>
#define MAXSIZE 30
typedef struct node
{
    int key;                             //记录简化为仅含关键字项
    struct node *lchild,*rchild;         //左、右孩子指针
}BSTree;                                 //二叉树结点类型
void BSTCreat(BSTree *t,int k)
{                                        //非空二叉排序树中插入一个结点
    BSTree *p,*q;
    q=t;
    while (q!=NULL)
```

```
            if(k==q->key)
                goto L1;                     //查找成功，不插入新结点
            else
        if(k<q->key)              //k 小于结点 *q 的关键字值则到 t 的左子树查找
        {
            p=q;
            q=q->lchild;
        }
        else                      //k 大于结点 *q 的关键字值则到 t 的右子树查找
        {
            p=q;
            q=p->rchild;
        }
        q=(BSTree *)malloc(sizeof(BSTree));//查找不成功或为空树时创建一个新结点
        q->key=k;
        q->lchild=NULL;           //因作为叶结点插入，故左、右指针均为空
        q->rchild=NULL;
        if(p->key>k)
            p->lchild=q;          //作为原叶结点 *p 的左孩子插入
        else
            p->rchild=q;          //作为原叶结点 *p 的右孩子插入
        L1:  ;
}
void Inorder(BSTree *p)
{                                 //中序遍历二叉树
    if(p!=NULL)
    {
        Inorder(p->lchild);      //中序遍历左子树
        printf("%4d",p->key);    //访问根结点
        Inorder(p->rchild);      //中序遍历右子树
    }
}
int flag=1;
void BSortTree(BSTree *t,BSTree *pre)
{
    if(t!=NULL&&flag)
    {
        BSortTree(t->lchild,pre);
        if(pre==NULL)     //当前访问的是中序序列的第一个结点，不需要比较
```

```
        {
          flag=1;
          pre=t;
        }
        else              //比较 *t 与中序序列中的直接前驱 *pre 的大小
          if(pre->key<t->key)
          {
            flag=1;                   // *pre 与 *t 有序
            pre=t;
          }
          else
            flag=0;                   // *pre 与 *t 无序
        BSortTree(t->rchild,pre);
    }
}
void main()
{
    BSTree *p,*root;
    int i,n,x;
    printf("Input number of BSTree keys\n");  //输入二叉排序树结点的个数
    scanf("%d",&n);
    printf("Input key of BSTree :\n");        //建立二叉排序树
    for(i=0;i<n;i++)
    {
        scanf("%d",&x);
        if(i==0)                  //生成二叉排序树的根结点
        {
            root=(BSTree *)malloc(sizeof(BSTree));
            root->lchild=NULL;
            root->rchild=NULL;
            root->key=x;
        }
        else
        BSTCreat(root,x);         //非空二叉排序树中插入一个结点
    }
    printf("Output keys of BSTree by inorder:\n");
    Inorder(root);               //中序输出二叉排序树中的数据
    p=NULL;
    BSortTree(root,p);           //判断是否为二叉排序树(结果返回给 flag)
```

```
        if(flag)
            printf("\nYes!\n");
        else
            printf("\nNo!\n");
    }
```

注：在此建立的是一棵二叉排序树，也可建立一棵普通的二叉树再进行判断。

9.7.2　另一种平衡二叉树的生成方法

下面的平衡二叉树生成方法是：用一个单链表来记录关键字的输入次序，并依据这个次序来构造平衡二叉树。当在平衡二叉树中删除一个关键字对应的结点时，实际上是删除单链表中具有该关键字的链表结点，然后按删除该结点后单链表所记录的结点顺序重新构造平衡二叉树，这新生成的平衡二叉树就与在原平衡二叉树中删去该待删结点后的平衡二叉树完全相同。这种做法的优点是避免了在二叉排序树中删除一个结点的复杂操作，也避免了删除结点后将二叉排序树重新调整为平衡二叉树的复杂操作；缺点是每删除一个结点都要依据记录关键字输入次序的单链表来重新构造平衡二叉树，不利于实际使用。

```
#include<stdio.h>
#include<stdlib.h>
#define LH 1
#define EH 0
#define RH -1
typedef struct BSTnode
{
    int data;
    int bal;
    struct BSTnode *lchild,*rchild;      //左、右孩子指针
}BSTree;                                 //二叉树结点类型

typedef struct node
{
    int data;
    struct node *next;
}Lnode;                                  //单链表结点类型
void lchange(BSTree **t)
{                                        //进行左旋转
    BSTree *p1,*p2;
    p1=(*t)->lchild;
    if(p1->bal==1)                       // LL 旋转
    {
```

```
            (*t)->lchild=p1->rchild;
            p1->rchild=*t;
            (*t)->bal=0;
            (*t)=p1;
        }
        else                            // LR 旋转
        {
            p2=p1->rchild;
            p1->rchild=p2->lchild;
            p2->lchild=p1;
            (*t)->lchild=p2->rchild;
            p2->rchild=*t;
            if(p2->bal==1)              //调整平衡因子
            {
                (*t)->bal=-1;
                p1->bal=0;
            }
            else
            {
                (*t)->bal=0;
                p1->bal=1;
            }
            (*t)=p2;
        }
        (*t)->bal=0;
    }
    void rchange(BSTree **t)
    {                                   //进行右旋转
        BSTree *p1,*p2;
        p1=(*t)->rchild;
        if(p1->bal==-1)                 // RR 旋转
        {
            (*t)->rchild=p1->lchild;
            p1->lchild=*t;
            (*t)->bal=0;
            (*t)=p1;
        }
        else                            // RL 旋转
        {
```

```
        p2=p1->lchild;
        p1->lchild=p2->rchild;
        p2->rchild=p1;
        (*t)->rchild=p2->lchild;
        p2->lchild=*t;
        if(p2->bal==-1)                    //调整平衡因子
        {
            (*t)->bal=1;
            p1->bal=0;
        }
        else
        {
            (*t)->bal=0;
            p1->bal=-1;
        }
        (*t)=p2;
    }
    (*t)->bal=0;
}
void InsertAVLTree(int x,BSTree **t,int *h)
{                                        //在平衡二叉树中插入结点
    if(*t==NULL)
    {
        *t=(BSTree *)malloc(sizeof(BSTree));   //生成新结点
        (*t)->data=x;
        (*t)->bal=0;
        *h=1;
        (*t)->lchild=NULL;                 //新结点是平衡二叉树的叶子结点
        (*t)->rchild=NULL;
    }
    else
    {
        if(x<(*t)->data)                  //在左子树中插入新结点
        {
            InsertAVLTree(x,&(*t)->lchild,h);
            if(*h)                         //插入了新结点后改变平衡因子
            {
                switch((*t)->bal)
                {
```

```
                case RH: {(*t)->bal=0;*h=0;break;}
                case EH: {(*t)->bal=1;break;}
                case LH: {lchange(t);*h=0;}
            }
        }
    }
    else
    if(x>(*t)->data)                    //在右子树中插入新结点
    {
        InsertAVLTree(x,&(*t)->rchild,h);
        if(*h)                          //插入了新结点后改变平衡因子
        {
            switch((*t)->bal)
            {
                case LH: {(*t)->bal=0;*h=0;break;}
                case EH: {(*t)->bal=-1;break;}
                case RH: {rchange(t);*h=0;}
            }
        }
    }
    else
    *h=0;                               //已有此关键字值的结点，故不插入
    }
}
void CreateAVLTree(BSTree **t,int n,Lnode *head)
{           //生成一棵平衡二叉树，并用单链表记录各结点的输入次序
    int x,i,h=0;
    Lnode *p1,*p2;
    p2=head;
    for(i=0;i<n;i++)
    {
        printf("Input key of order %d: ",i+1);   //输入 n 个关键字值
        scanf("%d",&x);
        InsertAVLTree(x,t,&h);                    //在平衡二叉树中插入结点
        p1=(Lnode *)malloc(sizeof(Lnode));        //同时在单链表尾插入此结点
        p1->data=x;
        p2->next=p1;
        p2=p1;
    }
```

```
      p2->next=NULL;
}
void Preorder(BSTree *p)
{               //先序遍历二叉树
   if(p!=NULL)
   {
      printf("%4d",p->data);          //访问根结点
      Preorder(p->lchild);            //先序遍历左子树
      Preorder(p->rchild);            //先序遍历右子树
   }
}
void Inorder(BSTree *p)
{               //中序遍历二叉树
   if(p!=NULL)
   {
      Inorder(p->lchild);             //中序遍历左子树
      printf("%4d",p->data);          //访问根结点
      Inorder(p->rchild);             //中序遍历右子树
   }
}
int FindAVL(BSTree *p, int e)
{                //在平衡二叉树中查找关键字值为 e 的结点
   if(p==NULL)
     return 0;
   else
     if(e==p->data)
       return 1;
     else
       if(e<p->data)                  //在左子树上查找
       {
         p=p->lchild;
         return FindAVL(p,e);
       }
       else                           //在右子树上查找
       {
         p=p->rchild;
         return FindAVL(p,e);
       }
}
```

```
void DeleteAVL(BSTree **t, int x, int n, Lnode *head)
{       //在平衡二叉树中删除关键字值为 x 的结点,删除后仍保持平衡二叉树的特性
    Lnode *p1;
    int h=0, i;
    p1=head;
    while(p1->next!=NULL)
    {
        if(p1->next->data==x)           //在单链表中删除该结点
        {
            p1->next=p1->next->next;
            break;
        }
        p1=p1->next;
    }
    *t=NULL;
    p1=head->next;
    for(i=0;i<n-1;i++)
    {           //按删除该结点后单链表所记录的结点顺序重新构造平衡二叉树
        InsertAVLTree(p1->data, t, &h);
        p1=p1->next;
    }
}
void main()
{
    int n, h=0, x;
    BSTree *t=NULL;                     //初始时平衡二叉树为空
    Lnode *head;
    head=(Lnode *)malloc(sizeof(Lnode));  //生成单链表的头结点
    head->next=NULL;
    printf("Input number of keys:\n");    //输入关键字的个数
    scanf("%d", &n);
    CreateAVLTree(&t, n, head);            //按关键字输入顺序生成平衡二叉树
    printf("Preorder of CreateAVLTree:\n");     //先序输出平衡二叉树
    Preorder(t);
    printf("\nInorder of CreateAVLTree:\n");    //中序输出平衡二叉树
    Inorder(t);
    printf("\n");
    printf("\nInput key for search:\n");
    scanf("%d", &x);                       //输入要查找的关键字值
```

```
        if(FindAVL(t,x))
            printf("found,key is %d!\n",x);//找到则输出平衡二叉树中的关键字值
        else
            printf("No found!\n");
        printf("Input key for delete:\n");
        scanf("%d",&x);                    //输入要删除的关键字值
        DeleteAVL(&t,x,n,head);            //在平衡二叉树中删除具有该关键字值的结点
        printf("\nOutput keys of BSTree by deleted:\n");
        Inorder(t);                        //中序输出删除后的平衡二叉树
        printf("\n");
    }
```

9.8　排序的应用

9.8.1　用双向循环链表表示的插入排序

用双向循环链表表示的插入排序程序如下：

```
#include<stdio.h>
#include<stdlib.h>
typedef struct dnode
{
    int data;                   // data 为结点的数据信息
    struct dnode *prior,*next;  // prior 和 next 分别为指向直接前驱和直接
                                //后继结点的指针
}DLNode;                        //双向链表结点类型
DLNode *CreateDlinkList()
{                               //建立双向循环链表
    DLNode *head,*s;
    int x;
    head=(DLNode *)malloc(sizeof(DLNode));//先生成仅含头结点的空双向循环链表
    head->prior=head;
    head->next=head;
    printf("Input any char string :\n");
    scanf("%d",&x);
    while (x!=-1)                //采用头插法生成双向循环链表
    {
        s=(DLNode *)malloc(sizeof(DLNode));
        s->data=x;
```

```
        s->prior=head;
        s->next=head->next;
        head->next->prior=s;
        head->next=s;
        scanf("%d",&x);
    }
    return head;                    //返回指向双向循环链表的头指针
}
void Insert_Sort(DLNode *head)
{                                   // head 指向带头结点的双向循环链表
    DLNode *pre,*p,*q;
    pre=head->next;                 //初始时认为链表中的第一个数据结点有序
    p=pre->next;
    while(p!=head)                  //未查完整个链表时
    {
        pre=p->prior;               // pre 指向有序链表的最后一个结点
        q=p->next;                  //暂存无序链表的第二个结点的指针值
        while(pre!=head&&p->data<pre->data)
            pre=pre->prior;         //在有序链表中由后向前寻找插入位置
        if(pre!=p->prior)//待插结点的插入位置不在有序链表的最后一个结点之后
        {
            p->prior->next=p->next;
            p->next->prior=p->prior; //在无序链表中摘除待插结点*p
            p->next=pre->next;
            pre->next->prior=p;
            p->prior=pre;
            pre->next=p;            //在有序链表中将 *p 插入到应插结点 *pre 之后
        }
        p=q;                        // p 继续指向无序链表新的第一个结点
    }
}
void print1(DLNode *h)
{                                   //后向输出双向循环链表
    DLNode *p;
    p=h->next;
    while(p!=h)
    {
        printf("%4d",p->data);
        p=p->next;
```

```
    }
    printf("\n");
}
void print2(DLNode *h)
{                                    //前向输出双向循环链表
    DLNode *p;
    p=h->prior;
    while(p!=h)
    {
        printf("%4d",p->data);
        p=p->prior;
    }
    printf("\n");
}
void main()
{
    DLNode *h;
    h=CreateDlinkList();        //生成双向循环链表
    printf("Output list for next\n");
    print1(h);                  //后向输出双向循环链表
    printf("Output list for prior\n");
    print2(h);                  //前向输出双向循环链表
    Insert_Sort(h);             //插入排序
    printf("Output list for Sort\n");
    print1(h);                  //后向输出双向循环链表
}
```

9.8.2　双向冒泡排序

从冒泡排序程序执行的结果可知：最大关键字经过一趟排序就移到了它最终放置的位置上，而最小关键字 1 每趟排序仅向前移动了一个位置。也即，如果具有 n 个记录的待排序序列已基本有序，但是具有最小关键字的记录位于序列最后，则采用冒泡排序也仍然需要进行 n − 1 趟排序。因此，我们可以采用双向冒泡排序的方法来解决这一问题。

实现程序如下：

```
#include<stdio.h>
#define MAXSIZE 30
typedef struct
{
    int key;                     //关键字项
```

```
        char data;                  //其它数据项
}RecordType;                        //记录类型
void DBubbleSort(RecordType R[], int n)
{                                   //双向冒泡排序
    int i, j, swap=1;
    for(i=1;swap!=0;i++)            //交换标志 swap 为 1 时继续进行冒泡排序
    {
        swap=0;
        for(j=n-i;j>=i; j--)        //从右到左进行冒泡排序
          if(R[j+1].key<R[j].key)
          {
              R[0]=R[j];
              R[j]=R[j+1];
              R[j+1]=R[0];
          }
        for(j=i+1; j<=n-i;j++)       //从左到右进行冒泡排序
          if(R[j+1].key< R[j].key)
          {
              R[0]=R[j];
              R[j]=R[j+1];
              R[j+1]=R[0];
              swap=1;               //有交换发生
          }
    }
}
void main()
{
    int i=1, j, x;
    RecordType R[MAXSIZE];      //定义记录类型数组 R
    printf("Input data of list (-1 stop):\n"); //给每一记录输入关键字
                                               //直至-1 结束
    scanf("%d",&x);
    while(x!=-1)
    {
        R[i].key=x;
        scanf("%d",&x);
        i++;
    }
    printf("Output data in list:\n");   //输出表中各记录的关键字
```

```
for(j=1;j<i;j++)
    printf("%4d",R[j].key);
DBubbleSort(R,i-1);                    //进行双向冒泡排序
printf("\nOutput data in list after Sort:\n");//输出双向冒泡排序后的结果
for(j=1;j<i;j++)
    printf("%4d",R[j].key);
printf("\n");
}
```

9.8.3　单链表存储下的选择排序

在程序中，我们通过指针 p 来标识已排好序的记录区间和未排好序的记录区间，即由 head->next 直至指针 p 所链接的记录是前 i 趟已选择出并排好序的记录序列，而由 p->next 开始直至链尾为未排好序的记录序列。每趟找出的最小记录由指针 r->next 来标识。

实现程序如下：

```
#include<stdio.h>
#include<stdlib.h>
typedef struct node
{
    int data;                    // data 为结点的数据信息
    struct node *next;           // next 为指向后继结点的指针
}LNode;                          //单链表结点类型
void CreateLinkList(LNode **head)
{                //将主调函数中指向待生成单链表的指针地址(如&p)传给 **head
    int x;
    LNode *p;
    *head=(LNode *)malloc(sizeof(LNode)); //生成链表头结点
    (*head)->next=NULL ;         // *head 为链表头指针
    printf("Input any char string : \n");
    scanf("%d", &x);             //结点的数据域为 char 型，读入结点数据
    while(x!=-1)                 //生成链表的其它结点
    {
        p=(LNode *)malloc(sizeof(LNode));  //申请一个结点空间
        p->data=x ;
        p->next=(*head)->next;   //将头结点的 next 值赋给新结点 *p 的 next
        (*head)->next=p; //头结点的 next 指针指向新结点 *p 实现在表头插入
        scanf("%d",&x);          //继续生成下一个新结点
    }
}
```

```
LNode *Select(LNode *head)
{                    //单链表下的选择排序
    LNode *p,*q,*r,*s;
    p=(LNode *)malloc(sizeof(LNode));        //申请一个头结点空间
    p->next=head;
    head=p;                                  //给链表增加一个头结点
    while(p->next!=NULL)    //对链表的所有结点(除头结点外)进行选择排序
    {
        q=p->next;               // q 用来标识本趟选择排序的开始记录
        r=p;                     // r 指向 *q 的前驱
        while(q->next!=NULL)//找出本趟中具有最小关键字的记录 *(r->next)
        {
            if(q->next->data<r->next->data)
                r=q;
            q=q->next;
        }
        if(r!=p)                 // *r 是无序链表中的结点(即记录)
        {
            s=r->next;           // s 指向本趟找出的最小关键字结点
            r->next=s->next;     //摘去 *s 后应保证原无序链表的正常链接
            s->next=p->next;     //本趟找出的最小关键字结点插入到无序链表之前
            p->next=s;   //本趟找出的最小关键字结点插入到有序链表的最后
        }
        p=p->next;               // p 指向有序链表这个新的最后结点
    }
    p=head;
    head=head->next;             // head 指向链表的第一个数据结点
    free(p);                     //释放头结点所占空间
    return head;                 //返回链头指针
}
void print(LNode *p)
{            //输出排序结果
    p=p->next;
    while(p!=NULL)
    {
        printf("%d,",p->data);
        p=p->next;
    }
```

```
    printf("\n");
}
void main()
{
    LNode *h;
    CreateLinkList(&h);        //生成单链表
    print(h);                  //输出单链表中的数据
    h=Select(h);               //对单链表进行选择排序
    print(h);                  //输出排序结果
}
```

9.8.4　归并排序的迭代算法实现

二路归并的迭代算法仍然采用二路归并的基本思想：将 n 个记录的无序表 R[1]～R[n] 看作是 n 个表长为 1 的有序表，然后将相邻的两个有序表两两合并到表 R1[1]～R1[n] 中，使之生成表长为 2 的有序表；接着再进行两两合并将表 R1 的子表两两合并到 R[1]～R[n] 中；这样反复进行由表 R 到表 R1 的两两合并以及由表 R1 到表 R 的两两合并，直到最后生成一个表长为 n 的有序表为止。

对于二路归并的迭代算法，首先要解决每趟排序中的分组问题。假定本趟排序是从 R[1] 开始的，且长度为 len 的每个子表已经有序；因为表长未必是 2 的整数幂，所以最后一组就不能保证表长恰好为 len，也不能保证每趟归并时都有偶数个有序表，这些都要在一趟排序中予以考虑。二路归并迭代算法针对这些情况处理的原则是：

(1) 若最后一次归并的记录个数(指两个子表)大于一个子表的长度 len，则再调用一次 Merge 算法，将剩下的两个不等长的子表归并为一个子表。

(2) 若最后一次归并的记录个数已不足或正好等于一个子表的长度 len，只需将这些剩下的记录依次复制到已合并好的前一个子表中即可。

在函数 MergeSort 的 while 循环中，有可能执行第一个调用 MergePass 语句时就生成了长度为 n 的有序表，但这个表是保存于表(数组)R1 中的，接下来执行第二个调用 MergePass 语句时因已执行过"len=2*len；"语句，即此时的 len 已经等于 2n，所以 R1 只相当于半个子表，根据函数 MeregePass 语句生成了长度为 n 的有序表，则这个表保存在表 R 中。因此，最终排好序的结果保存于表 R 中。

实现程序如下：

```
#include<stdio.h>
#define MAXSIZE 30
typedef struct
{
    int key;             //关键字项
    char data;           //其它数据项
}RecordType;             //记录类型
```

```
void Merge(RecordType R[], RecordType R1[], int s, int m, int t)
{    //两有序子表R[s]~R[m]和R[m+1]~R[t]归并为一个有序子表且暂存于R1
    int i, j, k;
    i=k=s;
    j=m+1;
    while(i<=m&&j<=t)        //依次比较两个子表中的记录按升序暂存于R1
        if(R[i].key<R[j].key)
            R1[k++]=R[i++];
        else
            R1[k++]=R[j++];
    while(i<=m)        //第二个子表已归并完，将第一个子表的剩余记录复制到R1
        R1[k++]=R[i++];
    while(j<=t)        //第一个子表已归并完，将第二个子表的剩余记录复制到R1
        R1[k++]=R[j++];
}
void MergePass(RecordType R[], RecordType R1[], int len, int n)
{                /*len为本趟归并中子表的长度，所有子表均在R[1]~R[n]中，
                   即从R[1]~R[n]归并到R1[1]~R1[n]*/
    int i;
    for(i=1;i+2*len-1<=n;i=i+2*len)
        Merge(R, R1, i, i+len-1, i+2*len-1);//对两个长度为len的有序表进行合并
    if(i+len-1<n)        //待合并的两个子表长度之和大于一个子表长度但小于
                         //两个子表长度
        Merge(R, R1, i, i+len-1, n);
    else
        if(i<=n)        //待合并的记录已不足或正好是一个子表
            while(i<=n)
                R1[i++]=R[i++];
}
void MergeSort(RecordType R[], RecordType R1[], int n)
{                            //迭代方式的归并排序
    int len=1;
    while(len<n)
    {
        MergePass(R, R1, len, n);    //将暂存于表R中的子表两两合并到表R1
        len=2*len;            //一趟归并后有序子表的长度为原子表长度的2倍
        MergePass(R1, R, len, n);    //将暂存于表R1中的子表两两合并到表R
    }
}
```

```
void main()
{
    int i=1, j, x;
    RecordType R[MAXSIZE], R1[MAXSIZE];    //定义记录类型数组 R 和 R1
    printf("Input data of list (-1 stop):\n");    //给每一记录输入关键字
                                                   //直至-1 结束
    scanf("%d", &x);
    while(x!=-1)
    {
        R[i].key=x;
        scanf("%d", &x);
        i++;
    }
    printf("Output data in list:\n");     //输出表中各记录的关键字
    for(j=1; j<i; j++)
        printf("%4d", R[j].key);
    printf("\nSort:\n");
    MergeSort(R, R1, i-1);                 //进行迭代方式下的归并排序
    printf("\nOutput data in list after Sort:\n");//输出归并排序后的结果
    for(j=1; j<i; j++)
        printf("%4d", R[j].key);
    printf("\n");
}
```

参 考 文 献

[1] 胡元义，等. 数据结构教程. 西安：西安电子科技大学出版社，2012.

[2] 胡元义，等. 数据结构(C 语言)实践教程. 西安：西安电子科技大学出版社，2002.

[3] 胡元义，邓亚玲，徐睿琳. 数据结构课程辅导与习题解析. 北京：人民邮电出版社，2003.

[4] 何军，胡元义. 数据结构 500 题. 北京：人民邮电出版社，2003.

[5] 胡元义，吕林涛，等. C 语言程序设计. 西安：西安交通大学出版社，2010.